《化工工艺概论》编写人员

第 二 版

主　　编　卞进发　彭德厚

编写人员（按姓名笔画排列）

　　　　王一男　卞进发　李永真　陈　群　彭德厚

主　　审　程桂花

第 一 版

主　　编　李贵贤　卞进发

编写人员（按姓名笔画排列）

　　　　卞进发　李贵贤　陈　群　彭德厚

主　　审　程桂花

教育部高职高专规划教材

化工工艺概论

HUAGONG GONGYI GAILUN

第二版

卞进发　彭德厚　主编　　程桂花　主审

化学工业出版社

·北京·

内 容 简 介

本书为第二版，在第一版基础上进行了全面修订，介绍了化工生产技术的基本知识、化工产品的资源路线与产品网络、工艺条件选择、工艺流程配置与评价的方法及应用、典型化工过程及其生产工艺、化工生产技术中的安全与"三废"处理相关技术。全书共7章，以化工生产技术类各专业的共性为基点，介绍必需的应用知识；以工艺过程原理、工艺条件选择和流程分析与配置为重点，理论联系实际，突出知识应用。还介绍了化工生产过程中的安全与"三废"处理相关技术和化工过程物料衡算与热量衡算的基本方法；各章分别给出了与内容相关的、拓展性的知识。力求体现以生产过程为导向、以基础理论知识为载体、面向实际、引导思维、启发创新的原则。

本书为高职高专化工生产技术类专业教材，也可作为化学和相关专业的化学工艺课程和化工企业职工培训教材，亦可供本科院校学生及从事化工生产、科研与设计的工程技术人员参考。

图书在版编目（CIP）数据

化工工艺概论/卞进发，彭德厚主编. —2版. —北京：化学工业出版社，2010.5（2024.9重印）
教育部高职高专规划教材
ISBN 978-7-122-07961-9

Ⅰ. 化…　Ⅱ. ①卞…②彭…　Ⅲ. 化工过程-高等学校：技术学校-教材　Ⅳ. TQ02

中国版本图书馆 CIP 数据核字（2010）第 042612 号

责任编辑：窦　臻　　　　　　　　文字编辑：丁建华
责任校对：周梦华　　　　　　　　装帧设计：尹琳琳

出版发行：化学工业出版社（北京市东城区青年湖南街 13 号　邮政编码 100011）
印　　装：北京科印技术咨询服务有限公司数码印刷分部
787mm×1092mm　1/16　印张 12　字数 300 千字　2024 年 9 月北京第 2 版第 15 次印刷

购书咨询：010-64518888　　　　　　　售后服务：010-64518899
网　　址：http://www.cip.com.cn
凡购买本书，如有缺损质量问题，本社销售中心负责调换。

定　　价：29.00 元

第二版前言

《化工工艺概论》从 2002 年出版至今已将近 9 年了。期间该教材得到广大师生青睐，多次重印。而化学工业的发展突飞猛进，尤其是我国的石油化学工业发展更快，到 2010 年，我国乙烯总生产能力将达 1702 万吨，2008 年～2010 年两年间，年均增长率为 23.72％，成为仅次于美国（2776 万吨）的世界第二大乙烯生产国。乙烯工业的发展促进了化学工业其他部门和行业的发展。为我国社会主义经济建设稳定持续的发展做出了贡献。为适应化学工业发展的需要，适应高等职业教育改革和发展的需要，按照高等职业教育培养目标要求，结合多年来教学改革的实践，我们深感对原教材进行修订的必要性和紧迫性。

本教材修订过程中，着重做了以下几方面工作。

一、按照教育部教高 [2006] 16 号文件精神，经 2009 年 5 月《化工工艺概论》（第二版）编审委员会会议制定教学基本要求和教学大纲要求。依据会议要求本次修订保持第一版的主体框架结构。"化工安全及三废处理"单独设章，以突出其在现代化学工业中的地位；"化学工业前沿与展望"一章的相关内容分解在有关章节。

二、教材修订体现出高等职业教育特色的知识载体，每章开篇处设计"学习目标"，用于指导学生了解本章或本节重点内容与学习要求。各章后精心设计体现本章教学内容的开放性"综合练习"，促使学生明确学习本章内容的目的与意义，带着任务去学习相关知识与技能。每章后还设计了有关职业知识、技能训练的适量"复习思考题"，以有效实现学生职业技能的培养。

三、本书从多角度解读化工生产基本过程。在第一版的基础上，增加了信息量、更新了内容、拓宽了视角，一～三级标题及重要专业名词增加了英文对照，为教师组织课堂教学与学生自学提供思考空间。

全书共七章，主要内容有：化工生产过程的基本概念和基本知识；化工生产原料及产品网络；化工生产过程工艺条件的选择和工艺流程的配置与评价；典型化工生产过程的原理与工艺；化工生产过程中的安全与三废处理。各章均有拓展性的综合练习材料。为方便教学，本教材配有电子课件，使用本教材的学校可以与化学工业出版社联系（cipedu@163.com），免费索取。

本书由南京化工职业技术学院卞进发和徐州工业职业技术学院彭德厚共同主编，其中：第一章、第三章由徐州工业职业技术学院彭德厚编写；第二章、第四章由常州工程职业技术学院陈群编写；第五章和第七章由南京化工职业技术学院卞进发和王一男编写；第六章由河北化工医药职业技术学院李永真编写。全书由卞进发统稿。编写过程中，得到了各兄弟院校领导和老师们的大力支持，在此表示感谢！

本教材由河北化工医药职业技术学院程桂花教授担任主审，并对教材的编写倾注了大量的心血，付出了艰辛的劳动，提出了十分宝贵的真知灼见，编者在此表示衷心感谢！本次修订是在本教材第一版基础上进行的，在此还要特别感谢第一版主编李贵贤教授，对第一版教材结构框架的总体设计、编写思路的构思，为第二版的修订奠定了良好的基础。

由于编者水平和条件所限，编写时间仓促，书中的疏漏之处，敬请专家和广大读者批评指正，我们不胜感激。

编者
2010 年 1 月

第一版前言

本书依据全国高等职业技术教育化工工艺专业教学指导委员会制定的化工工艺专业教学计划对《化工工艺概论》的设课要求和教材编审委员会制定的教学基本要求与教学大纲，在分析研究化工工艺类专业的共性特点和当今化学工业发展趋势的基础上编写而成。为了突出高职教材特色，对工艺学教材编写进行新的探索，教材力求体现加强基础知识、面向生产实际、引导思维、启发创新、便于教师教学和学生自学的原则，使教材具有科学性、先进性、启发性和实用性。按照"掌握基本知识，注重能力培养"的目的，使学生掌握化工工艺的基础知识、基本原理，具备工艺条件分析与确定、工艺流程配置与评价的基本能力，为学习后续专业课和将来从事相关工程技术工作打下牢固的基础。

本书注重化工工艺知识与理论的提炼及归纳，注意化工工艺类各专业知识的点面结合，突出理论联系实际，强调基础知识与工艺原理的应用，并介绍了化学工业的前沿知识和发展趋势，深入浅出、通俗易懂。全书重点放在介绍化工生产基本知识，分析和讨论典型化工生产过程的工艺原理，工艺条件的分析与确定，工艺流程配置与评价的原则和方法，并以实例加以分析。各章均有学习要求和复习思考题，便于教与学。

全书的主要内容有：化工工艺的基本概念与基础知识；化工资源路线及主要产品网络；化工生产工艺条件的选择和工艺流程的配置与评价；典型化工生产过程的原理与工艺；化学工业前沿与展望；化工过程的物料衡算和热量衡算基础等。

本书由甘肃工业大学石油化工学院李贵贤（第一章、第六章、第七章）和南京化工职业技术学院卞进发（第五章）主编。参加编写的还有陈群（第二章、第四章）和彭德厚（第三章）。全书由李贵贤统稿。编写过程中，得到了各兄弟院校领导和老师们的大力支持，在此表示感谢！

全国高等职业技术教育化工工艺专业教材编审委员会组织了审稿，由河北化工医药职业技术学院程桂花担任主审，并对教材的编写倾注了大量的心血，付出了艰辛的劳动，提出了十分宝贵和建设性的意见，在此表示特别的感激！参加审稿工作的还有文建光、舒均杰、侯文顺、梁凤凯和杨秀琴等。

由于编者水平和条件所限，编写时间仓促，书中的错误和疏漏之处，敬请专家和广大读者批评指正，我们不胜感激。

编者
2002 年 5 月

目 录

第一章 绪 论
Introduction

■ 知识目标

了解我国化学工业的发展简史；

理解化学工业在国民经济中的地位与作用，化学工业的分类，课程的性质与任务；

掌握现代化学工业的特点，课程的主要内容和体系。

■ 能力目标

能根据所学的知识，充分了解我国化学工业的现状、发展方向、开发的重点，能正确地规划自己人生的化工职业生涯。

■ 素质目标

能树立正确的人生观、价值观、学习观、发展观，掌握正确的学习方法，学好化工生产知识，为祖国化工事业的发展夯实理论基础、做好知识的储备。

第一节 化学工业在国民经济中的地位与作用
Position and Action of Chemical Industry in National Economy

化学工业是指在工业生产过程中以化学方法为主要手段，将原料转化为化学产品的工业。化学工业随着人们的生活和生产的需求而逐渐发展，化学工业技术的不断进步，不仅改善了生产条件，提高了人类的生活质量，而且也推动了其他工业的快速发展。可以说没有化学工业的发展就没有其他工业的技术进步，也没有今天多姿多彩的幸福生活。所以，化学工业是我国工业的基础，是国民经济发展的支柱产业。

化工产品种类繁多、数量极大、用途广泛，与国民经济各部门、各行各业都存在着千丝万缕的联系，在国民经济建设中具有十分重要的地位与作用。化学工业是国民经济的基础产业，它为其他工业、农业、交通运输业、国防军事、航空航天和信息技术等领域提供了丰富的基础材料、结构材料及功能材料、能源和丰富的必需化学品，保证并促进了这些工业门类的发展和技术进步。化学工业又与人类的生活息息相关，无论是衣、食、住、行、医疗、教育等物质生活，还是文化艺术等精神生活都离不开化工产品，所以说化学工业是国民经济的支柱产业。

化学工业是一个技术、资本、人才密集型的工业体系，劳动生产率高、经济效益显著，已初步实现了集约化、连续化、大型化、自动化、智能化。化学工业可以充分地利用资源和能源，实现循环经济，走可持续发展的道路，不再是往日那种有毒、有害、污染严重的工业代名词，它已经是可以实现零排放的绿色工业。人们的就业观念已经悄悄地发生了变化，化工行业成为人们向往的行业之一。在 20 世纪 60～70 年代，美、日、德、英、法及苏联等发达国家的化学工业迅猛发展，而我国的化学工业直到 20 世纪 80 年代才得到了迅速的发展。经过了近 30 年的努力，我国化学工业发展突飞猛进，已处于世界前列。目前，石油化工是我国优先发展的支柱产业之一，而精细化工、农用化学品，特别是生物化工已经成为我国化学工业发展的重点。21 世纪初，纳米材料、生物化工的兴起为石油化工、新型合成材料、精细化工、微电子化工、橡胶加工业、化工环保业注入了新的活力。化学工业在我国国民经济建设和提高人民物质文化生活方面，已经发挥了越来越重要的作用，显现出无限的生机与活力。

第二节　化学工业的发展概况
General Developing Situation of Chemical Industry

一、化学工业的发展简史（the developing history of chemical industry）

1. 世界化学工业发展简史

无机化工（inorganic chemical industry）　化学工业的真正发展始于 18 世纪 40 年代，英国建成铅室法生产硫酸厂，先以硫黄为原料，后以黄铁矿为原料，产品主要用以制硝酸、盐酸及药物，虽然产量不大，但这是真正意义上的第一个典型的工业化生产过程，具有里程碑式的意义。

到 1791 年，N. 路布兰获取了专利技术，发明了路布兰法制碱工艺，并且带动了硫酸工业的发展。生产中所产生的氯化氢用以制造盐酸、氯气、漂白粉。纯碱又可苛化为烧碱，把原料和副产品充分地利用起来，这是当时化工企业的创举，满足了法国的纺织、玻璃、肥皂等工业生产的需要，有力地推动了法国开始的产业革命。继法国之后，英国于 1823 年首先建成路布兰法制碱的工厂。由路布兰法制碱工艺所创立的洗涤、结晶、过滤、干燥、煅烧等化工单元操作过程的理论，至今对化学工业的发展仍然具有重要的指导意义。

从 18 世纪末到 20 世纪初的 100 多年时间里，是无机化工逐渐形成的过程。期间，用接触法制硫酸取代了铅室法，索尔维氨碱法制纯碱取代了路布兰法，以酸、碱为基础的无机化学工业已初具规模。

有机化工（organic chemical industry）　到 19 世纪中叶，随着纺织工业的发展，天然染料已不能满足纺织印染的需要。此时钢铁工业的大发展带动了炼焦工业的快速发展，人们发现从炼焦的副产物煤焦油中，可以分离出苯、萘、蒽、醌、苯酚等芳香族化合物，它们是染料工业的重要原料，从而促使染料、农药、香料和医药等有机化学工业得到迅速发展。而化肥和农药又提高了农作物的产量，促进了农业生产的发展，也促进有机化学工业的发展。

在 19 世纪下半叶，形成了以煤焦油化学为主体的有机合成工业，直到 1895 年，建立了以煤和石灰石为原料，用电热法生产电石的第一个工厂，电石再经水解产生乙炔，以此为起点生产乙醛、醋酸等一系列基本有机化工原料以后，才真正有了基本有机合成的化学工业。到 20 世纪中叶后，由于石油化工的发展，大部分原有的乙炔系列产品改由乙烯为原料，取代了能耗较高的电石。目前，以电石法生产乙炔的化工产品仍然占有一定的份额。

1905 年，德国化学家哈伯（F. Haber）发明了合成氨技术，标志着化学工业取得重大飞跃，1913 年在化学工程师 C. 博施的协助下建成世界上第一个合成氨厂，促进了氮肥及炸药等工业的快速发展。这标志着高温高压催化反应在工业上实现了重大突破，同时又在催化剂研制和开发应用、耐腐蚀合金钢冶炼、耐高压反应器设计和制造、工艺流程组织、煤的气化、气体分离净化技术、能量合理利用等方面取得一系列成就，成为化学工业发展史上的又一个里程碑，有力地推动了无机和有机化工的发展。一般认为，合成氨是现代化肥工业的开端，也标志着现代化学工业的伊始。合成氨先以焦炭为原料，20 世纪 40 年代后改由石油和天然气为原料，使化学工业与石油工业两大部门更密切地联系起来，更加合理地利用原料和能量。

石油化工（oil chemical industry）　自 20 世纪初期以来，石油和天然气得到大量开采和利用，向人类提供了各种燃料和丰富的化工原料，尤其是自发明石油烃类高温裂解技术后，生产了大量的基本有机化工原料，开辟了更多生产有机化工产品的新技术路线。1920 年，美国新泽西标准石油公司采用了 C. 埃利斯发明的丙烯水合制异丙醇生产工艺，标志着石油化工的兴起。1939 年美国标准石油公司开发了临氢催化重整过程，这成为芳烃的重要来源。在 20 世纪 40 年代，美国建成了第一套以炼厂气为原料的管式裂解炉制乙烯的装置，使烯烃等基本有机化工原料有了丰富、廉价的来源。20 世纪 80 年代后，90％以上的有机化工产品来自于石油化工。到目前为止，世界石油化工比较发达的国家有美国、日本、德国、俄罗斯、中国、法国和英国。

高分子化工（polymer chemical industry）　高分子化工经历了天然高分子原料（如天然橡胶、天然油脂和树脂）的加工、改性；以煤焦油为原料经分离、提纯与合成；以电石法生产乙炔为原料的基本有机合成和高分子合成；以石油加工和裂解为基础的单体原料进行聚合等几个阶段。到 20 世纪 30 年代，建立了高分子化学体系，合成高分子材料得到迅速发展。1931 年氯丁橡胶在美国实现工业化，1937 年德国法本公司开发丁苯橡胶获得成功，1937 年聚己二酰己二胺（尼龙 66）合成工艺诞生，并于 1938 年投入工业化生产，高分子化工才蓬勃发展起来。到 20 世纪 40 年代实现了腈纶、涤纶纤维的生产，50 年代形成了大规模生产塑料、合成橡胶和合成纤维的产业，人类进入了"三大合成"材料新时代，进一步推动了工农业生产和科学技术的发展，人类生活水平得到了显著的提高。

精细化工（fine chemical industry）　在石油化工和高分子化工发展的同时，为满足人们生活的更高需求，产品批量小、品种多、功能优良、附加价值高的精细化工也很快发展起来。在染料生产领域，开发了各种活性染料，如用于涤纶的分散染料，用于腈纶的阳离子染料，用于涤棉混纺的活性分散染料。此外还有用于激光、液晶、显微技术等的特殊染料。在农药方面，20 世纪 40 年代瑞士 P. H. 米勒发明第一个有机氯农药滴滴涕之后，又开发了一系列的有机氯、有机磷杀虫剂，后又有胃杀、触杀、内吸等特殊作用的有机农药和系列高效低毒或无残毒的优质农药问世。涂料工业的发展摆脱了对天然油漆的依赖，以合成涂料为主，如醇酸树脂、环氧树脂、丙烯酸树脂等。当今，化学工业的发展重点之一就是进一步综合利用资源，充分、合理、有效地利用能源，提高化工生产的精细化率和绿色化水平。

近年来，世界各国都高度重视发展新技术、新工艺，开发新产品，增加高附加值产品的品种和产量，而且新材料的开发与生产成为推动科技进步、培植经济新增长点的一个重要领域：重点发展复合材料、信息材料、纳米材料以及高温超导体材料等，这些材料的设计和制备的许多技术必须运用化工技术和工艺。可见，不断创新的化工技术在新材料的制造中发挥了关键作用，同时，化学工程与生物技术相结合，引起了世界各国的广泛重视，已经形成具有宽广发展前景的生物化工产业，给化学工业增添了新的活力。

2. 我国化学工业发展简史

与发达国家相比，我国的化学工业起步较晚。1942年，我国制碱专家侯德榜先生，成功发明了联碱生产氯化铵的新工艺——侯氏制碱法，这是我国现代化学工业的开端，该法至今仍具有重要的工业意义。由于战乱及各种因素的影响，直到新中国成立以后的很长一段时间内，我国化学工业发展缓慢，几乎停滞不前。

20世纪50年代，我国以无机酸、碱、盐为代表的无机化学工业虽然已初具规模，但结构不合理、工艺落后、能耗较高、污染严重。譬如，直到20世纪90年代中期，才通过引进离子膜法生产烧碱技术，逐渐取代落后的隔膜法；有机化学工业主要还是以煤焦油和电石法生产乙炔为原料，而且在整个工业体系中所占的比重更是微不足道。

20世纪60年代末期，以煤气化制半水煤气生产合成氨工艺在全国如雨后春笋般发展起来，每个县都建设了一个小氮肥厂。虽然小氮肥规模小、能耗高、成本高，但是它的意义在于彻底冲破国际上对我国的经济封锁，从根本上改变了我国氮肥完全依赖于进口、农业生产徘徊不前的局面，促进了农业生产的发展，我国化学工业的起步应该真正从这时才开始。

20世纪60年代初以来，我国相继开发了大庆油田、胜利油田等一大批油田，迅速地甩掉了贫油国的帽子。大油田的开发首先解决了交通运输业的燃料问题，其次是以石油和天然气为原料，生产包括基本有机化工原料、合成氨和三大合成材料（塑料、合成橡胶、合成纤维）的化学工业得到突飞猛进的发展，形成了一个新型工业部门——石油化学工业。它的产品品种、产量和产值后来居上，我国石油化工企业的产值和利税已远远超过其他化工企业的总和，石油化工成为我国国民经济的主要支柱产业之一，中石化和中石油已跻身世界500强企业。20世纪80年代以来，随着科学技术的进步，一系列节能降耗的工艺流程不断涌现出来，促使产品成本进一步降低，石油化工企业的利润大大提高。

改革开放以后，我国相继进口了四套30万吨/年乙烯裂解装置，使乙烯裂解能力由原来的每年的十余万吨一下子猛增到每年一百几十万吨，这才意味着我国真正开始进入石油化工时代。至今，在原有装置的基础上，经改造、扩建、新建，已有数十套规模超过45万吨/年的大型乙烯裂解装置，使我国有机化学工业已跃升到世界前列。目前，我国化学工业需要进一步优化产业结构，努力提高产品质量，节能减排，降低生产成本，搞好环境保护，建立现代企业制度，培养大批的技术人才，积极走引进、消化、吸收、创新，重在创新上下功夫的化学工业的发展路子，努力赶超世界先进水平。

二、化学工业的分类 (classify of chemical industry)

化学工业既是原材料工业，又是加工工业；既有生产资料的生产，又有生活资料的生产，所以化学工业的范围很广，在不同时代和不同国家里不尽相同，其分类也比较复杂。但是，通常所说的化学工业就是指基础原料、基本原料或中间产物经化学合成、物理分离或化学的、物理的复配得到化工产品的工业。这些化工产品可以是其他工业的原料，诸如冶金、建材、造纸、食品等工业，也可能是最终的化工产品，诸如肥料、农药、染料、涂料、各种助剂或添加剂等。

1. 按产品的结构和性质分类

在习惯上按产品结构和性质 (structure and quality) 不同将化学工业分为无机化学工业

和有机化学工业。其中无机化学工业又可分为酸、碱、盐以及无机肥料等；有机化学工业又可分为基本有机化学工业、精细有机化学工业、高分子有机化学工业等。

2. 按起始原料分类

按起始原料（raw material）不同化学工业可分为煤化工、天然气化工、石油化工、盐化工和生物质化工等；煤化工早期是以煤焦油生产芳烃、萘、蒽等化工原料和产品，后来又用电石法生产乙炔，由乙炔生产化工产品，所以也叫做乙炔化工；近期由煤或天然气蒸汽转化生产合成气，合成气可以生产氨、甲醇等一系列化工产品。石油化工是原油经一次加工和二次加工后，生产一系列的化工产品。盐化工是以电解食盐水溶液生产烧碱、盐酸，以联碱法生产纯碱、氯化铵等化工产品；盐化工与乙炔化工结合生产氯乙烯、聚氯乙烯等重要化工产品。传统的生物化工就是利用生物发酵技术通过发酵的方法，将植物的秸秆、籽粒、下脚料用来生产化工产品，而现代生物发酵技术已经能够利用转基因工程以玉米为原料生产生物塑料，它解决了一般塑料不可降解和油价居高不下的困境。

3. 按产品的用途分类

按产品用途不同可分为化学肥料工业、染料工业、农药工业等；按生产规模或加工深度不同又可分为大化工、精细化工等。这种分类方法最直观，闻其名，知其用。

在我国，按照国家统计局对工业部门的分类，将化学工业分为基本化学原料、化学肥料、化学农药、有机化工、日用化学品、合成化学材料、医药工业、化学纤维、橡胶制品、塑料制品、化学试剂等。

三、现代化学工业的特点（characteristics of modern chemical industry）

现代化学工业有很多区别于其他工业部门的特点，主要体现在以下几个方面。

1. 化学工业生产的复杂性

化学工业生产的复杂性主要体现在：用同一种原料可以制造多种不同用途的化工产品，即虽然原料相同，但生产方法、生产工艺不同可以生产出不同的化工产品，这叫做不同的生产路线。如上所述，天然气既可以生产合成氨，也可以生产甲醇。同一种产品可采用不同的原料、不同方法和不同的工艺路线来生产，即可以采用不同的原料路线、不同的生产路线生产出同一种产品，如同是生产甲醇产品，既可以采用煤作为原料，也可以采用天然气作为原料。采用煤作为原料时就利用煤气化技术生产合成气，在催化剂的作用下合成甲醇；若采用天然气为原料，就是在催化剂的作用下利用天然气蒸汽转化生产合成气，再进一步合成甲醇。同一种原料可以通过不同生产方法和技术路线生产同一种产品。如乙烯氧化生产乙醛，乙醛氧化生产醋酸；乙烯水合生产乙醇，乙醇氧化生产乙醛，乙醛氧化生产醋酸。同一种产品可以有不同的用途，而不同的产品又可能会有相同用途。由于这些多方案性，化学工业能够为人类提供越来越多的新物质、新材料和新能源。同时，由于它的复杂性，多数化工产品的生产过程是多步骤的，有的步骤及其影响因素很复杂，生产装备和过程控制技术也很复杂。

2. 生产过程综合化

坚持走可持续发展、科学发展，循环经济的路子，化工产品生产过程的综合化、产品的网络化是化工生产发展的必由之路。生产过程的综合化、产品的网络化既可以使资源和能源得到充分合理的利用，就地将副产物和"废料"转化成有用产品；又可以表现为不同化工厂的联合及其与其他产业部门的有机联合；这样就可以降低物耗、能耗，减少"三废"排放。例如，用煤生产合成气，合成气可以作为合成氨的原料，也可以作为合成甲醇的原料；合成氨可以生产氮肥、复合肥；甲醇可以作为二甲醚、甲醛、甲酸、二甲基甲酰胺的原料。经过综合化的利用，将合成氨生产过程中必须作为有害物质脱除的一氧化碳，通过联醇法生产甲醇，变害为利，变废为宝，综合利用，大大提高了企业的经济效益。

3. 装置规模大型化

装置规模的大型化，使装置的有效容积在单位时间内的产出率随之显著增大，有利于提高原料的综合利用率和能量的有效综合利用，降低产品生产成本和能量消耗。例如，在我国改革开放之初，引进的乙烯装置均为 30 万吨/年，而在 20 世纪末到 21 世纪初纷纷改造扩能到 45～48 万吨/年。目前我国现有乙烯装置的生产能力有的已经达到 100 万吨/年。装置规模的大型化虽然对生产成本的降低是有利的，但是，考虑到设计、仓储、运输、安装、维修和安全等诸多因素的制约，装置规模的增大也应有度。

4. 化工产品精细化

精细化是提高化学工业经济效益的重要途径，这主要体现在它的附加值高。精细化工产品不仅是品种多，相对于大化工规模小，而更主要的是生产技术含量高，如何开发出具有优异性能或功能，并能适应快速变化的市场需求的产品，是我国精细化学品工业能否快速发展的关键所在。除此之外，在化学工艺和化学工程上也更趋于精细化，人们已能在原子水平上进行化学品的合成，使化工生产更加高效、节能和环保。

5. 技术、资金和人才的密集性

高度自动化和机械化的现代化学工业，正朝着智能化方向发展。它越来越多地依靠高新技术并迅速将科研成果转化为生产力，如生物与化学工程、微电子与化学、材料与化工等不同学科的相互结合，可创造出更多优良的新物质和新材料；计算机技术的高水平发展，已经使化工生产实现了自动化和智能化的 DCS 控制，也将给化学合成提供强有力的智能化工具，由于可以准确地进行新分子、新材料的设计与合成，节省了大量的人力、物力和实验时间。现代化学工业虽然装备复杂，生产流程长，技术要求高，建设投资大，但化工产品产值较高，成本低，利润高，因此化学工业是技术和资金密集型行业，更是人才密集型行业。在化工产品的开发和生产过程中不仅需要大批具有高水平、创造性和具有开拓能力的多种学科不同专业的科学家和工程技术专家，同时又需要更多的受过良好教育及训练、懂得生产技术和管理的高素质高技能人才。

6. 注重能量合理利用，积极采用节能技术

化工生产过程不仅是将原料经由化学过程和物理过程转化为满足人们需求的化工产品，同时在生产过程中伴随有能量的传递和转换，如何节能降耗，提高效率显得尤为重要。在生产过程中，力求采用新工艺、新技术、新方法，淘汰落后的工艺、技术和方法，关键是要开发出新型高效的催化剂。例如，合成甲醇工艺，原有采用的锌铬基催化剂，压力在 30～35MPa，温度在 340～420℃；采用新型的铜基催化剂后，压力在 5MPa，温度在 175℃。由于新型催化剂的采用，压力和温度都大大地降低，设备投资费用和能量消耗都明显地下降。所以化工生产的核心技术就是催化剂技术，它是一个国家的化学工业是否具有核心竞争力重要标志。

7. 安全生产要求严格

化工生产的特点是具有易燃、易爆、有毒、有害、高温（或低温）、高压（负压）、腐蚀性强等特点；另外，工艺过程多变，不安全因素很多，如不严格按工艺规程生产，就容易发生事故。但只要采用安全的生产工艺，有可靠的安全技术保障、严格的规章制度及监督机构，事故是完全可以避免的，甚至是在可控范围内的。尤其是连续性的大型化工装置，要想发挥现代化生产的优越性，保证高效、经济地生产，就必须高度重视安全，确保装置长期、

连续地安全运行。安全为了生产，生产必须安全，安全生产就是经济效益。

采用无毒无害的清洁生产方法和工艺过程，生产环境友好的产品，创建清洁生产环境，大力发展绿色化工，是化学工业赖以持续发展的关键之一。

第三节 本课程的性质、任务、主要内容和学习方法
Nature，Task，Chief Content and Method of Study in the Course

化工工艺概论课程不仅是化工工艺类专业的一门必修课，同时它也是其他相近专业的一门必修课。是读者在具备了化学基础、化工制图、化工单元操作、化学反应设备、化工分离过程等基本知识后的一门专业课，是化工工艺类专业后续专业课的先行课。

本课程的主要任务是以化工生产过程的共性为基点，介绍必备的基础知识，以通过工艺过程中的物理因素、化学因素和工艺影响因素的分析进行工艺过程的组织为重点，培养学生的知识应用能力、分析问题和解决问题的能力，使学生学会并掌握工艺影响因素分析的方法和步骤、具备流程配置和评价的基本能力，重点掌握生产中实现所确定的工艺条件的手段，为学习后续专业课和将来从事相关工程技术工作打好基础。

本课程是根据化学工业的结构特点、内在联系和发展趋势，结合化工工艺类专业的特点，遵循化工工艺学的教学和学习规律，按照"掌握基本知识，注重能力培养"的目的，讲述化工工艺的基础知识、基本原理及应用技术。其主要内容包括化工工艺的基本概念与基础知识；化工资源路线及其产品网络；化工生产过程中工艺影响因素的分析和生产工艺条件的确定以及工程实现的手段；工艺流程的配置与评价；化工过程的安全和"三废"处理技术；以典型化工生产过程来总结和概括原料路线和生产路线的选择、对生产过程分析的目的、意义、方法和手段；化工过程的物料衡算和热量衡算基础等。

本课程是化工工艺知识与理论的提炼及归纳，突出理论与实际的结合，强调基础知识与工艺原理的应用。学习时，应注意应用基础科学理论、化学工程原理和方法及相关工程学知识，分析、组织和评价典型化工产品生产工艺，通过作业、现场教学、课堂分组讨论、参加实际生产装置的核算和技术改造等多种方式，培养分析和解决工程实际问题的能力及创造能力。教学应以学生为主体，突出案例教学、项目化教学、过程教学为主，采取形式多样的考核、考试方式。

本 章 小 结

本章主要介绍了：什么是化学工业，化学工业在国民经济中的地位和作用，化学工业的范围及特点，化学工业发展的历史、现状及趋势；本课程的性质、内容及学习方法。

1. 让读者充分了解化学工业在国民经济中的作用和地位，充分地认识到没有化学工业的发展就没有现代工业的发展，没有化学工业的技术进步，就没现代工业的技术进步，化学工业是我国国民经济的支柱产业和基础产业。

2. 深入了解世界化学工业和我国化学工业的发展历史，激发民族责任心和使命感，并树立目标和信心，为我国化学工业的可持续发展，为将来在现代化建设中建功立业而努力学好化工知识和掌握化工技能。

3. 化学工业的门类比较多，互相交叉，相互渗透，对其分类要根据具体情况而定；学生要选好发展方向，做好职业规划。

4. 化学工业的生产特点是大型化、自动化、智能化，生产的多方案性，技术、资本、人才的密集性，易燃、易爆、高温、高压、有毒、有害、有腐蚀性，安全事故的多发性。牢固树立从业人员的"生产必须安全，安全重于泰山"意识。

5. 学习中了解本课程的性质、重点内容及学习方法。

综合练习

要求：通过阅读下列资料，写出自己的感想，想一想你从资料中能得到什么启示，侯德榜的一生是为祖国的化工事业奋斗的一生，他不畏艰险、生命不息、奋斗不止。用侯德榜的事迹对照一下自己，我们应该怎么办，请写一篇千字文，要有感而发，严禁从网上摘抄。

侯德榜与祖国的化工事业 ❶

纺织、肥皂、造纸、玻璃、火药等行业都需要大量用碱。从草木灰中提取碱液，或从盐湖水中取得天然碱的方法都远远不能满足这些工业的需求的。为此，1788 年，N. 路布兰提出了以氯化钠为原料的制碱法，经过 4 年的努力，得到了一套完整的生产流程。路布兰制碱流程虽然在推广应用中不断地被完善，但是因为这种方法主要是利用固相反应，又是高温操作，存在许多缺陷，生产不能连续，劳动强度大，煤耗量大，产品质量不高。1862 年，比利时化学家索尔维实现了氨碱法的工业化，由于这种新方法能连续生产，产量大，质量高，省劳动力，废物容易处理，成本低廉，它很快取代了路布兰法。

掌握索尔维制碱法的资本家为了独享此项技术成果，采取了严密的保密措施，使外人对此新技术一无所知。一些技术专家想探索此项技术秘密，大都以失败告终。不料这一秘密竟被一个中国人运用智慧摸索出来了，这个人就是侯德榜。

侯德榜于 1911 年考入清华留美预备学校，1914 年以优异成绩被保送到美国留学，他先后在美国多所大学学习，攻读化学工程，并于 1921 年取得博士学位。在国外留学时，遇到了赴美考察的陈调甫，陈先生受范旭东实业家范旭东委托，为在中国兴办碱业特地到美国来物色人才。当陈先生介绍帝国主义国家不仅对我国采取技术封锁，而且利用我国缺碱而卡我国民族工业的脖子的情况时，具有强烈爱国心的侯德榜马上表示，可以放弃在美国的舒适生活，立即返回祖国，用自己的知识报效祖国。

1921 年 10 月侯德榜回国后，出任范旭东创办的永利碱业公司的技师长（永利碱业公司先后有永利沽、永利宁和永利川化学工业公司）。他身先士卒，同工人们一起操作。哪里出现问题，他就出现在哪里，经常干得大汗淋漓，衣服中散发出酸味、氨味。他这种埋头苦干的作风赢得了工人们、甚至外国技师的赞赏和钦佩。索尔维制碱法的原理很简单，但是具体的生产工艺却为外国公司所垄断，所以侯德榜要掌握此法制碱，困难重重。他亲自摸索，克服一个又一个困难，仅从试生产的过程也可略见一斑。例如干燥锅结疤了，浑圆的铁锅在高温下停止了转动，时间长了后果是很严重的。技师们都急得团团转，这时候侯德榜果敢地拿起玉米棒子一样粗的大铁杆往下捅，操起 10～15kg 重的铁杆上下捅可不比举重运动员举杠铃轻松，累得他双眼直冒金星，汗水湿透了工装。不久他觉得单靠力气难于解决这一技术问题，经过大家商量，他们采用加干碱的办法终于使锅底上的碱疤脱水掉下来，总算克服了困难。侯德榜以探索者的勇气，克服困难，以生产者的细心不放过任何一个疑点，以科学家的严谨态度来对待试生产工作。经过紧张而又辛苦的几个寒暑的奋战，侯德榜终于掌握了索尔维制碱法的各项技术要领并有所创新。1924 年 8 月 13 日，永利碱厂正式投产，日产 180 吨纯碱的永利碱厂终于矗立在中国大地上。1926 年，永利碱厂生产的"红三角"牌纯

---

❶　侯德榜　1890～1974，福建省人，我国著名的化学化工专家。

碱在美国费城举办的万国博览会上荣获了金质奖章。这一袋袋的纯碱是中华民族的骄傲，它象征着中国人民的志气和智慧。

摸索到索尔维制碱法的奥秘，不是独占其有，而是乐于公开这一奥秘，让世界各国人民共享这一科技成果。为此侯德榜继续努力工作，把制碱法的全部技术和自己的实践经验写成专著《制碱》于1932年在美国以英文出版。一个有骨气的中国人就是这样披露了索尔维制碱法的奥秘。

侯氏联合制碱法的发明是侯德榜一生中最辉煌的成就。侯德榜经过调查，决定改进索尔维法开创制碱新路，他总结了索尔维法的优缺点，认为这种方法的主要缺点在于，两种原料组分只利用了一半，即食盐（$NaCl$）中的钠和石灰石（$CaCO_3$）中的碳酸根结合成纯碱（Na_2CO_3），另一半组分食盐中的氯和石灰中的钙结合成了$CaCl_2$，却没有用途。

针对以上生产中不可克服的种种缺陷，侯德榜创造性地设计了联合制碱新工艺。这个新工艺是把氨厂和碱厂建在一起，联合生产。由氨厂提供碱厂需要的氨和二氧化碳。母液里的氯化铵用加入食盐的办法使它结晶出来，作为化工产品或化肥。食盐溶液又可以循环使用。为了实现这一设计，在1941～1943年抗日战争的艰苦环境中，在侯德榜的严格指导下，经过了500多次循环试验，分析了2000多个样品后，才把具体工艺流程定下来，这个新工艺使食盐利用率从70%一下子提高到96%，也使原来废弃的氯化钙转化成化肥氯化铵，解决了氯化钙占地毁田、污染环境的难题。这一方法把世界制碱技术水平推向了一个新高度，赢得了国际化工界的极高评价。1943年，中国化学工程师学会一致同意，将这一新的联合制碱法命名为"侯氏联合制碱法"。

侯德榜先生对科学的态度一贯是严肃认真的。在研究联合制碱的过程中，他要求每个试验都得做30多遍才行。开始时有些人不理解，以为这是浪费时间和耗费精力，多此一举。后来的事实证明，多数试验在进行了20多次以后，数据才稳定下来，这样得到的数据资料才是可靠的，人们这才真正认识到侯德榜这种细致周密、一丝不苟的科学态度是多么难能可贵。

复习思考题

1. 何谓化学工业？试举例说明化学工业在国民经济中的地位和作用。
2. 试以原料的变迁和技术的发展说明化学工业的发展过程。
3. 试述化学工业的现状与对策。
4. 现代化学工业有何特点？试举例说明。
5. 本课程的学习内容有哪些？它与你所学专业的主要专业基础课和后续专业课有何区别和联系？
6. 怎样才能学好化工工艺概论？

第二章 化学工业的资源路线和主要产品
Resources and Prime Products
of Chemical Industry

 知识目标

了解化工资源概况，再生资源的开发利用方法和途径；
理解化学工业生产的多方案性、资源的综合利用方法和途径；
掌握化工原料、化工产品、干馏、催化重整、加氢裂化、热裂解等基本概念；
主要化工资源的产品网络。

 能力目标

能对化工生产的原料、生产路线、产品方案等进行初步比较、评价和选择；
能基本掌握资源的综合利用原则和方法。

 素质目标

培养对工作一丝不苟、严谨细致的优良作风；
培养工程技术观念；
培养安全生产和清洁生产的意识。

化工原料是指化工生产中能全部或部分转化为化工产品的物质。原料的部分或全部原子必须转移到化工产品中去，一种原料经过不同的化学反应可以得到不同的产品，不同的原料经过不同的化学反应也可以得到同一种产品。

起始原料是人类通过开采、种植、收集等方法得到的，主要有空气、水、矿物资源、生物原料等。粮食、农产废料及林业中木材加工副产物，可用于生产有机产品，如粮食发酵生产乙醇、丙酮等。

化工基本原料通常指需经一定加工得到的原料，如低碳原子的烷烃、烯烃、炔烃、芳香烃和合成气。这些原料都是通过石油、天然气、煤等天然原料经过一定的途径生产而来的。

化工企业使用化工原料经过单元反应过程和单元操作过程而制得的可作为生产资料和生活资料的成品，都是化工产品。但是习惯上往往把不再供生产其他化学品的成品，如化学肥料、农药、塑料、合成纤维等称为化工产品。

化工产品应符合产品要求的各项指标，如外观、颜色、粒度、晶形、黏度、杂质含量等，产品质量通常以纯度或浓度来表示。根据产品质量的好坏可分为不同等级，各有一定的规格和指标。主要化工产品有化学肥料、农药、合成树脂、塑料、合成橡胶、化学纤维、染料、颜料、涂料、药物等。

第一节　化工资源概况
The Survey of Chemical Resources

一、世界资源结构及利用现状（the structure and utilization of world resources）

自然界包括地壳表层、大陆架、水圈、大气层和生物圈等，其中蕴藏着的各类资源是可供化学加工的初始原料，这些资源除矿物、生物资源外，还包括水、空气以及生产和生活中的一些废弃物等。

矿物资源（mineral resources）　包括金属矿、非金属矿和化石燃料矿。金属矿多以金属氧化物、硫化物、无机盐类形态存在；非金属矿以化合物形态存在，其中含硫、磷、硼的矿物储量比较丰富；化石燃料包括煤、石油、天然气等，它们主要由碳和氢组成。虽然化石燃料只占地壳中总碳质量的0.02%，却是目前人类最常利用的能源，也是最重要的化工原料。目前世界上85%左右的能源与化学工业均建立在石油、天然气和煤炭的基础上。石油炼制、石油化工、天然气化工、煤化工等在国民经济中占有极为重要的地位。由于矿物是不可再生的，因此，节约和充分利用矿物资源十分重要。

生物资源（biological resources）　来自农、林、牧、副、渔的植物体和动物体，它们提供了诸如淀粉、蛋白质、油料、脂肪、糖类、木质素和纤维素等食品与化工原料，天然的颜料、染料、油漆等产品也都取自植物和动物。由于农林副产物的资源往往比较分散，且有区域性特点，产量受季节性限制，往往不能适应大型企业发展的需要，但其可繁殖性显示了这类资源的优越性，开发以生物质为原料生产化工产品的新工艺、新技术将是重要的课题之一。应注意的是必须合理利用生物资源，保护生态环境，使资源利用与环境的可持续发展要求相结合。

水资源（water resources）　在化工生产中的应用很普遍：水可溶解固体、吸收气体，可作为反应物参加水解、水合等反应，可作为加热或冷却的介质，可吸收反应热并汽化成具有做功本领的高压蒸汽。虽然地球上水的面积占地球表面的70%以上，但是可供使用的淡水量只占总水量的3%，因此节约和保护淡水资源、提高水的循环利用率刻不容缓。

空气（air）　也是一种宝贵的资源。从空气中提取的高纯度的氦、氖、氩、氪等气体，广泛应用于高精尖科技领域；空气的主要成分氮气和氧气更是重要的化工原料，将空气经过深度冷冻分离得到的纯氧和纯氮，广泛用于冶金、化工、石油、机械、采矿、食品等工业部门和军事、航天领域。随着近年来膜分离技术的发展，使从空气中分离更多有用的组分成为可能。

二、我国的资源状况（the situation of our country's resource）

我国幅员辽阔，资源丰富，自然资源总量排世界第七位，已探明的矿产资源总量约占世界的12%，居世界第三位，仅次于美国和俄罗斯。在化石资源总量和已探明的储量中，煤炭约占90%以上。长期以来，煤炭在我国一次能源生产和消费构成中约占2/3以上，是全世界少有的以煤为主的能源大国。我国的石油资源约占世界总量的2.3%，而石油消费呈现高速增长的势头，年均增长率高达 7.3%，年均增加量 11.80Mt，石油生产量已远不能满足石油消费需求的增长，因此，寻找石油替代能源十分紧迫。我国有丰富的天然气资源，探明的天然气储量很大，已形成陕甘宁、新疆地区、四川东部三个大规模的气区，海上油田也有较大的天然气储量。我国也是世界上水资源较为丰富的国家之一，在我国广阔的土地上有许多源远流长的大江、大河，以及数量众多的中小河流和湖泊。

由于我国人口众多，人均资源占有量则相对较少，人均矿产资源占有量仅列世界第53位；已探明的煤炭储量占世界储量的 11%，人均占有量却不到世界平均水平的 1/5；石油人均占有量仅为世界平均水平的 1/10。因此，人均资源的相对不足，已越来越成为制约中国经济、社会可持续发展的一个关键因素，这也是我国积极发展可再生资源，开辟新的资源供应渠道的一个重要原因。我国的可再生资源十分丰富，若能充分开发利用，有可能解决我国所需要的大部分能源。近20年来，风能、太阳能等新资源与可再生资源在中国得到了迅速的发展，并将逐步向商品化资源的方向发展。

第二节　化学工业主要产品网络
The Product Network of Chemical Industry

一、煤化工产品（coal chemical products）

煤（coal）是自然界蕴藏最丰富的自然资源，已知煤的储量要比石油储量大十几倍。根据成煤过程的程度不同，可将煤分为泥煤、褐煤、烟煤、无烟煤等。不同品种的煤具有不同的元素组成。表 2-1 列举了不同种类煤的元素组成。

表 2-1　煤的元素组成/%

煤的种类		泥煤	褐煤	烟煤	无烟煤
元素分析	C	60~70	70~80	80~90	90~98
	H	5~6	5~6	4~5	1~3
	O	25~35	15~25	5~15	1~3

煤可为能源、化工和冶金提供有价值的原料。以煤为原料，经过化学加工转化为气体、液体和固体燃料及化学品的工业，称为煤化学工业（简称煤化工，chemical processing of coal）。煤化工始于18世纪后半叶，19世纪形成了完整的煤化学工业体系。煤化工的利用途径有以下几种。

1. 煤的干馏

将煤隔绝空气加热，使其分解成焦炭、煤焦油、粗苯和焦炉气的过程称为煤的干馏（coal carbonization）。根据加热温度的不同，煤的干馏可分为高温干馏和低温干馏两类。

（1）高温干馏（炼焦）　煤在炼焦炉中隔绝空气于 900~1100℃ 进行干馏的过程称为高温干馏。高温干馏产生焦炭、焦炉气、粗苯和煤焦油。其中焦炭可用于冶金工业钢铁炼制或用来生产电石；而焦炉气则是热值很高的气体燃料，同时也是宝贵的化工原料，它的主要成分（体积分数）是氢（54%~63%）和甲烷（20%~32%）；粗苯主要由苯、甲苯、二甲苯和三甲苯所组成，也含有少量不饱和化合物、硫化物、酚类和吡啶；将粗苯进行分离精制，可以得到多种重要的芳香烃原料；煤焦油是黑褐色的油状黏稠液体，组成十分复杂，目前已验证出煤焦油中约有 400～500 种有机物，含有多种重芳烃、酚类、烷基苯、吡啶、萘、蒽、菲及杂环化合物等。煤焦油是生产有机原料较有价值的高温干馏产品之一，可用它来制取塑料、染料、香料、农药、医药、溶剂等产品。

（2）低温干馏 这是煤在较低的温度（500～600℃）下进行干馏的过程。低温干馏产生半焦、低温焦油和煤气等产物。由于终温较低，分解产物的二次热解少，故产生的焦油中除含较多的酚类、烷烃和环烷烃外，芳烃的含量则很少，它是人造石油的重要来源之一，而半焦经气化可制合成气。

2. 煤的气化

煤的气化（coal gasification）是指以固体燃料煤或焦炭为原料，在高温（900～1300℃）下通入气化剂，使其转化成主要含氢、一氧化碳、二氧化碳等混合气体的过程。利用干馏制取化工原料，只能利用煤中一部分有机物质，而煤的气化则可利用煤中几乎全部含碳和氢的物质。煤气化常用的气化剂主要是水蒸气、空气或氧气。生成气体的组成取决于固体燃料性质、气化剂的种类和气化条件。

煤的气化是获得基本化工原料——合成气的重要途径。合成气是合成氨、甲醇以及 C_1 化工产品的基本原料，同时也可作气体燃料使用，与固体燃料相比它是一种具有广泛用途的理想燃料，不仅输送、使用方便，容易储存、管理，而且出厂时经过脱硫、脱氢处理，减轻了对环境的污染，热效率也比燃煤高。因而广泛用于钢铁工业、化学工业、商业及民用。

3. 煤的液化

煤的液化（coal liquefaction）是指煤经化学加工转化成为液体燃料的过程。煤的液化可分为直接液化及间接液化两类。

煤的直接液化也称为煤的加氢液化，是指在高温（420～480℃）、高压（10～20MPa）下，采用加氢方法使煤转化为液态烃的过程。由于供氢方法和加氢深度的不同，有不同的直接液化法。加氢液化产物称为人造石油，可进一步加工成各种液体燃料。直接液化中所用的氢气通常用煤与水蒸气反应制取。煤的直接液化法由于氢耗高、压力大，因而设备投资大，成本较高。

煤的间接液化是指将煤首先制成合成气，然后通过催化剂作用将合成气转化成烃类燃料、含氧化合物燃料（如低碳混合醇、二甲醚等）。由于甲醇、低碳醇的抗爆性能优异，可替代汽油，而二甲醚的十六烷值很高，是优良的柴油替代品。近年来，还开发了甲醇转化为高辛烷值汽油的技术，更促进了煤间接液化技术的发展。

由煤获取化工产品的网络如图 2-1，所示。

二、石油化工产品（oil chemical products）

石油（oil）是一种有气味的黏稠液体，色泽有黄色、褐色或黑褐色，色泽深浅一般与其密度大小、所含组分有关。石油是由众多碳氢化合物组成的混合物，成分复杂，随产地不同而异。石油中所含的化合物可分为烃类、非烃类、胶质和沥青四大类，几乎没有烯烃和炔烃。石油中含量最高的两种元素是 C 和 H，其质量分数分别为碳 83%～87%，氢 11%～14%，此外还含有少量氧、氮、硫等元素。

自 20 世纪 50 年代开始，石油化工蓬勃发展，至今，90% 左右有机化工产品的上游原料来自于石油和天然气。从地下开采出来未经加工处理的石油称为原油。为了充分利用宝贵的石油资源，原油通常不直接使用，需要进行一次加工和二次加工，在生产出汽油、航空煤油、柴油和液化气等产品的同时，制取各类化工原料。一次加工方法包括常压蒸馏和减压蒸馏。常减压蒸馏是石油加工方法中最简单、也是历史最悠久的方法。

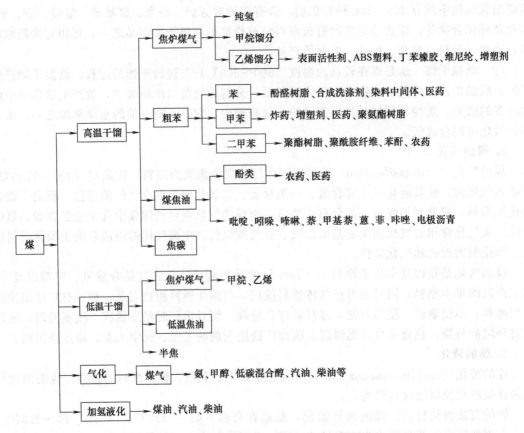

图 2-1 以煤为原料的主要化工产品网络简图

常压蒸馏又称为直馏（直接蒸馏），是在常压和 300～400℃ 条件下进行的蒸馏。在常压蒸馏塔的不同高度可分别采出汽油、煤油、柴油等油品，塔底剩余组分为常压重油。常压重油中含重柴油、润滑油、沥青等高沸点组分，要在常压下继续蒸出这些油品则必须采用更高温度，但在 350～400℃ 以上时，这些大分子组分容易分解，从而严重影响油品质量。若将常压重油于负压和 380～400℃ 的温度下进行减压蒸馏，不仅能防止油品的炭化结焦，而且还能降低热能消耗，有助于加快蒸馏速率。

原油经脱盐、脱水处理后，预热到 200～240℃，进入初馏塔，塔顶温度控制在 140℃，塔顶得到的产品经冷凝分离得"拔顶气"和"轻汽油"，前者主要组分为丁烷（40%～50%）、丙烷（约 30%）、乙烷（2%～4%）及少量 C_5 以上组分，一般用作燃料；轻汽油（石脑油）是催化重整生产芳烃或生产乙烯的原料。初馏塔底油经加热至 360～370℃，送常压塔分出 50～140℃ 的轻汽油、160～280℃ 的煤油、260～300℃ 的轻柴油、300～350℃ 的重柴油，它们均可作为生产乙烯的原料；而轻汽油和重油则分别是催化重整和催化裂化的原料。常压渣油再进入加热炉，加热至 380～400℃，进入减压蒸馏塔，得到减压馏分油，可作为催化裂化和加氢裂化的原料；减压渣油可作为加氢裂化的原料，或用于生产石油或石油沥青。

原油（raw oil）经蒸馏得到的直馏汽油量有限，而且主要成分是直链烷烃，其辛烷值低，质量差，从数量和质量上不能满足交通事业和其他工业部门燃料油品的要求。为了提高汽油产量和质量，往往把蒸馏后所得的各级产品再进行二次加工。二次加工的方法很多，下面简要介绍几种常用的加工过程。

1. 催化裂化

催化裂化（catalytic cracking）是以重质馏分油为原料，在催化剂作用下于 0.1～0.3MPa 和一450～530℃进行裂化的过程。催化裂化是炼油工业中广泛采用的一种裂化过程。由于有催化剂硅酸铝的存在，使裂化过程可以在比较低的温度和压力下进行，而且能促进异构化、芳构化、环构化等反应的发生，因此可得到高辛烷值的汽油。

催化裂化使大分子烃类化合物裂化而转化成高质量的汽油，并副产柴油、锅炉燃油、液化气等产品。裂化产物的一般分布为：汽油产率 30%～60%，催化裂化汽油的辛烷值比常压直馏汽油高；柴油产率≤40%，该馏分中含有较多的烷基苯和烷基萘，可以提取出来作为化工原料；气体产率约 10%～20%，烃类中 C_3、C_4 烯烃可达一半左右，是宝贵的化工原料；而 C_3、C_4 烷烃则为民用液化气，甲烷和氢是合成氨、甲醇及碳一化工产品的原料。

2. 加氢裂化

加氢裂化（hydrocracking）是指在催化剂及高氢压下，加热重质油使其发生一系列加氢和裂化反应，最后转变成航空煤油、柴油、汽油等产品的过程。加氢裂化所用的催化剂有贵重金属（Pt，Pd）和非贵重金属（Ni，Mo，W）两类，多以固体酸（如硅酸铝分子筛等）为载体。

加氢裂化可以使产品中的不饱和烃及重芳烃含量显著减少，还使硫\氮、氧和重金属等从烃类化合物中分解脱除，从而提高了油品的质量。而且大量氢气可以抑制脱氢缩合反应，产品油中不含焦油，催化剂上也不结焦。

加氢裂化后正构烷烃和异构烷烃所占比例相当高，重芳烃减少，是优质的航空煤油和柴油。此外，加氢裂化柴油也可作为裂解制烯烃的原料。加氢裂化已成为现代炼油厂的主要加工方法之一。

3. 催化重整

催化重整（catalytic reforming）是将适当的石油馏分在贵金属催化剂 Pt（或 Rh，Re，Ir 等）作用下，进行碳架结构的重新调整，使环烷烃和烷烃发生脱氢芳构化反应形成芳烃的方法。催化重整不仅能提供高辛烷值的汽油，而且能提供苯、甲苯、二甲苯等芳烃原料及液化石油气和溶剂油，并副产氢气。

催化重整于 20 世纪 40 年代已工业化，最初用来生产高辛烷值的汽油，现在已成为将石油馏分经过化学加工转变成芳烃的重要方法之一。催化重整通常选取沸程为 60～200℃的汽油馏分作为原料油，是由于这一范围内含有 C_6～C_8 的烃类较多。重整过程对原料杂质的含量有严格的要求。经重整后得到的重整油含有 30%～60%的芳烃，还含有烷烃和少量环烷烃。将重整油中芳烃经抽提分离后，余下部分称为抽余油，它既可作商品油，也可作为裂解乙烯的原料。

4. 热裂解

热裂解（pyrolysis）是指将烃类加热到 750～900℃使其发生裂解的过程。烃类热裂解的主要目的是为了得到乙烯和丙烯。

热裂解的原料可以是乙烷、丙烷、石油以及煤油、柴油等。裂解气中除大量的乙烯、丙烯和十二烷基等烯烃外，还有氢气、C_1～C_4 烷烃，对裂解气进一步分离后还可得到多种重要的有机化工原料。

以石油为原料的主要化工产品网络如图 2-2 所示。

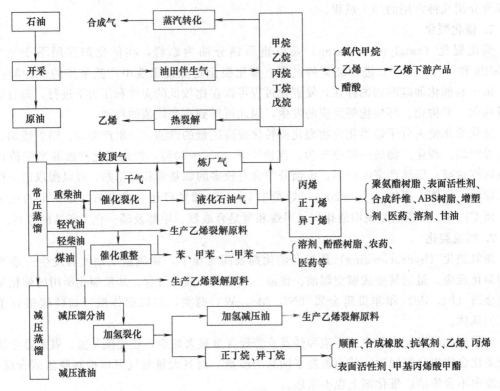

图 2-2 以石油为原料的主要化工产品网络简图

三、天然气化工产品 (natural gas chemical products)

天然气 (natural gas) 是由埋入冲积土层中的大量动植物残骸经过长时期密闭，由厌氧菌发酵分解而形成的一种可燃性气体。天然气除含有主要成分甲烷外，还有乙烷、丙烷、丁烷等各种烷烃及硫化氢、氮、二氧化碳等气体。

根据天然气中甲烷和其他烷烃含量的不同，通常将天然气分为干气和湿气两种。干气也称为贫气，甲烷含量高于 90%，其他烷烃则很少，多由开采气田得到，个别气田的甲烷含量高达 99.8%。湿气又称为富气，除含甲烷外，还有相当数量的其他低级烷烃。湿气往往和石油产地连在一起，油田气就是开采石油时析出的含烷烃的气体，故又称为油田伴生气或多油天然气。

天然气的热值高，污染小，是一种清洁能源，在能源结构中的比例逐渐提高。目前，天然气在世界一次能源的消费中的比重已占到 23.6%，成为仅次于石油和煤炭的第三大能源。它同时又是石油化工的重要原料资源。

天然气的化工利用主要有以下几个方面。

(1) 天然气经蒸汽转化后的转化气可用于生产一系列产品　天然气的一大用途是制造氨和氮肥——尿素，后者是当今世界上产量最大的化工产品之一，目前中国开采的天然气中有一半以上用于制造氮肥；氨也是制造硝酸及许多无机和有机化合物的原料；而由天然气制氢是当前工业制氢的主要工艺之一。此外，由天然气制成合成气后，再进一步合成甲醇，开创了廉价制取甲醇的生产路线。以甲醇为原料，可合成汽油、柴油等液体燃料和醋酸、甲醛、甲基叔丁基醚等一系列化工产品。由合成气经改良费托法合成汽油、煤油、柴油已建成一定规模的工厂，而合成气直接催化转化为低碳烯烃、乙二醇的工艺也正在开发之中。

（2）**天然气直接用于生产各种化工产品**　天然气中甲烷可直接在催化剂作用下进行选择性氧化，生成甲醇和甲醛；在有氧或无氧条件下催化转化成芳烃；甲烷催化氧化偶联生成乙烯、乙烷等。

（3）**天然气的热裂解**　天然气在 $930\sim1230\,^{\circ}\mathrm{C}$ 时裂解生成乙炔和炭黑。从乙炔出发可制氯乙烯、乙醛、醋酸、氯丁二烯、1,4-丁二醇、1,4-丁炔二醇等。炭黑则可作为橡胶的补强剂和填料，也可作油墨、电极、电阻器、炸药、涂料等的原材料。

（4）**甲烷经氯化、硝化、氨氧化和硫化制化工产品**　如氢氰酸、氯化甲烷、二硫化碳等。

（5）**湿性天然气中 $C_2\sim C_4$ 烷烃的利用**　湿性天然气中 $C_2\sim C_4$ 烷烃可经深冷分离出来，是热裂解制取乙烯、丙烯的优良原料，许多国家都在提高湿性天然气在制取烯烃原料中的比例。以天然气为原料的主要化工产品网络如图 2-3 所示。

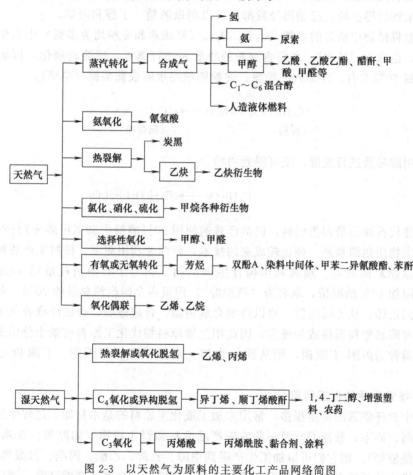

图 2-3　以天然气为原料的主要化工产品网络简图

四、农林副产品的化工利用 （chemical utilization of farming，forestry，animal husbandry，side-line production）

农林产品及其在加工过程中的下脚料（如花生壳、玉米芯、麦秆、米糠等）中含有较丰富的生物有机质（即生物质），这些物质若被当作燃料烧掉或被扔掉，一方面造成资源浪费，另一方面还会造成环境污染。若能把它们利用起来，加工成基本有机化工原料，就能提高其经济价值。我国土地辽阔，有着丰富的农、林产品资源，仅农作物秸秆每年就约有 7 亿多吨，除用作饲料和建筑材料外，每年还有约 $200\sim300Mt$ 的剩余量堆在田头、路边未能很好利用；再加上以农林产品和生物质为原料的工业企业也产生数以亿吨计的采伐加工残余物和有机固体垃圾，如能很好地将其利用，就能产生巨大的经济效益。利用生物资源获取有机化工原料和产品，已有悠久的历史。很早以前，人类就知道从棉花、羊毛和蚕丝获得纤维，用纤维素加工成纸，用油脂制造洗涤剂。

早在 17 世纪，人们就已知道用木材干馏来制取甲醇。近年来，在生物质的利用方面进行了更为广泛的研究，例如利用生物质液化制酒精、气化发电和产生沼气作为民用燃气等技术都取得了一定的进展。

下面介绍几类生物质实现化工利用的途径。

1. 含糖或淀粉物质的化工利用

含糖或淀粉的物质种类很多，如粮食、甘蔗、甜菜、各种薯类或野生植物的根和果实，这类物质经水解后得己糖，己糖再经发酵后可以制取酒精、丁醇和丙酮。

水解是指将植物中所含的多糖 $(C_6H_{10}O_5)_n$（纤维素和淀粉均为多糖）用水使其转化为单糖的过程，也称为"糖化"。如将含淀粉的物质先进行蒸煮，使淀粉糊化，再加入一定量的水，冷却到 $60℃$ 左右，并加入淀粉酶，淀粉则最终水解成葡萄糖（单糖）。

$$(C_6H_{10}O_5)_n+nH_2O\longrightarrow n(C_6H_{12}O_6)$$
（淀粉） （葡萄糖）

将单糖用酵母菌进行发酵，便可得到酒精。

$$C_6H_{12}O_6\longrightarrow 2C_2H_5OH+2CO_2$$

酒精是替代石油的最理想燃料，巴西已普遍使用 60% 酒精 $+33\%$ 甲醇 $+7\%$ 汽油的车用燃料。利用生物质制酒精是一种比较成熟的技术，新西兰利用甜菜、松树生产酒精，基本满足了全国运输燃料的需要。瑞典利用树汁生产酒精，相当于石油消耗量的 50%。美国用 90% 的汽油添加 10% 的酒精，取名为"汽油醇"，用量占全国汽油总量的 70%。此外，酒精脱水就能得到乙烯，从乙烯出发，可以得到合成树脂、合成橡胶、合成纤维等化工产品；利用植物生产可降解塑料即将成为现实，因此用生物原料替代化工原料前景十分乐观。

若使用菌种为丙酮-丁酮菌，则从淀粉水解、发酵即可得到丙酮、丁酮和乙醇等化工产品。

2. 含纤维素物质的化工利用

自然界中含纤维素的物质很多，常用来加工成化工原料的是木材加工过程中所得到的下脚料（如木屑、碎木、枝桠等）及一些农副产品废料和野生植物（如芦苇、玉米秆、稻秆、棉籽壳、甘蔗渣等）。用它们可以加工生产得到甲醇、乙醇、乙酸、丙酮、糠醛等化工产品。

植物纤维中的纤维素和半纤维素，都是高分子多糖（纤维素是多缩己糖，半纤维素是多缩戊糖和多缩己糖），经水解后可分别得到葡萄糖和戊糖。进一步加工可以得到甲醇、乙醇、乙酸、丙酮、糠醛等基本化工产品。

$$(C_6H_{10}O_5)_n+nH_2O\longrightarrow n(C_6H_{12}O_6)$$
（多缩己糖） （葡萄糖）
$$(C_5H_8O_4)_n+nH_2O\longrightarrow n(C_5H_{10}O_5)$$
（多缩戊糖） （戊糖）

工业上糠醛常用来生产糠醛树脂、顺丁烯二酸酐、丁二烯、合成纤维、医药等。到目前为止，由含多缩戊糖的农副产品水解制取糠醛是工业上生产糠醛的惟一方法。

木材的化学加工除水解法外，还可用干馏的方法，即在隔绝空气的密闭设备中，用加热的方法使木材中的组分进行热分解。干馏的结果可得到固体产物木炭（可用作燃料和活性炭），液体产品木焦油（可提取酚、醚、浮选剂、木材防腐油、沥青等）和甲醇、醋酸、丙酮等多种化工产品。

综上所述，利用生物质资源经过酶或化学物质的催化作用可获得多种基本有机化工的原料或产品，而某些产品由生物质资源制取，至今仍是惟一或较方便的途径。生物质的利用前景广阔，利用现代科学技术，实现生物质替代石油是完全可能的。

五、矿石的化工利用（chemical utilization of mineral）

目前，世界上已知的矿物质有 3000 多种，工业上常用的约有 300 多种，仅为生产无机盐原料的矿物质就约有 100 余种，但常用的只有 20 多种。可供生产化工基本原料和产品的化学矿产种类很多，除用作生产化肥、酸、碱、无机盐的重要原料外，还用于国民经济其他部门。

磷矿和硫铁矿是化学矿山产量最大的两个产品。磷矿是生产磷肥、磷酸、单质磷和磷酸盐的原料，85％以上的磷矿用于制造磷肥。而磷酸盐又用于制糖、医药、合成洗涤剂、饲料添加剂等行业。硫铁矿主要用于制硫酸，世界上硫酸总产量的一半以上用于生产磷肥和氮肥。

除了少数品位高的矿石开采出来不需经初步加工即可利用外，大多数矿石需要在开采前进行选矿和初步加工，以除去其中的杂质。焙烧（包括煅烧）是一种最常用的矿石热化学加工方法，它是在高温下，使矿石发生化学变化或物理变化，以便于对矿石作进一步处理的过程。煅烧是焙烧的一种，它是将矿石在高温下处理，使矿石分解出二氧化碳和水的过程。石灰石加热放出二氧化碳，明矾石加热放出结晶水都是煅烧的例子。图 2-4 列出了常见的几种矿石的化工利用途径。

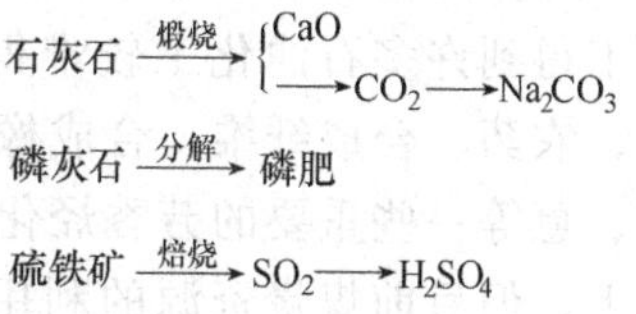

$$石灰石 \xrightarrow{煅烧} \begin{cases} CaO \\ \longrightarrow CO_2 \longrightarrow Na_2CO_3 \end{cases}$$

$$磷灰石 \xrightarrow{分解} 磷肥$$

$$硫铁矿 \xrightarrow{焙烧} SO_2 \longrightarrow H_2SO_4$$

图 2-4　常见矿石的化工利用

我国的化学矿产资源丰富，已探明储量的化学矿产有 20 多个品种，如硫铁矿、天然硫黄、磷矿、钾盐、钾长石、明矾石、蛇纹石、化工用石灰岩、硼矿、芒硝、天然碱、石膏、钠硝石、镁盐、沸石岩、重晶石、碘、溴、砷、硅藻土等。以磷矿资源为例，我国磷矿资源十分丰富，约占世界磷矿资源总量的 10％，仅次于摩洛哥、南非、美国，名列第四位，其中绝大多数又集中在西南和中南地区，云、贵、川、鄂、湘五省蕴藏量约占全国总储量的 90％。目前，我国已经形成了一个比较完整的矿石加工利用工业体系，生产的化学肥料和无机化工产品品种齐全，但由于多数矿产属两种以上矿物伴生，是含多种有用组分的综合性矿床，如贵州省瓮福磷矿区的沉积磷块岩同时含有丰富的碘，因此提高矿石资源的综合利用，实施科学的矿床开发技术，其经济效益必将会大大提高。

六、再生资源的开发利用（development and utilization of renewable resources）

随着社会工业化程度和人民生活水平的日益提高，产生的工业"三废"和生活垃圾越来越多，若直接排放和丢弃到环境中会造成巨大的危害。若作为再生资源，经过物理和化学的加工，可成为有价值的产品和能源，这不仅可以节约自然资源，而且是治理污染、保护环境的有效措施。未来物质生产的特点之一，将是越来越完善和有效地利用这些"废料"和

"垃圾"。

工农业生产和日常生活废料原则上都可以回收处理、加工成有用的产品。例如将废塑料重新炼制成液体燃料的方法已经有工业装置建成，重炼的方法也很多，焦化法是将废塑料与石油馏分混合，并在 250~350℃ 下熔化成浆液，然后送焦化炉加热处理，产生气体、油和石油焦；气体产物中主要含有重要的基础化工原料如氢、甲烷、乙烷、丙烷等；石油焦用于炼铁和制造石墨电极等；液体产物送至分馏塔，可得到焦化汽油、焦化瓦斯油和塔底馏分油，进一步加工生产汽油、煤油和柴油等燃料。

含碳的废料也可通过部分氧化法转化为小分子气体化合物，然后再加工利用。例如，使部分聚烯烃类塑料在富油雾化燃料的火焰内发生部分氧化反应，放出大量热，使剩余的聚烯烃发生吸热的裂解反应，产生氢气、甲烷、一氧化碳等气体混合物。

第三节　资源的综合利用
Multiple Utilization of Resources

化学工业的资源是多种多样的，实际生产中究竟采用哪一种资源路线和生产技术，必须遵循经济而又可行的原则。当资源路线确定后，资源的综合利用就成为一项重要的任务，它不仅与经济效益、社会效益和环境效益有着直接的关系，而且对国民经济的可持续发展产生深远的影响。因此，资源的综合利用水平已成为衡量一个国家化学工业发展水平高低的一个重要标志。

煤作为化学工业的原料始于 18 世纪，19 世纪形成了完整的煤化工体系。以煤作原料可加工得到许多石油化工较难得到的产品，如酚、萘、蒽、喹啉、吡啶等。煤化工产品是医药、农药、合成纤维、合成橡胶、塑料等工业部门的重要原料。此外，从煤焦油中回收酚、萘、蒽等一些重要的芳香烃化合物，成本较其他方法低廉。我国的年均消耗煤量在 10 亿吨以上。但目前煤炭资源的利用存在着两个突出的问题：一是综合利用率低，煤主要作为燃料，大量的煤由于燃烧不完全，变成黑烟或灰渣，造成很大的浪费；二是污染环境。通过煤的综合利用，在提高煤的价值的同时，可避免由于燃烧不充分而造成的浪费和环境污染问题。在煤的干馏气化和液化等技术上，首先应加强洁净煤技术的研究，最大程度地降低煤炭使用中产生的污染；其次，应努力开发煤炭的气化、加氢液化等新技术，进一步提高煤炭的利用率；第三，应合理利用余热，生产廉价的合成气，降低下游化工产品的生产成本；第四，应大力发展煤电转化，电厂建在煤炭生产基地附近，直接在当地把煤炭资源转化成电力资源进行输送；第五，应努力提高煤炭使用过程中产生的废弃物的综合利用水平，如粉煤灰用于改良土壤，或生产建筑材料，以解决由于燃煤造成的环境污染问题。在目前国际石油资源日益紧缺的情况下，针对我国富煤少油的资源特点，积极发展煤化工具有重要的战略意义。因此，从长远观点看，为了摆脱对石油资源的过度依赖，应大力开展煤炭的综合利用。

石油和天然气的综合利用率高。石油化学工业原料综合利用的主要途径是：先从低碳烯烃乙烯、丙烯开始，逐步转向其他高碳烯烃以及芳烃原料；对石油资源的综合利用开始时采用简单的工艺，生产少数几个产品，然后转向采用比较复杂的工艺过程，生产更多的下游产品，并实现了大型化、管道化和自动化；此外，乙烯生产过程中的联产品，如碳四馏分中的1-丁烯和 2-丁烯，碳五馏分中的环戊二烯、间戊二烯、重芳烃，氧化过程中的副产物等，均得到了一定的利用。在利用天然气生产合成气、乙炔的同时，还可以利用副产气体生产合成氨等进一步生产出附加值更高的 C_1 化工产品和精细化工产品。

利用石油和天然气作燃料或化工原料，比用煤和农副产品作燃料或化工原料的成本要低得多。例如，用石油制得的乙烯生产乙炔，要比用电石法制乙炔的成本低50％；用石油气来生产合成氨，其成本比用煤作原料成本低得多。此外，石油和天然气在化学组成上具有适宜的氢碳比，且都是流体，比输送固体煤方便，这对减少基建投资，降低动力消耗，简化工艺过程，提高劳动生产率都是有利的。

以生物质为化学工业的原料，对节约能源、改善环境具有重要的意义，但由于农林副产品中所含的可供化工利用的有效成分较少，且耗用量大，运输不便，生产能力有限，因此成本较高，再加上它们的分散性、季节性以及所花费的劳动力大等因素，难以满足大工业生产的需要，因而在原料资源的产区，因地制宜地发展中、小型化工厂具有一定的意义，如粮食作物发酵生产乙醇，从油料作物中提取天然油脂等。

矿物质作为化学工业的基础原料，一般受矿产资源的限制，必须根据矿产资源的储量来发展相应的化学工业，以提高其有效成分的利用率，尤其要重视贵金属资源的综合利用问题。

从目前来看，我国资源综合利用仍存在消耗高、浪费大、利用率低的问题。如我国矿产资源总回采率仅为30％左右，比世界先进水平低近20％；对共生、伴生矿进行综合开发的只占1/3，综合回采率不足20％。近几年来国家虽然制定了一系列鼓励开展资源综合利用的政策和措施，但管理还没有纳入法制化轨道，在一定程度上影响了资源综合利用的健康发展。因此，大力发展资源综合利用技术，是适应经济增长方式转变和实施可持续发展战略的需要。

总之，资源的综合利用，应根据其成分，通过对资源的前期分离、深度加工和开发附加值更高的下游产品来达到。

第四节　化工生产的多方案性
The Multivariant Technology of Chemical Production

化工生产具有原料、工艺与产品的多方案性，即化学工业可以从不同的原料出发，制得同一种化工产品；也可以从同一种原料出发，经过不同的加工工艺，得到不同的化工产品；还可从同一种原料经不同的加工工艺来制取同一种产品。此外，化工生产的多方案性还表现在同一化学反应的催化剂具有多样性，可由不同型式的反应器来完成同一化学反应，还可用不同的方法从原料中脱除同一种杂质（例如 H_2S、CO_2）或从产品物流中分离出目的产品。正是由于上述的多方案性才构成了化工生产的复杂性和化工产品的多样性。化工生产的这种多方案性源于科学技术的进步，深刻地蕴含着经济效益、社会效益的大小与环境保护的要求，从而也使化学工业成为国民经济中最为活跃、竞争力最强的工业部门之一。

一、原料的选择 （selection of the raw material）
原料的选择是指生产同一种化工产品时可以选择不同的原料。以合成气的生产为例，制造合成气的原料是多种多样的，许多含碳的资源像煤、天然气、石油馏分、农林废料、城市垃圾等均可用来制造合成气。目前工业上生产合成气的方法主要有以下三种。

1. 以天然气为原料的生产方法
工业上由天然气制合成气的技术主要有蒸汽转化法和部分氧化法。蒸汽转化法是在催化剂存在及高温条件下，使甲烷等烃类与水蒸气反应，生成 H_2、CO 等混合气，此法技术成熟，目前广泛用于生产合成气。

$$CH_4 + H_2O \Longrightarrow 3H_2 + CO$$

部分氧化法是由甲烷等烃类与氧气进行不完全氧化生成合成气。

$$2CH_4 + O_2 \Longrightarrow 2CO + 4H_2$$

由天然气蒸汽转化制合成气的过程如图 2-5 所示。

图 2-5　天然气蒸汽转化制合成气过程方框图

2. 以煤为原料的生产方法

该生产方法有间歇式和连续式两种操作方式。其中连续式生产效率高，技术先进，它是在高温下以水蒸气和氧气为气化剂，与煤反应生成 CO 和 H_2。

$$C + O_2 \Longrightarrow CO_2$$
$$C + H_2O \Longrightarrow CO + H_2$$
$$C + 2H_2O \Longrightarrow CO_2 + 2H_2$$
$$2C + O_2 \Longrightarrow 2CO$$
$$C + CO_2 \Longrightarrow 2CO$$

煤与水蒸气制合成气的过程如图 2-6 所示。

图 2-6　煤制合成气过程方框图

3. 以渣油为原料的生产方法

由渣油转化为 CO、H_2 等气体的过程称为渣油的气化（见图 2-7）。气化技术有部分氧化法和蓄热炉深度裂解法，目前常用的是部分氧化法。

图 2-7　渣油制合成气过程方框图

以上三种制合成气的生产方法中，以天然气为原料制合成气的成本最低；煤与渣油制造合成气的成本相近，而渣油制合成气可以使石油资源得到充分的综合利用。

总之，原料的选择要依据原料的成本、生产技术水平等条件综合确定。通过选择，有利于原料资源的优化利用，也有利于化学工业向原料路线和产品结构的多元化方向发展。

二、生产路线的选择（selection of the process）

生产路线的选择是指同一种原料可经过不同的工艺条件、加工路线生产出相同的化工产品。

目前工业上利用合成气来生产甲醇的路线应用广泛。合成甲醇的主要反应为：

$$CO + 2H_2 \Longrightarrow CH_3OH$$
$$CO_2 + 3H_2 \Longrightarrow CH_3OH + H_2O$$

而合成气生产甲醇的工艺又可分为低压法和高压法两种。

高压法是一种较古老的生产方法，它以 Zn-Cr 为催化剂，反应压力 30MPa，温度 330～400℃，合成塔出口甲醇含量约为 5％，因其单程转化率较低，合成气循环使用，并通过放空维持惰性气体平衡。高压法技术成熟，但副反应多，甲醇产率较低，投资费用大，动力消耗大。低压法则是近年来随着铜系催化剂的开发成功而出现的一种方法。低压法合成压力可以降为 5MPa，反应温度为 220～250℃，与高压法相比，压缩功大幅度下降，仅为高压法的 60％左右。低压法技术经济指标先进，是世界各国广泛采用的甲醇生产方法。

又如，对苯二甲酸二甲酯是生产对苯二甲酸乙二酯（缩聚后即为 PET 树脂）的原料。以对二甲苯为原料制取对苯二甲酸二甲酯有两种生产方法，即四步法和二步法。四步法是一种传统的生产方法。首先是对二甲苯在温度 120～200℃，压力 1～1.5MPa 的条件下被空气氧化为对甲基苯甲酸（收率为 80％）；第二步，在温度 200～250℃，压力 2.5MPa 和硫酸存在下，用甲醇与对甲基苯甲酸发生酯化反应；第三步，在 160～180℃ 和 1～1.5MPa 下，将对甲基苯甲酸甲酯氧化为对苯二甲酸单甲酯；第四步，用甲醇将对苯二甲酸单甲酯酯化为对苯二甲酸二甲酯。

两步法则是将上述第一和第三步并入一个设备中，将对甲基苯甲酸和对苯二甲酸单甲酯的酯化在另一个设备中完成。

两步法与四步法相比，不仅设备的投资费用降低，而且操作费用也降低，因此，两步法是一种更经济的生产方法。

总之，当生产某种产品的原料确定后，生产路线的选择就成为考虑的首要问题，生产路线应根据当前的生产技术水平和生产过程的经济性综合进行确定。

三、产品的选择 （selection of the product）

产品的选择是指利用某种原料经过不同的化学过程，可以生产出不同的产品。要生产出附加值高，经济效益好的产品，才能使原料的价值得以充分发挥。所以，在原料确定后，就需选择生产何种产品为效益最好。如以乙烯为原料，可以生产许多种化工产品，究竟选择哪种产品，要视各地和各企业的实际情况，结合目前的技术发展水平及产品的市场前景而定。

总之，化学工业的原料资源多种多样，但原料的选择必须遵循原料来源充足可靠，成本较低，易于利用的原则；原料路线确定后，选择产品便成为首要的问题，选择的产品不仅要具有一定的技术经济性，还要有一定的市场寿命；原料路线和产品都确定后，生产路线的选择要遵循安全、易于实现及投资、操作费用低的原则。

本 章 小 结

1. 化工原料是指化工生产中能全部或部分转化为化工产品的物质。起始原料是人类通过开采、种植、收集等方法得到的原料，起始原料主要有空气、水、矿物资源、生物原料等。

2. 以煤为原料，经过化学加工转化为气体、液体和固体燃料及化学品的工业，称为煤化学工业（简称煤化工，chemical processing of coal）。

3. 将煤隔绝空气加热，使其分解成焦炭\煤焦油、粗苯和焦炉气的过程称为煤的干馏（coal carbonization）。

4. 煤的气化（coal gasification）是指以固体燃料煤或焦炭为原料，在高温（900～1300℃）下通入气化剂，使其转化成主要含氢、一氧化碳、二氧化碳等混合气体的过程。

5. 常压蒸馏又称为直馏（直接蒸馏），是在常压和300～400℃条件下进行的蒸馏。在常压 蒸馏塔的不同高度可分别采出汽油、煤油、柴油等油品，塔底剩余组分为常压重油。

6. 催化裂化（catalytic cracking）是以重质馏分油为原料，在催化剂作用下于0.1～0.3MPa和450～530℃进行裂化的过程。

7. 加氢裂化（hydrocracking）是指在催化剂及高氢压下，加热重质油使其发生一系列加氢和裂化反应，最后转变成航空煤油、柴油、汽油等产品的过程。

8. 催化重整（catalytic reforming）是将适当的石油馏分在贵金属催化剂 Pt（或 Rh，Re，Ir 等）作用下，进行碳架结构的重新调整，使环烷烃和烷烃发生脱氢芳构化反应形成芳烃的方法。

9. 热裂解（pyrolysis）是指将烃类加热到750～900℃使其发生裂解的过程。

10. 天然气除含有主要成分甲烷外，还有乙烷、丙烷、丁烷等各种烷烃及硫化氢、氮、二氧化碳等气体。

11. 利用生物质资源经过酶或化学物质的催化作用可获得多种基本有机化工的原料或产品，而一些产品从生物质资源制取，至今仍是惟一或较方便的途径。

12. 未来物质生产的特点之一将是越来越完善和有效地利用这些"废料"和"垃圾"。

13. 资源的综合利用，应根据其成分，通过对资源的前期分离、深度加工和开发附加值更高的下游产品来达到。

14. 生产一种化工产品，可以采用不同原料；而使用同一种原料，也可采用不同生产路线。同一种原料采用不同生产路线，可以得到不同产品。

综合练习

要求通过阅读下列所给资料，能够对资源的发展方向有一个更全面的了解。资源利用的发展方向是什么？制约我国化工发展的资源因素有哪些？应该如何发展我国的资源产业？请通过调研谈谈自己的感想，写出自己的体会。

清洁煤技术

"后石油时代"是指石油综合使用效益较之其他能源丧失优势，在能源构成中的主导地位发生根本性变化的时期。究其原因，一方面是由于石油作为非可再生能源不可避免地濒临枯竭；另一方面，则因油价高涨、人类社会全面发展的新需求以及新能源技术的进步，导致以石油能源为动力的经济不再代表人类社会发展方向。根据德意志银行研究部发表的"后石油时代的清洁煤技术预测"（Technology to clean up coal for the post-oil era）报告，在其他可再生资源得到推广与普及之前，煤炭资源仍然是过渡时期最可靠的能源，是未来几十年中全球能源供给的重要支柱。因此，提高煤炭资源的使用效率，开发清洁煤技术势在必行。

清洁煤技术是以减少污染和提高效能为目标的煤炭加工、燃烧、转换和污染控制等新技术的总称。经过清洁技术处理后的煤炭也可变成不再对环境产生污染的中性能源，应用前景十分广阔。清洁煤技术将得到大力开发的三大原因和动力为：

（1）石油价格居高不下　1998 年下半年，石油价格不足 10 美元/桶，2006 年石油平均价格为 65 美元/桶（涨幅超过 500%），2008 年更高达 140 美元/桶。这使得第一代和第二代生物能源、液化天然气、液化煤等可利用能源开始发挥重要作用，而液化煤更以其多种优势成为石油的最佳替代燃料之一。

（2）煤炭资源储量丰富且尚未得到全面开发和利用　全球煤炭资源储备丰富且分布广泛，据德国地球科学与自然资源联邦研究院调查数据显示，煤炭占全球不可再生能源储量的 55%，排在石油、天然气和铀之前。目前可再生资源开采从经济角度考虑尚不可行，这就更加突出了煤的主体地位。

（3）全球气候变暖迫切要求能源"绿色化"　全球变暖成为人类生存的一个巨大危机和挑战，煤燃烧时排出的二氧化碳占全球二氧化碳总排放量的 40%。因此，发展"清洁煤炭燃料"成为当务之急，这也将有助于加快可再生能源的开发。

随着石油价格增长导致天然气日趋昂贵，加之天然气的高输送风险，必将加大清洁煤技术的研发需求。在"后石油时代"，清洁煤技术将使煤炭资源作为石油和天然气的高效替代物，在发电、供热和运输三方面发挥巨大作用。在未来的几年中，在清洁煤技术的支持下，欧洲淘汰核能源的法律效力将愈发明显，无二氧化碳排放煤电站将在全球得到大范围推广。美国制定了 FutureGen 计划全力支持无污染排放电厂建设。欧盟委员会正竭力资助碳截留技术的革新发展，同时正考虑是否在 2020 年后只允许建立无二氧化碳排放煤电厂。据预计，到 2030 年，全球用于建造发电厂的总投资将达 10 万亿美元。

复习思考题

1. 煤的干馏有哪几种形式？通过煤干馏可得到哪些化工基本原料？
2. 通过煤的液化可得到哪些化工产品？
3. 通过煤的气化可得到哪些化工产品？
4. 石油常减压蒸馏可得到那些化工产品？
5. 石油的二次加工有哪几种过程？得到的产品各有什么特点？
6. 天然气在化工中的利用主要体现在哪些方面？
7. 试举例说明生物质在化工上的利用。
8. 试举例说明矿石在化工生产中的应用。
9. 开发利用可再生资源有何意义？
10. 目前对煤资源的利用存在什么问题？如何提高煤资源的综合利用水平？
11. 对资源进行综合利用有何现实意义？
12. 原料选择应遵循什么原则？
13. 产品选择应遵循什么原则？
14. 生产路线的选择应遵循什么原则？

第三章 化工生产过程基本知识
Basic Knowledge of Chemical Process

知识目标

了解催化剂的制备方法；

理解催化剂的组成、活化与中毒，工艺技术经济评价的方法；

掌握转化率、产率、生产能力等基本概念，催化剂的特征、性能与使用，物料衡算、能量衡算的基本方法。

能力目标

能够进行化工生产过程中的物料衡算、热量衡算，确定过程的物料消耗、能量消耗，计算过程的产品收率，具有简单评价过程的经济效益和初步的成本核算能力；

能够掌握催化剂的活化、使用和装填技术。

素质目标

培养对工作一丝不苟、严谨细致的优良作风；

树立对技术精益求精的优良品质；

建立与人协作、具有团队意识的工作作风。

第一节 化工生产过程的常用指标与经济评价
Common Indicators and Economic Evaluation
of Chemical Production Process

在化工生产过程中，要想获得好的生产效果，就必须达到优质、高效、低耗，由于每个产品的质量指标不同，其保证措施也不相同。对于一般化工生产过程来说，总是希望消耗最少的原料生产更多的优质产品。因此，如何采取措施，降低消耗，综合利用能量，是评价化工生产效果的重要方面之一。

一、转化率、选择性和收率（conversion rate，selectivity and yield）

1. 转化率

化工生产过程中的原料转化率（conversion ratio）的高低说明某种原料在反应过程中转

化的程度。转化率越高，则说明该物质参加反应的越多。一般情况下，进入反应体系中的每一种物质都难以全部参加反应，所以转化率常小于100%。

有的反应过程，原料在反应器中的转化率很高，进入反应器中的原料几乎都参加了反应。如乙炔与氯化氢加成反应生产氯乙烯，乙炔几乎都参加了反应，转化率在99%左右，此时未反应的微量的乙炔原料就没有必要回收。但是在很多情况下，由于反应本身的条件和催化剂性能的限制，进入反应器的原料转化率不可能很高，于是就需要将未反应的物料从反应后的混合物中分离出来循环使用，一方面提高原料的利用率，另一方面可能提高反应的选择性。因此，即使同一种原料，如果选择不同的"反应体系范围"，其"进入反应体系的原料总量"也就不同，所以转化率又分为单程转化率和总转化率。

(1) **单程转化率**　以反应器为研究对象，参加反应的原料量占进入反应器原料总量的百分数称为单程转化率。

(2) **总转化率**　以包括循环系统在内的反应器、分离设备的反应体系为研究对象，参加反应的原料量占进入反应体系总原料量的百分数称为总转化率。以乙炔与醋酸合成醋酸乙烯酯为例，如图3-1所示。

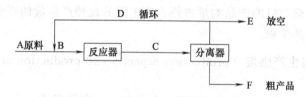

图 3-1　原料乙炔的循环过程

在连续生产过程中，假设每小时流经各物料线的物料中所含乙炔的量为：$m_A = 600\text{kg}$，$m_B = 5000\text{kg}$，$m_C = 4450\text{kg}$，$m_D = 4400\text{kg}$，$m_E = 50\text{kg}$。则过程单程转化率为 $\dfrac{5000-4450}{5000} \times 100\% = 11\%$，而总转化率为 $\dfrac{600-50}{600} \times 100\% = 91.67\%$。虽然单程转化率只有11%，但是将未反应物料经分离后循环使用，使转化率从11%提高到91.67%。但循环过程物料量的大小直接影响到分离系统的负荷和动力消耗。从经济观点看，还是希望提高单程转化率。但提高单程转化率后，很多反应过程中的不利因素增加，如副反应增多，或者停留时间过长而使生产能力下降等。一般要根据各自反应的特点，由实际经验来控制单程转化率。

(3) **平衡转化率**　指某一化学反应到达化学平衡状态时转化为目的产物的某种原料量占该种原料起始量的百分数。平衡转化率由体系的热力学性质和操作条件确定，是转化率的最高极限值，任何反应的转化率都不可能超过平衡转化率。这是由于化学反应达到平衡状态需要漫长的时间，而实际生产过程是不可能达到的。

在两种或两种以上原料参加化学反应时，由于各种原料参加主、副反应的情况各不相同，所以各自的转化率数值也不一样。

2. 选择性

一般说来，选择性（selectivity）是指体系中转化成目的产物的某反应物量与参加所有反应而转化的该反应物总量的百分率。用符号 S 表示，定义式为

$$S = \frac{\text{转化为目的产物的某反应物的量}}{\text{该反应物的转化总量}} \times 100\%$$

选择性也可按下式表达为

$$S = \frac{实际所得的目的产物量}{按某反应物的转化总量计算应得到的目的产物理论量} \times 100\%$$

在复杂的反应体系中，选择性是个很重要的指标，它表达了主、副反应进行程度的大小，能确切反映原料的利用是否合理，所以可以用选择性这个指标来评价反应过程的效率。

3. 收率 （产率）

收率亦称产率（yield），是从产物角度描述反应过程的效率。符号 Y，其定义式如下

$$Y = \frac{目的产物的实际产量}{以通入反应器的原料计算的产品理论产量} \times 100\%$$

收率亦可表示为

$$Y = \frac{反应为目的产物的某种原料量}{通入反应器的该种原料量} \times 100\%$$

通常人们将按上述方法计算出的收率称为单程收率。

对于一些非反应的生产工序，如分离、精制等，由于在生产过程中也有物料损失，致使产品收率下降。所以对于由多个工序组成的化工生产过程，可以分别用每个阶段的收率概念来表示各工序产品的变化情况，而整个生产过程可以用总收率来表示实际效果。非反应工序阶段的收率是实际得到的目的产品的量占投入该工序的此种产品量的百分率，而总收率计算方法为各工序分收率的乘积。

二、生产能力与生产强度（production capacity and production strength）

1. 生产能力

生产能力（production capacity）是指一个设备、一套装置或一个工厂，在单位时间内生产的产品量或在单位时间内处理的原料量，其单位为 kg/h、t/d 或 kt/a 等。一般对于以化学反应为主的过程以产品量表示生产能力，对于以非化学反应为主的过程以加工原料量表示生产能力。例如 300kt/a 乙烯装置表示该装置生产能力为每年可生产乙烯 300kt，而 600kt/a 炼油装置表示该装置生产能力为每年可加工原油 600kt。

生产能力又可分为设计能力、查定能力和现有能力。设计能力是根据设计任务书和技术文件规定的生产能力，根据工厂设计中规定的产品方案和各种数据来确定的。查定能力一般是指老企业在没有设计能力数据，或由于企业的产品方案调整、组织管理或技术条件等发生变化，原有的设计能力已不能反映企业的实际生产能力所能达到的水平，此时重新调整或核定的生产能力。现有能力又称为计划能力，指在计划年度内，依据现有生产装置的技术条件和组织管理水平能够实现的生产能力。这三种能力在生产中的用途各不相同，设计能力和查定能力主要作为企业长远规划编制的依据，而计划能力是编制年度生产计划的重要依据。

2. 生产强度

生产强度（production strength）为设备的单位特征几何尺寸的生产能力，单位为 kg/(h·m³)、t/(d·m³) 或 kg/(h·kg)、t/(d·kg) 等。它主要用于比较那些相同反应过程或物理加工过程的设备或装置性能的优劣。在分析对比催化反应器的生产强度时，常要看在单位时间内，单位体积催化剂所获得的产品量，亦即催化剂的生产强度，有时也称为空时收率，单位为 kg/(h·m³) 或 kg/(h·kg)。

三、工艺技术经济评价指标（economic evaluation indicators concerning process technical）

工艺技术管理工作的目标除了保证完成目的产品的产量和质量，还要努力降低物耗、能耗，以求获得最佳的经济效益，因此各化工企业都根据产品的设计数据和企业的具体情况在工艺技术规程中规定各种原材料和能量的消耗定额，作为企业的技术经济指标。如果超过了

规定指标，必须查找原因，寻求解决问题的办法，以达到降耗增效的目的。所谓消耗定额是指生产单位产品所消耗的原料量，即每生产 1t 产品（在生产过程中计算消耗定额按实际产品量计算，暂时不考虑产品的纯度）所需要的原料数量。

$$消耗定额 = \frac{原料量}{产品量}$$

企业产品的消耗定额包括原料、辅助原料及动力消耗情况。消耗定额的高低，说明生产工艺水平的高低及操作技术水平的好坏。高产低耗才能降低产品的成本。降低消耗的措施有：选择性能优良的催化剂，将工艺参数控制在适宜的范围内，提高生产管理水平，加强设备维护和保养，减少跑冒滴漏，提高生产操作人员的责任心，实现安全生产和清洁生产。

技术经济指标一定要科学、合理，一定要符合本厂的实际情况。先进的技术经济指标是企业努力的方向，能否达到先进的技术经济指标要求，这与该企业的生产技术水平、管理水平、人员素质有很大关系。先进的生产技术、科学的管理方法和高素质的人才队伍是实现先进的工艺技术经济指标的有力保障。

第二节　工 业 催 化
Industrial Catalysis

没有催化剂就没有化学工业，也没有有机化学工业，更没有化学工业的核心竞争力，所以化学工业的发展重点之一是催化剂的开发和应用。因此，只有深入了解催化剂的基本知识，掌握催化剂的使用技术，才能充分发挥催化剂的作用。

一、催化剂的基本特征（basic characteristics of the catalyst）

1. 催化剂的催化作用

（1）定义　催化剂（catalyst）是指能够加速化学反应速率，而反应过程中其化学性质和物质的量均不发生变化的物质，催化剂的这种作用叫做催化作用（catalytic action）；能明显抑制化学反应的物质原则上叫做抑制剂，不宜称之为负催化剂。

（2）催化作用（catalytic action）　催化剂之所以能加速化学反应速率，是因为它能与其中一种反应物生成一种不稳定的中间化合物，这种中间产物又与另一种反应物发生反应，致使整个反应的活化能迅速降低，结果使反应易于发生。如 A 和 B 两种反应物发生反应生成产物 C，在没有使用催化剂之前为：

$$A+B \longrightarrow C$$

在使用了催化剂 S 之后，则：

$$A+S \longrightarrow AS$$

$$AS+B \longrightarrow C+S$$

由上述过程可见，催化剂在化学反应过程中参与化学反应，只是从反应初始状态时参与反应，经过一系列反应后又恢复到原来的状态。使用催化剂之后，改变了原有的反应历程，降低了反应的活化能，使反应变得更加容易。

催化剂在化学反应中所起的作用，可以从阿伦尼乌斯方程看出：

$$k = Ae^{-\frac{E}{RT}} \qquad (3\text{-}1)$$

式中　k——反应速率常数，代表反应速率快慢的数值；

　　　A——碰撞因子，它反映了反应物分子的热运动情况，温度越高其数值越大，但是由于本身数量级在 $10^{6\sim9}$ 以上，所以温度对其影响甚微；

　　　E——活化能，单位是 J/mol；它是反应发生所需要的最低能量。

通过一个实例就可以看出催化剂的催化作用，例如，

$$2HI \longrightarrow H_2 + I_2$$

它是一个双分子反应，使用金（Au）作为催化剂，在使用催化剂前，其活化能为 184.23kJ/mol，而使用催化剂之后，其活化能降为 104.68kJ/mol。按阿伦尼乌斯公式（3-1）算得，速率提高 1.78×10^7 倍。也就是说由于使用了工业催化剂，使本来无工业价值的反应得以实现工业化。

2. 催化剂的四个基本特征

（1）催化剂只能加速化学反应速率，缩短到达平衡所需的时间，而不能改变化学平衡的位置。也就是说，当反应的始末状态相同时，无论有无催化剂，该反应的热效应、平衡常数、平衡转化率和自由能的变化均相同。可见对于一个可逆化学反应来说，催化剂同样加速正逆化学反应速率，当达到化学平衡时正逆化学反应速率相等，也就是说在热力学上是可行的化学反应，使用催化剂后才能加快该化学反应的速率；而在热力学上是不可行的化学反应，使用催化剂是毫无作用的。对于受化学平衡限制的体系，必须在有利于平衡向产物方向移动的条件下来选择催化剂。因为催化作用属于动力学范畴，是以反应速率来作为衡量催化作用的尺度；而化学平衡属于热力学范畴，由 $\Delta G = -RT\ln K_p$ 可知，化学平衡常数 K_p 只与热力学的性质有关，对于某一化学反应，当温度一定时，其平衡常数 K_p 为常数。

（2）催化剂具有加速某一特定反应的能力，即催化剂具有选择性。如乙烯环氧化生产环氧乙烷，银催化剂能够加速环氧乙烷的生成速率，到目前为止，只发现银具有加速这种化学反应的能力，其他金属或化合物不具备加速乙烯环氧化的能力。而且银只能加速乙烯环氧化，而不能使丙烯环氧化生成环氧丙烷。当然，催化剂的这种选择性是与催化剂的使用条件有关，如温度、压力、流量、流速、原料配比等。

（3）催化剂能够同样加速正逆化学反应速率，但并不意味着正反应的催化剂就能直接用于逆反应。例如，催化加氢与脱氢是一对可逆反应，加氢是放热反应，在热力学上低温对平衡有利；而脱氢是吸热反应，其热力学上高温对平衡有利。如果将加氢催化剂直接用于脱氢催化剂，也就是说将低温催化剂直接用于高温状态下，一方面会使金属催化剂烧结，另一方面会由于有机化合物的析炭作用，覆盖在催化剂的表面上，两种作用的结果都会使催化剂失活。所以正反应的催化剂用于逆反应的催化剂必须考虑这样一些因素，同样逆反应的催化剂用于正反应也要考虑其他一些因素。

（4）催化剂都具有一定的寿命周期。虽然催化剂参与了基元反应，但经过了一系列基元反应后又恢复了原来的状态，其质量、组成和化学性质均没有发生变化，按照催化剂的催化作用的机理，原则上讲其可以循环使用。例如，乙烯液相配合催化氧化制乙醛：

主反应：$C_2H_4 + \dfrac{1}{2}O_2 \xrightarrow{\text{Pd-Cl} + \text{HCl} + \text{H}_2\text{O}} CH_3CHO \quad \Delta H = -243.68\text{kJ/mol}$

其具体机理如下。

① 乙烯的羰基化反应：乙烯在催化剂水溶液中，被氯化钯氧化成乙醛，氯化钯被还原

成金属钯

$$C_2H_4 + PdCl_2 + H_2O \longrightarrow CH_3CHO + Pd + 2HCl$$

② 金属钯的再氧化反应：被析出的金属钯被催化剂溶液中的氯化铜氧化，使钯的催化性能恢复

$$Pd + 2CuCl_2 \longrightarrow PdCl_2 + 2CuCl$$

③ 氯化亚铜的氧化反应：生成的氯化亚铜在盐酸溶液中迅速被氧化生成氯化铜

$$2CuCl + \frac{1}{2}O_2 + 2HCl \longrightarrow 2CuCl_2 + H_2O$$

催化剂氯化钯参与了基元①的化学反应，但经过基元②金属钯被氧化剂氯化铜氧化成氯化钯。理论上讲，催化剂按规定量加入后，就不需要再补充新的催化剂，一直可以使用下去，但实际情况并不是所想象的那样。催化剂在使用过程中由于各种物理或化学因素，使催化剂流失、中毒，降低了催化剂的活性或生产能力，所以催化剂不能无限期具备所希望的性能，其使用是有一定的周期的，即寿命周期。

所谓基元反应（real reaction）方程式就是表明反应实际发生的过程，它与原理反应（theoretical reaction）方程式不同，原理反应方程式主要表明了参加反应的反应物之间的数量关系，而并没有表明它们发生的实际反应过程。

二、催化剂的组成及性能指标 （composition and characteristics of catalyst）

1. 催化剂分类

（1）按催化剂组成的来源分类 一般，根据催化剂组成的来源分为生物催化剂和非生物催化剂。

① 生物催化剂。生物催化剂的组成是活性细胞酶和游离酶或固定化酶。它主要来自于生物体，是微生物细胞中提取具有高效和专一催化功能的蛋白质，所以统称为酶催化剂。

酶催化剂用于催化某一类反应或某一类反应物（在酶反应中常称为底物或基质），其过程称为酶反应过程，而以整个微生物用于系列的串联反应的过程称为发酵过程。与非生物催化剂相比较，生物催化剂具有能在常温常压下反应、反应速率快、催化作用专一、选择性高等优点，但缺点是不耐热、易受某些化学物质及杂菌的破坏而失活、稳定性较差、寿命短、对温度及 pH 值范围要求较高。选择生物催化剂应从技术可行性和经济合理性角度作全面比较。

② 非生物催化剂。非生物催化剂大多数为工业催化剂，它们都具有特殊的组成和结构。本门课所分析、讨论的催化剂就是非生物催化剂，即工业催化剂。工业催化剂有两种分类方法：一类是按工业催化剂的组成分类，如金属单质催化剂、金属氧化物催化剂、金属硫化物催化剂、酸碱催化剂和配合物催化剂；另一类是按照催化剂的功能分类，如脱氢、加氢、氧化等催化剂。

（2）按催化剂的催化作用过程分类 根据催化剂的催化作用过程分为均相催化作用和非均相催化作用的催化剂。

① 均相催化作用又分为气相和液相两类，工业上主要是液相催化作用。

② 非均相催化作用分为气-固相和液-固相反应，工业上大多是固相催化作用。

2. 液体催化剂

(1) 液体催化剂的组成　液体催化剂（liquid catalyst）分为酸碱型催化剂和金属配合物型催化剂。酸类催化剂主要包括 HCl、H_2SO_4、$RCOOH$、$R—SO_3H$、ROH 等无机酸和有机酸；碱类催化剂主要包括 NH_3、RNH_2、H_2O、$—OH$ 等无机碱和有机碱。金属配合物催化剂包括过渡金属配合物、过渡金属及典型金属的配合物、电子受体配合物。在这类催化剂中至少含有一个金属离子或原子，无论母体本身是否是配合物，在起作用时，活性中心都是以配位结构出现，通过改变金属配位数或配位体，最少有一种反应物分子进入配位状态而被活化，从而促进反应的进行。

(2) 液体催化剂配制方法　液体催化剂一般是配制成浓度较高的催化剂溶液，然后按反应需要，用适宜的配比加入到反应体系中，溶解均匀而起到加速化学反应的作用。如乙醛氧化法生产醋酸所用的催化剂醋酸锰溶液的配制，是先用 60% 的醋酸水溶液与固体粉末碳酸锰按 10∶1（质量）比例配制成含醋酸锰 8%～12%、醋酸 45%～55% 的高浓度水溶液，然后按反应要求控制醋酸锰在氧化液中的含量为 0.08%～0.12%。

3. 固体催化剂

(1) 固体催化剂的组成　固体催化剂（solid catalyst）是由活性组分（主催化剂）、助催化剂、抑制剂和载体组成。

① 活性组分　在催化剂中起到主要催化作用的物质，它们都是一些过渡金属及其化合物，因为这些物质都有不饱和的 d 和 f 轨道，由于其是内层轨道，相对于外层 s 和 p 轨道能级低，易于进行表面吸附形成不稳定的中间化合物，降低了反应的活化能，使反应易于发生。

② 助催化剂　助催化剂本身没有催化功能，但它的加入可以明显地改善催化剂的性能。它们都是碱金属及碱土金属的氧化物或盐类。由于它们加入可以提高催化剂的耐热性能、耐毒性能，明显地改善催化剂的性能。

③ 抑制剂　有时候为了抑制副反应的发生，宁愿以降低反应速率来提高反应的选择性，人为地加入一些能够使催化剂活性降低的物质，这种物质称为抑制剂。当然抑制剂的量要有严格的限制，一般抑制剂随反应物料一起带入，很少在制备催化剂时加入。

④ 载体　载体是催化剂中含量最多的组分。载体的最基本功能是作为催化剂的骨架，分散催化剂的活性组分、助催化剂或抑制剂，所以催化剂的载体有的书中也称为担体。

载体除了最基本的功能外，还有一些主要功能，譬如，利于催化剂的成型制作，提高催化剂的机械强度和耐热性能，减少催化剂的收缩，防止催化剂的烧结，从而提高催化剂的热稳定性。

催化剂载体一般为多孔性物质，比表面积较大，可使催化剂分散性增加，提高催化剂的活性、选择性和稳定性，强化催化剂的催化性能，降低催化剂的成本，特别对于贵重金属（如 Au，Pt，Pd，Ag 等）催化剂更为重要。选择载体时要考虑载体本身的性质和使用条件等因素，如结构特征、活性表面的适用性以及表面的物理性质。催化剂载体一般不参与化学反应，但也有的载体是催化剂的活性组分之一。

例如，对于催化加氢催化剂，其中镍、钼为主催化剂，钠、钾、镁等物质的氧化物或盐类为助催化剂，硅藻土、三氧化二铝等多孔性物质为载体。对于某些活性较高的催化剂，而且在反应过程中又会发生严重的副反应，其热效应较大，此时在催化剂中需加入抑制剂，如砷、硫、氯等化合物，否则是不需要加入抑制剂的。所以说对于一般的固体催化剂来说，活性组分、助催化剂和载体是必不可少的，而抑制剂要根据催化剂的活性和反应情况确定是否加入。

（2）固体催化剂的性能指标

① 比表面积　通常把 1g 催化剂所具有的表面积称为该催化剂的比表面积，m^2/g。

由于气固相反应是在催化剂的表面上进行的，所以催化剂的比表面积的大小直接影响催化剂的活性，进而影响催化反应的速率。工业催化剂一般加工成一定粒度的、多孔性物质并通过载体使活性组分高度地分散，其目的是增加催化剂与反应物的接触表面。

各种催化剂或载体的比表面积的大小是不等的。有的比表面积大到 $1500\ m^2/g$，而有的不足 $1m^2/g$。比表面积较大的催化剂，具有较多的活性中心，所以催化剂的活性较高。因而催化剂一般是多孔性的，孔径的大小对催化剂表面的利用率以及反应的速率和反应选择性都有一定的影响，故对不同的催化反应要选择与化学反应相适应的孔隙结构，也不能片面地追求表面积。

② 活性　活性是指催化剂改变化学反应速率的能力。它取决于催化剂本身的化学性质，同时也与催化剂的微孔结构有关。

提高催化剂的活性是开发新型催化剂和改进催化剂性能的主要目标之一。工业催化剂要求要有足够的活性，但并不是活性越高越好。对于选择性较好的催化剂，活性越高，原料的利用率越高，所需的反应温度越低，生产能力就越大。但对于选择性不好的催化剂，活性越高，原料的浪费就越大，生产成本就越大，经济效益就越差。

③ 选择性　由于反应的复杂性，在反应过程中可能不仅存在着单一的反应，既有所需要的主反应发生，也有所不需要的副反应发生，即存在着平行副反应和连串副反应。主、副反应的划分是根据所得产物是否是人们所需要的，把需要的目的产物的反应规定为主反应，而把不需要的副产物的反应规定为副反应。选择性就是指反应消耗掉的原料中有多少转化为目的产物。选择性越高，说明得到目的产物的比率就越高，原料消耗和产品生产成本就越低，而且产物就越易于分离，经济效益就越好，所以催化剂选择性越高越好。但是当催化剂的活性与选择性相互矛盾时，若反应原料价格高、产物难以分离，则要求选择性高的催化剂；反之，应选择活性高的催化剂。

④ 寿命　寿命系指催化剂使用周期的长短。它表征的是生产单位量产品所消耗的催化剂的量，或从催化剂投入使用直至经过再生也不能恢复其活性，达不到生产所需的转化率和选择性为止的时间。

催化剂的寿命越长越好，一方面可以降低生产成本，另一方面可以减少开停车次数，提高装置的生产能力。

催化剂的寿命受化学稳定性、热稳定性、机械稳定性和耐毒性能的影响。

化学稳定性问题包括耐抑制作用、表面烧结、原料中的毒物中毒和催化剂的自身中毒作用；热稳定性问题主要包括在超温过热情况下，或在反应温度下降或突然温度过高而引起晶相转变或烧结，特别在频繁地开停车或工艺操作不稳定的情况下容易出现此种情况；机械稳定性问题主要是由于磨损、脱落和破碎等机械原因而引起的；对不同的催化剂表现出的耐毒性能是不同的，如甲醇合成催化剂高压法的锌铬基催化剂的耐毒性能比中低压法铜基催化剂的耐毒性能要好，但其活性较低。

三、催化剂的使用（use of catalyst）

1. 催化剂寿命周期中的几个阶段

催化剂的活性、选择性和寿命是否达到生产要求，是否具备催化剂优良性能的要求，除了与催化剂本身的性能和制备方法有关外，还与使用过程是否合理、操作过程是否稳定有关。若催化剂使用不当就不能充分发挥催化剂的优良性能，就达不到设备的生产能力，甚至影响催化剂的使用寿命，使催化剂过早地失去活性，甚至被迫停车，造成经济损失。所以优良的催化剂必须有合理的使用过程才能发挥它的优良性能。催化剂在使用过程中要经过以下几个阶段。

(1) 催化剂的活化　所谓催化剂的活化（catalyst activation）就是对本来不具备活性的催化剂经过还原、氧化、硫化、酸化等不同的方法使之具有活性的过程。一般固体催化剂产品在出厂时处于稳定的状态，并不具备催化作用，其目的是有利于储存与运输，但是在催化剂投入使用前必须进行活化才具有活性。催化剂活化过程一般是在活化炉或反应器内直接进行，活化的关键因素是活化温度和活化速度，包括升温速度、活化时间和降温速度等。如天然气催化加氢脱硫、蒸汽转化、氨的合成、甲醇的合成所使用的催化剂在使用前都必须进行活化。例如甲醇合成用催化剂使用前活化程序如下。

① 还原原理　水冷式甲醇合成塔在新装入催化剂后必须进行还原，将金属氧化物还原成单质金属，从而使催化剂具备活性。含有 H_2 和 CO 的合成气是还原的必备条件。在这个过程中氧化态的催化剂发生如下反应：

$$CuO + H_2 \longrightarrow Cu + H_2O$$

$$ZnO + H_2 \longrightarrow Zn + H_2O$$

由于这些反应是强放热反应，因此必须由氮气在合成回路中循环，而允许有少量的氢气加入回路，以避免催化剂升温过高受到损坏。

还原期间总的理论出水量可通过给出的催化剂组成、重量以及还原用掉的纯氢消耗量进行计算得到。每立方米催化剂最高出水量大概为 190kg，这只是还原过程中的化学水。

② 还原的前置条件

a. 水冷式甲醇合成塔的催化剂和支撑瓷球已装填完毕。

b. 合成回路已进行氮气置换。

c. 合成催化剂已进行干燥。

d. 合成塔壳程水系统已充水，汽包液位已达 20％。

e. 天然气蒸汽转化单元必须有部分在运行，以确保锅炉给水流过锅炉给水预热器预热。

f. 水冷式甲醇合成塔的汽包的排污系统可运行。

g. 补充 BFW 的脱盐水和后来的透平冷凝液在锅炉给水预热器的壳程通过，冷却水在最终冷却器通过。

h. 确保冷却水流过所有的用户，如取样冷却器和透平/压缩机的油系统。

i. 用于驱动蒸汽透平的高压蒸汽已经准备就绪，用于加热水冷式甲醇合成塔的饱和蒸汽也已准备好。

j. 蒸汽透平可运行。

k. 合成气和循环气压缩机可运行。

l. 在甲醇分离器处准备好空的铁桶，用于收集还原时所产生的水。用一根软管连接到液位控制阀后的导淋（3/4in，1in＝0.0254m），把分离器中的水排入桶中。

m. 合格的氮气已准备好，其氧含量要小于 0.01％。

n. 到甲醇合成单元的氮气供应管线和弛放气到火炬的管线可用。

o. 甲醇合成回路需求的其他系统、设备可以运行或已经运行。

③ 还原　来自界区的还原氢气已准备好。

　　a. 确保以下阀门开：循环压缩机入口隔离阀；二级压缩机出口隔离阀。

　　b. 确保在整个合成回路中除了反应器、换热器、分离器和管道外，没有其他受流量限制的区域。

　　c. 还原期间确保连接压缩机Ⅰ/Ⅱ和循环压缩机入口管线打开。

　　d. 确保开车氮气管线上的截止阀和八字盲板关闭。

　　e. 确保一级压缩机的入口截止阀关闭。因此防喘振旁路在还原期间不能用。回路中的压降仅仅是气流产生的，不会发生喘振。

　　为了更好地理解还原操作程序，最好是参照催化剂还原流程操作图。

　　（2）催化剂失活　催化剂在使用过程中由于某些因素而导致其活性、选择性或机械强度下降的现象称为催化剂失活（lose activity of catalyst）。如上所述影响催化剂的使用寿命，促使催化剂失活主要有三个方面的因素：首先是化学因素，包括抑制作用、表面烧结、原料中的毒物中毒和催化剂的自身中毒；其次是超温过热，在反应温度下或突然温度过高而引起晶相转变或烧结；第三是由于磨损、脱落和破碎等机械原因而引起的。催化剂失活分为暂时性失活和永久性失活。

　　（3）催化剂再生　使已经失活或部分失活的催化剂恢复其活性的过程称为催化剂再生（catalyst regeneration）。失活的催化剂能否再生要根据催化剂失活的状态。如若是暂时性失活是可以再生的，但如果是永久性失活是不能再生的。

　　所谓暂时性失活，如析炭、结焦所产生的焦炭物质覆盖在催化剂的活性表面上，降低了催化剂活性中心的个数，使催化剂活性下降，但是这种失活只是暂时的，只要适当地改变工艺操作条件就能使这类物质从催化剂表面上脱除，又能使催化剂恢复活性，所以把这种失活叫做暂时性失活。

　　所谓永久性失活，如烧结、晶型转变、毒物使活性物质生成不具备活性的化合物覆盖在催化剂的表面上，由于这些原因造成催化剂失活是无法恢复其活性的，所以叫做永久性失活。

　　暂时性失活的催化剂虽然能够再生，但无论如何也不能完全恢复到原来的活性或选择性。若催化剂经多次再生后也不能恢复到工艺所要求的活性和选择性，则必须进行更换或补充，以维持所需要的生产能力。再生后催化剂的活性或选择性是工业上对催化剂要求的活性或选择性，而不是催化剂刚开始投入使用时的活性或选择性。催化剂从投入使用到更换这一整个使用周期，就是前述的催化剂的寿命周期。

　　（4）催化剂的卸出　催化剂失活后经再生不能恢复到工艺所要求的活性和选择性，必须进行更换。该过程称为催化剂的卸出（catalyst unloading）。废旧催化剂虽然失活，但仍然有一定的活性，所以在卸出之前必须将其恢复到稳定状态。譬如，还原态的催化剂必须转变成氧化态后再卸出，否则还原态的催化剂仍有部分的活性，卸出后容易发生氧化燃烧反应，处理不当易发生事故。另一方面在催化剂卸出之前一定要在反应器内进行冷却，达到常温后再卸出。

2. 工业固体催化剂的使用

　　（1）注意事项　首先，应防止经还原方法活化的催化剂与空气接触；其次，原料必须经过净化，以免毒化催化剂；再者，应严格控制反应温度、反应压力，严防超温超压，催化剂使用初期，由于其活性较高，反应温度可以低一些，随着反应的进行，催化剂的活性逐渐降低，可以适当提高反应温度，以弥补因催化剂活性降低而引起原料的转化率下降所造成的经济损失；第四，要维持正常操作条件，尽量减少波动；第五，在开车时应逐渐升温、升压或增大流量至满负荷，尽量减少开停车次数。

（2）工业固体催化剂的装填　工业催化剂的装填对固定床或管式反应器是一个关键的操作。在装填催化剂之前，要制订装填方案，首先，要清洗反应器内部、吹干、置换；其次，检查催化剂支承装置；第三，要筛去催化剂粉尘或碎粒，使其粒度分布符合工艺要求。在装填过程中要不断振动，保证装填均匀。对于装填好的经还原具备活性的催化剂能够直接开车的装置可以直接开车，否则要密封各接管口以防空气进入造成催化剂失活。催化剂装填是否均匀直接影响催化剂床层或管道的阻力和催化剂性能的正常发挥。如装填不均，一方面造成催化剂密实的流体阻力大、流速小、流量小，相应的反应物料与催化剂接触时间就长，虽然此时反应转化率高，但催化剂整体活性低，即整根列管内的催化剂不能充分发挥催化活性；反之，催化剂疏松的流体阻力小、流速大、流量大，反应物料与催化剂接触时间短，反应转化率虽然低，但整根列管催化剂活性高，即充分发挥了催化活性，催化剂空时收率比密实管内的催化剂要大，但装填不均可能造成整个床层内各列管的催化剂失活不同步，在需要更换催化剂时无法区分哪一根管内催化剂需要更换，哪一根管内催化剂不需要更换，更换催化剂时必须同时更换所需要更换的和不需要更换的催化剂，无形中造成催化剂的损失和浪费，使生产成本增加；另一方面对于某些反应有可能造成局部过热，反应条件恶化，以至于造成催化剂烧结而失活。

四、固体催化剂制备方法的简介（the introduction about method of preparing solid catalysts）

即使组分完全相同的催化剂，若制备的方法和条件不同，其性质也不尽相同。目前催化剂的制备一般采用溶解、沉淀、浸渍、洗涤、过滤、干燥、混合、熔融、成型、煅烧、研磨、分离、还原、离子交换等单元操作中的一种或几种的组合。最常用的制备方法有沉淀法、浸渍法和混合法。这三种方法的共同点是工艺上都包括：原料预处理、活性组分制备、热处理及成型等四个主要过程。

1. 沉淀法

沉淀法（precipitation）是在配制的金属盐水溶液中加入沉淀剂，制成水合氧化物或难溶盐类的结晶或凝胶，从溶液中沉淀、分离，再经洗涤、干燥、焙烧等工序后制成催化剂。常用的沉淀剂有碱（NaOH、KOH 等）、铵盐（碳酸铵、碳酸氢铵、硫酸铵、草酸铵等）、碳酸盐（碳酸钠、碳酸钾、碳酸氢钠等）、尿素、氨水、二氧化碳等，沉淀结束后，在洗涤、干燥、焙烧时，有的可被洗去，有的可转化成挥发性的气体而逸出，一般不会遗留在催化剂中。

目前采用沉淀法生产催化剂的技术主要有：①沉淀剂加到金属盐溶液中的直接沉淀法；②金属盐溶液加到沉淀剂中的逆沉淀法；③两种或多种溶液同时混合在一起引起快速沉淀的超均相共沉淀法。

2. 浸渍法

浸渍法（impregnation）是在一种载体上浸渍一种活性组分的技术。它是生产负载型催化剂的常用方法。该法通常是将载体浸泡于含有活性组分的溶液中，或有时负载组分以蒸汽相方式浸渍于载体上，称为蒸汽相浸渍法。载体与活性组分接触一定时间后，再经过滤、蒸发操作将剩余的液体除去，活性组分就以离子或化合物的微晶方式负载在载体的表面上，然后再经干燥、焙烧等后处理过程，制得最终催化剂产品。

多数情况下浸渍并不是直接应用含活性组分本身的溶液来浸渍于载体上，而是使用这种活性组分的易溶于溶剂的盐类或其他化合物溶液，这些盐类或化合物负载于载体表面以后，

加热分解后才能得到所需要的活性组分

3. 混合法

混合法（mixing）是制造多组分工业催化剂最简便的方法，是将两种或两种以上的催化剂组分，以粉末细粒形式，在球磨机或碾子上经机械混合后，再经干燥、焙烧和还原等操作制得的产品。传统的氨合成和二氧化硫转化的催化剂都是用这种方法生产的典型例子。由于是单纯的物理混合，所以催化剂组分间的分散不如前两种方法。常用的混合法有干混法、湿混法、熔融法等。

五、工业催化剂使用实例（using examples of industrial catalysts）

催化剂的装填在催化剂使用过程中非常重要。催化剂在装填前应做哪些准备工作，如何装填？下面通过中海油 2000t/d 甲醇项目的加氢催化剂和脱硫剂的装填和使用技术，介绍其方法和技巧。

1. 准备工作

催化剂装填之前的准备工作，归纳为一查、二看、三过筛。所谓一查就是检查催化剂包装有无破损，严防催化剂受潮；二看就是通过看催化剂的产品使用说明书或产品合格证与催化剂实物相对照，在有条件的情况下可以取样分析，以此确定该产品是否是所需要的催化剂产品；三过筛，对于颗粒状的催化剂在任何生产条件下都难以保证颗粒完全均匀一致，有的在运输、装卸过程中催化剂颗粒发生破损现象，如果催化剂不经过筛而直接装入床层，就会造成催化剂床层各处密实程度不同，使催化剂不能充分发挥效能。所以，颗粒状的催化剂在装填之前必须过筛。

加氢催化剂在装填之前必须遵循以上三个原则，具体方法与步骤如下：

① 催化剂和填料是用 100L 或 200L 桶装，有的虽然是用袋装，但是在使用前必须拆封进行筛分，筛分后的催化剂可以采用袋装也可以采用桶装，以方便催化剂和填料的装填，另外，在装填前应详细阅读催化剂和填料的产品使用说明书，牢记其性质和安全数据；

② 催化剂和瓷球的装填应详细记，在催化剂装填前应在反应器中标出催化剂的有效装填高度（这种情况适用于床层式固定床反应器，不适用于列管式固定床反应器），并准确地计算出催化剂装填的质量，并做好记录；在反应中装填惰性填料瓷球的主要作用是支撑覆盖催化剂；

③ 根据详细说明书正确地安装塔罐内件；

④ 特殊的金属丝网需要铺设在栅板上以防止催化剂或填料堵塞通道，以保证流体的畅通；

⑤ 在装填之前，应该检查装填催化剂或填料的桶在运输过程中是否有破损的现象；

⑥ 催化剂或填料的桶应该分类摆放，以避免混乱或弄错；

⑦ 用筛子筛除尘土或破碎的颗粒，如有必要可用手取出小的颗粒；

⑧ 在装填催化剂或填料之前，实际装填的高度应在床层内标出；

⑨ 在装填催化剂或填料时，应确定每一个反应器装填的桶数，每一桶都要经过准确的称量并记录；在装填过程中，如果需要有人进入反应器，应该用一块木板铺在催化剂上以减小压强（床层式固定床），在装填期间，不能损坏任何热电偶套管，进入反应器的人必须戴好防尘面罩，并且系好安全带，必须严格遵守进入塔罐的所有安全保护规程，以防造成人身伤害事故；在封闭催化剂卸料口装入催化剂前，应该在催化剂卸料口前安装阻隔催化剂设施。

2. 加氢反应器催化剂装填

加氢反应器的主要作用是将原料气中所含的有机硫转化为无机硫。

催化剂和瓷球应从反应器顶部的人孔装入，在装入之前应检查 3.15mm×0.56mm 的金属丝网是否正确安装在出口气体分布器上。

由于加氢反应器的内径是 2900mm，装填时应考虑催化剂装填的高度和体积。

催化剂的瓷球支撑层分为：下粗上细，总高 200mm。

（1）底部瓷球支撑层　型号 DURANIT；直径 2in（1in=0.0254m）；体积约 0.66m³。

（2）上部瓷球支撑层　型号 DURANIT；直径 1in；体积约 0.66m³。

整个瓷球支撑层采用下部 2in 的粗颗粒，上部 1in 的细颗料，整个装填高度 200mm。这样可以避免细颗粒瓷球通过金属丝网漏入出口气体管道中，既可以避免造成瓷球在操作过程中的损失，又可以避免可能造成管道的堵塞。

惰性瓷球装填的方法是在料斗中被提升到顶部的平台人孔处，然后倒入漏斗中。漏斗由软管或布带连接并延伸到反应器的底部，以防瓷球在下落的过程中损坏。在装入上层瓷球之前，应该首先抹平下层瓷球床层。

上床层的最大高度应该与手孔的下边缘平齐，在关闭手孔之前，内部的催化剂支撑必须压实。

在找平之后，应在上床层顶部铺上尺寸为 1.6mm×0.71mm 的金属丝网。

（3）加氢催化剂　Ni-Mo 催化剂；体积 21.5m³；催化剂装填高度 3250mm。

装填方法可以采用瓷球装填的方法，力求避免催化剂在装填的过程中被损坏。

（4）瓷球覆盖层　在装填覆盖层之前，必须找平催化剂床层，以保证催化剂床层的零米温度线在同一水平线上，以确保催化剂的热点温度在同一水平线上。找平后，在加氢催化剂床层上铺上尺寸为 1.6mm×0.71mm 金属丝网。覆盖层装填的方法同下部瓷球支撑床层和催化剂床层装填方法相同。

型号 DURANIT；直径 1in；体积约 1.34m³；装填高度约 200mm。

最后必须找平瓷球层。

整个加氢反应器惰性瓷球和催化剂装置高度：200mm+3250mm+200mm=3650mm

找平后应仔细检查，在确定无任何外物（如工具、装料桶、塑料管道等，是否遗留在反应器中）后，再封闭反应器顶部人孔，为下一步开车作好准备。

3. 催化剂卸出时应该注意的问题

因为加氢催化剂其主活性组分是镍，因此在停车期间应采取特殊的防护措施。当催化剂在 100℃ 以上时与大量的 O_2 接触，会生成 NiO，在氧化过程中放出大量的热可能导致催化剂被烧结或熔化。因此，为了防止这种情况出现，催化剂在停车之前必须冷却到 100℃以下。

另外，脱硫剂 ZnO 虽然在空气中较为惰性，但也应同催化加氢催化剂一样冷却到 100℃以下时，最好在常温或略高一点温度下进行更换。

第三节　物料衡算和热量衡算
Mass Balance and Heat Balance

在化工生产过程中需要进行物料衡算和热量衡算，其主要目的：一是计算化工生产过程中的原料消耗、热负荷和产品的产率；二是为计算和选择反应器与其他设备的工艺尺寸、类型、数量提供依据，称为设计型计算；三是校核现有的设备或装置有无过剩的生产能力，以满足扩大生产需求，或现存搁置不用的设备能否重新利用，这就称为操作型设计；四是为了核查生产过程中各物料量及有关数据是否正确，以确定有无泄漏、能量回收是否合理，从而查出生产上的薄弱环节，为改善操作和进行系统最优化提供依据。作为将来从事生产一线工作的应用型人才，应该掌握最基本的物料衡算和热量衡算知识，能够确定在生产过程中的原材料消耗、能量消耗和产品收率，这也是企业对车间、车间对班组、班组对个人日常考核的基础。操作人员经过长期的操作，积累了丰富的操作经验，建立了感性认识，发现生产中某些不合理的地方，通过革新和改进措施，完全可以实现进一步的节能降耗、优质高效的生产，那么就必须掌握物料衡算和热量衡算技术，这是进行技术革新和改造的基础。

一、物料衡算（mass balance）

1. 物料衡算的理论基础

物料衡算是以质量守恒定律为理论基础的物料平衡计算。对于一个化工生产系统或一个化工装置，进入系统的物料的总质量等于离开系统的物料质量与系统积累及损耗的物料质量之和，即：

输入系统的物料总质量＝输出系统的物料质量＋系统内积累的物料质量＋系统损耗的物料质量

其数学表达式为：

$$\sum (m_i)_入 = \sum (m_i)_出 + \sum (m_i)_积 + \sum (m_i)_损 \tag{3-2}$$

2. 系统、装置或设备的物料衡算

（1）连续操作过程的物料衡算 对于连续稳定的操作系统，由于操作条件不随时间而发生变化，系统内无物料积累，式（3-2）可简化为：

$$\sum (m_i)_入 = \sum (m_i)_出 + \sum (m_i)_损 \tag{3-2a}$$

若系统内无物料损耗，则式（3-2a）又进一步简化为：

$$\sum (m_i)_入 = \sum (m_i)_出 \tag{3-2b}$$

（2）间歇操作过程的物料衡算 对于间歇操作过程的物料衡算，一般按式（3-2b）计算每一批进入与排出的物料量。

3. 总系统物料衡算的方法和步骤

（1）画出物料衡算示意图 对所确定的系统进行物料衡算，必须绘制物料衡算示意图，也就是在物料流程示意图的基础上经进一步的简化而成。在物料流程示意上需要标出主要的设备和工艺管线，物料经过标出的设备后有的可能发生量和组成的变化，有的可能不发生变化。而物料衡算示意图，是人们经过对物料流程示意图深入研究后，为了简化图面，使其计算更清晰，对于那些物料的量和组成不发生变化的设备在物料衡算示意图上舍去，也就是说物料衡算示意图上所标出的设备只是那些物料在其中发生变化的设备。

在物料衡算示意图上，要标出物料进出的方向、数量、组成和温度、压力等操作条件。待求的未知数要用适当的字母或符号表示出来，以便于分析。在示意图上与物料衡算有关的数据与内容不得有遗漏，否则会造成衡算的错误。

（2）反应方程式 对于有化学反应的装置或设备，应写出主、副化学反应方程式并加以配平，目的是便于分析化学反应的特点，为计算作好充分的准备。当副反应很多时，只写出主要的，或者以其中之一作为代表。但是对于那些产生有毒有害物质的反应，虽然其量很小，却是进行分离精制设备设计和三废治理设施设计的重要依据，这种情况下则不可以省略。为后续热量衡算的方便，应同时写明反应过程的热效应。

（3）确定物料衡算的任务　只有任务明确，才能正确地收集资料和建立计算的程序。根据物料衡算示意图和写出的化学反应方程式，分析物料变化的情况，选用适当的公式，明确物料衡算过程中哪些是已知的，哪些是未知待求的。

（4）收集资料和数据　收集必要的各种数据包括生产规模、开工率、反应性能指标等设计计算任务数据；原材料、产品及中间品的组成及规格；有关物理化学常数，如密度、化学平衡常数等并要注意数据的适应范围和条件。

（5）确定计算基准　选定恰当的计算基准可使计算过程简化。在物料衡算过程中所选用的起始物料量，也包括物料的名称、数量和单位以及通过衡算而得到的其他物料量均是相对于所选用的计算基准而言。

选择基准的原则是尽量使计算过程简化。为了使计算过程简化通常选用未知数最少的物流作为物料衡算的基准，或者选择与物料衡算系统相关的一股物料或其中某个组分的一定量作为基准。如上所述，也可选择一定量的原料或产品（1kg、1mol 或 1m³）为基准，如是物理过程一般选择质量为基准，如是化学反应过程，则先以物质的量——摩尔为基准，然后再换算成以质量为基准。也可以选择单位时间（1h 或 1d）为基准，便于计算原材料的消耗和设备的生产能力。

（6）列方程组、联立求解　在前述工作的基础上，利用数学的、化学的和物理的等各方面的理论和知识，针对物料变化情况，分析各数量之间的关系，列出独立的数学关联式开始计算。独立方程式的数量与未知数的数量相同，即有几个未知数就有几个独立方程式。若已知原料量，欲求产品量，则可以顺着流程从前往后计算；反之，则顺着流程从后往前计算。如中海油甲醇项目，要求装置生产能力为 2000t/d，求每日需要消耗多少立方米的天然气，这当然要从甲醇精馏塔开始往前算起。

（7）核对和整理计算结果　以表格或图的形式将物料衡算结果表示出来，全面反映输入和输出的各种物料和物料中各种组分的绝对量和相对量。

4. 系统内各装置或各设备的物料衡算

如前所述，此处物料衡算只对那些物料量和组成发生变化的装置和设备进行物料衡算。

明确了总系统的物料衡算任务，掌握了物料衡算的方法和步骤，就可以对系统中的各单元反应设备和各单元操作设备进行物料衡算。对于需要进行物料衡算的设备，除了确定总的物料衡算式外，还要确定独立物料衡算式的个数。

（1）单元操作设备　单元操作设备所进行的是物理过程，如蒸发、蒸馏、吸收、萃取、干燥等，除了建立总的物料衡算式外，还可以按每一种组分建立相应的物料衡算式。如图 3-2 所示，假设为甲醇精馏塔的双组分精馏过程，可以建立三个物料衡算式。

总物料衡算式：
$$F = D + W \tag{3-3}$$

甲醇物料衡算式：$Fx_{F甲} = Dx_{D甲} + Wx_{W甲}$　　　　（3-4）

由于粗甲醇中其他组分含量较少，用一个多元醇作为代表，则多元醇物料衡算式：

$$Fx_{F多} = Dx_{D多} + Wx_{W多} \tag{3-5}$$

对于双组分精馏系统，物料衡算式有三个，而独立物料衡算式只有两个。因为精馏塔的进料量等于馏出物和釜残液之和，三个方程中，其中任一方程都可以由另外两个方程组合得到，所以独立物料衡算式与组分数是相等的，而物料衡算式的总数比组分数多一个。

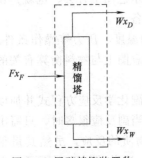

图 3-2　甲醇精馏装置物料衡算示意图

（2）单元反应设备　即发生化学反应的设备。发生化学反应的设备与纯粹的物理过程的单元操作设备所建立的物料衡算方法有所不同，现以一氧化碳变换反应为例。

在中低温变换反应过程中，一氧化碳发生如下反应：

$$CO + H_2O \Longrightarrow CO_2 + H_2 \tag{3-6}$$

进入变换塔中的组分为一氧化碳和水蒸气，而离开变换塔的组分为没有转化完全的一氧化碳和水蒸气以及生成的产物二氧化碳和氢气。显然这个过程不能按照物理变化过程对四个组分进行物料衡算，列出相应的四个物料衡算方程式。但是在化学反应过程中，同一种元素的物质的量不变，即 $\sum (n)_入 = \sum (n)_出$。因此，可以按照碳、氢和氧元素的物质的量进行物料衡算，在化学反应前后碳、氢和氧元素的物料衡算如下：

碳
$$n_C = n_{CO} + n_{CO_2} \tag{3-7}$$

氢
$$n_{H_2} = n_{H_2O} \tag{3-8}$$

氧
$$n_{O_2} = 2n_{CO} + n_{CO_2} + 2n_{H_2O} \tag{3-9}$$

总物料衡算式：
$$n_C + n_{O_2} + n_{H_2} = 3n_{CO} + 2n_{CO_2} + 3n_{H_2O} \tag{3-10}$$

这 4 个物料衡算方程式并不是完全独立的，而独立的物料衡算式只有 3 个，也就是说对于有化学反应的物料衡算式数与参加化学反应的元素种数相等。发生化学反应的组分数一定等于元素种数与独立反应数之和。如本例中的独立反应方程数为 1，元素种数为 3，而化学反应的组分数正好是 4。一切化学反应都存在着这种关系。

示例 1：以甲烷气蒸汽转化为例说明物料衡算的方法和步骤

某石化企业所使用的天然气中甲烷的含量为 60.739%（体积分数），其余为高级烷烃和杂质以及有害气体。高级烷烃也要经过甲烷化阶段再转化成合成气，此处物料衡算示例主要以甲烷气为代表，并不是说明以甲烷气为原料。以甲烷气为原料进行的物料衡算的结果可以转换成以天然气为原料。

甲烷气蒸汽转化是在装有催化剂的管式转化器中进行的，发生如下反应：

$$CH_4 + H_2O \Longrightarrow CO + 3H_2 \tag{1}$$

$$CH_4 + CO_2 \Longrightarrow 2CO + 2H_2 \tag{2}$$

$$CO + H_2O \Longrightarrow CO_2 + H_2 \tag{3}$$

在进入转化器的甲烷气与水蒸气的混合物的水碳比为 2.5，甲烷的转化率为 75%，蒸汽转化温度为 500℃，离开转化器的混合气体中 CO 和 CO₂ 之比以反应示式（3）达到化学平衡时的比率确定。已查得：500℃ 时，式（3）的平衡常数 $K_y = 0.8333$。求每小时通入 1kmol 甲烷气时，反应后气体混合物的组成。

（1）选定计算基准　以 1kmol CH₄ 为基准。

（2）进入转化器的物料

CH₄　　　　1kmol

H₂O（g）　1×2.5 = 2.50kmol

（3）离开转化器的物料

CH₄　　　　1×(1−0.75) = 0.25kmol

H₂O（g）　$x$kmol

CO　　　　$y$kmol

CO₂　　　　$z$kmol

H₂　　　　$w$kmol

（4）画出物料衡算示意图

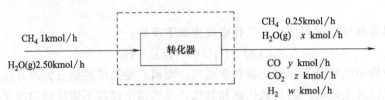

（5）列出独立的物料衡算式　这是一个有化学反应的物料衡算装置，有碳、氢、氧三个元素，所以有三个独立物料衡算式，则碳元素：$n_{CH_4入}=(n_{CO}+n_{CO_2}+n_{CH_4})_出$

将已知数据代入得：

$$1=y+z+0.25$$
$$0.75=y+z \tag{a}$$

氧元素：$n_{H_2O入}=(n_{CO}+2n_{CO_2}+n_{H_2O})_出$

将已知数据代入得：

$$2.50=x+y+2z \tag{b}$$

氢元素：$4n_{CH_4}+2n_{H_2O入}=(4n_{CH_4}+2n_{H_2O}+2n_{H_2})_出$

将已知数据代入得：

$$1\times4+2.50\times2=0.25\times4+2x+2w$$

简化得：

$$4=x+w \tag{c}$$

（6）计算　根据题意：

$$K_y=\frac{x_z x_w}{x_y x_x}=0.8333 \tag{d}$$

联立方程式（a）、式（b）得：

$$z=1.75-x \tag{e}$$

将式（e）代入式（a）得：

$$y=x-1 \tag{f}$$

将式（c）、式（e）、式（f）代入式（d）解得：

$$x=1.50$$
$$y=0.50$$
$$z=0.25$$
$$w=2.50$$

离开转化器的物料组成为：

$$CH_4=0.25kmol/h=4kg/h$$
$$H_2O(g)=1.50kmol/h=27kg/h$$
$$CO=0.50kmol/h=14kg/h$$
$$CO_2=0.25kmol/h=11kg/h$$
$$H_2=2.50kmol/h=5kg/h$$

（7）物料衡算平衡表

从表中的数据可以看出：物料衡算过程中质量是守恒的，符合质量守恒定律，但进入和流出的摩尔流量是不相等的。为了方便计算，在有化学反应过程的物料衡算过程中，一般是选用1mol某反应物或产物作为衡算基准。但是，为了校核物料衡算结果是否正确，必须将物质的量换算成质量。

组 分	进入系统的物料		离开系统的物料	
	/(kmol/h)	/(kg/h)	/(kmol/h)	/(kg/h)
CH_4	1	16	0.25	4
$H_2O(g)$	2.50	45	1.50	27
CO			0.50	14
CO_2			0.25	11
H_2			2.50	5
合计	3.50	61	5	61

示例 2：粗甲醇预精馏塔的物料衡算

某石化企业年产 50 万吨精甲醇，计算每年需要粗甲醇的量。

已知从合成单元来的粗甲醇中：

甲醇　86.3%；

低沸点杂质　3.6%；

杂醇烷烃　1.1%；

高碳烷烃　0.31%；

水分　8.68%。

(1) 选定计算基准　以 1h 处理粗甲醇量为计算基准。

(2) 物料衡算示意图

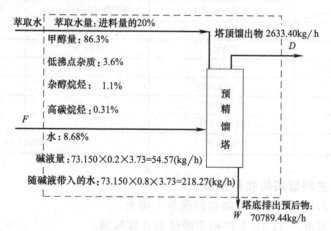

(3) 物料衡算

① 进入体系物料量

a. 粗甲醇量　一年的开工天数按 330 天计算，生产过程中无泄漏，则 1h 处理粗甲醇量：

$$\frac{5 \times 10^5}{330 \times 24 \times 0.863} = 73.15(t/h) = 7.315 \times 10^4 \ (kg/h)$$

其中

甲醇：　　　　　　73150×0.863＝63128.45（kg/h）

低沸点杂质：　　　73150×0.036＝2633.40（kg/h）

杂醇烷烃：　　　　73150×0.011＝804.65（kg/h）

高碳烷烃：　　　　73150×0.0031＝226.765（kg/h）

水：　　　　　　　73150×0.086＝6290.9（kg/h）

b. 碱液量　每吨粗甲醇消耗 20% 的碱液大约为 3.73kg，则每小时带入烧碱量：

$$73.150 \times 3.73 \times 0.2 = 54.57 \ (kg/h)$$

同时随碱液带入的水：

$$73.150 \times 3.73 \times 0.8 = 218.27 \ (kg/h)$$

c. 萃取水量　生产中，当萃取水量超过 20%，并继续增加时，其萃取效果并没有发生明显改善，则萃取水量按进料量的 20% 计算：

$$73150 \times 20\% = 14630 \ (kg/h)$$

② 离开体系物料量

a. 塔顶馏出物　2633.40kg/h（此处认为低沸点杂质全部从塔顶排出）。

b. 塔底排出预后物（除低沸点杂质以外，其余全部从塔底排出送往主精馏塔）

$$73150 - 2633.40 + 54.57 + 218.27 = 70789.44 kg/h$$

其中

甲醇：63128.45kg/h

杂醇烷烃：804.65kg/h

高碳烷烃：226.765kg/h

总水量：6290.9 + 218.27 + 14630 = 21139.17kg/h

（4）物料衡算平衡表

系统 组分	进入系统的物料	离开系统的物料	
	进料/(kg/h)	塔顶馏出物/(kg/h)	塔底排出物/(kg/h)
甲醇	63128.45		63128.45
低沸点杂质	2633.40	2633.40	
杂醇烷烃	804.65		804.65
高碳烷烃	226.765		226.765
碱	54.57		54.57
水	21139.17k		21139.17
合计	87987.00	87987.00	

示例 3：甲醇主精馏塔的物料衡算

已知数据，见示例 2 的预精馏塔物料衡算平衡表。

（1）选定计算基准　以 1h 生产精甲醇量为计算基准。

（2）物料衡算示意图

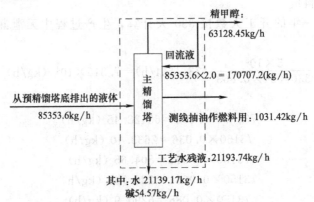

（3）物料衡算

① 进塔物料量

a. 预精馏塔底排出的液体就是进入主精馏塔的进料量

$$85353.6 \quad kg/h$$

b. 回流液 作为精馏塔的总的物料衡算可以不考虑回流液的流量，但是如果进行精馏塔的工艺设计，回流液是必须计算的，此处计算只是作为一个参考。

根据经验，回流/进料约取为 2.0，则：

$$85353.6 \times 2.0 = 170707.2 \ (kg/h)$$

② 出塔物料量

a. 塔顶馏出物 主要是精甲醇：63128.45kg/h，此处认为甲醇没有损失，实际上甲醇在精馏的过程中有一定的损失率。

b. 侧线抽油作燃料用 1031.42kg/h。其中：中沸烷烃 226.765kg/h；杂醇烷烃 804.65kg/h。

c. 工艺水残液 21193.74kg/h。其中：水 21139.17kg/h；碱 54.57kg/h。

d. 塔顶上升蒸汽中少量未凝气体放空到火炬燃烧，量很少。

（4）物料衡算平衡表

系统物料 组分	进入系统的物料 进料/(kg/h)	离开系统的物料	
		塔顶馏出物/(kg/h)	塔侧线及塔底排出物/(kg/h)
粗甲醇	85353.6		
精甲醇		63128.45	
侧线抽出物			
杂醇烷烃			804.65
高碳烷烃			226.765
塔釜工艺水残液			
碱			54.57
水			21139.17
合计	85353.6	85353.6	

对以上的物料衡算，是为了方便计算假设精馏过程是清晰分割，如示例 2，在粗甲醇预精馏塔中，低沸点杂质为轻关键组分，甲醇为重关键组分，比轻关键组分沸点低的物质全部从塔顶排出，而比重关键组分沸点还高的物质全部从塔底排出。而轻重关键组分在馏出物和釜残液中都有可能出现，但由于含量较少，没有考虑。实际过程是在塔顶馏出物中除了低沸点杂质外还有一些高沸点的物质，同样在塔底除了高沸点物质外也还有一些低沸点的物质。

二、热量衡算（energy accounting or energy balance）

1. 热量衡算的理论基础

热量衡算的理论基础是能量守恒定律（law of conservation of energy），人们利用能量守恒定律的原理研究过程中热量传递和转化的关系。化工生产过程中的热量衡算的目的是了解工艺过程在加热、冷却和动力等诸方面的能量平衡及其损耗情况，从而确定设备尺寸、载热体的用量及过程的能量利用效率，是否达到了节能降耗的目的。所以热量衡算是化工生产过程中一项很重要的化工计算。

化工过程中的热量衡算最具代表性的是稳定流动过程中的热量衡算，其基本依据是稳定流动过程中的热力学第一定律，其通式：

$$\Delta H + g \Delta h + \frac{1}{2} \Delta u^2 = Q + W_s \tag{3-11}$$

若体系与环境间无轴功交换，体系的宏观动能和宏观位能可以忽略不计，则上式变为：

$$\Delta H = Q \tag{3-12}$$

此式即为能量衡算的通式，在化工生产中其静止设备的能量衡算主要是热量衡算。对于运转设备，如蒸汽透平带动的压缩机、离心泵等，体系不仅与环境有热量交换，而且也有轴功交换，则式（3-6）变为：

$$\Delta H = Q + W_s \tag{3-13}$$

2. 热量衡算的方法与步骤

（1）确定衡算体系　将物料衡算示意图转换成热量衡算示意图，确定衡算体系，明确体系中物料和热量输入和输出项。在衡算图上用带箭头的实线表示所有的物流、能流及其方向；用符号表示各物流变量和能流变量，并标出已知值，必要时还要标出其状态；再用闭合虚线框出所确定的体系边界线，出入衡算体系的物流和能流的实线应与体系的边界线相交。若能流方向为未知，可先进行假设，如果计算结果为负值，说明实际流向与假设方向相反，反之，假设是正确的。

（2）确定衡算基准　进行热量衡算之前，一般要先进行物料衡算，求出进出体系各物料量，有时候需要物料和能量衡算方程式联立求解，所以衡算基准要一致。但基准不论怎样选取并不影响计算结果的正确性，但合适的基准会减少计算工作量。

物质的焓值是热量衡算常采用的热力学数据，由于焓值均与物质的状态有关，所以在选取焓值时一定要关注物质的状态。多数反应过程是在恒压下进行的，所以除了物质的状态对焓值有影响外，温度对物质的焓值影响也很大。许多文献资料手册上所查得的焓值或其他热力学数据均有温度的基准。

（3）根据具体计算要求收集有关数据　能量衡算所需要的数据通常包括物料的组成、流量、温度、压力、物性和平衡数据、反应计量关系及物质的热力学数据等。所需数据的获取渠道主要是设计要求给定、现场实测和通过文献和手册查找。在选用热力学数据时应注意资料手册上的数据的基准态与选择的温度基准态一致，否则，要进行换算。

（4）列出物料衡算式和热量衡算式进行求解　根据质量守恒定律列出物料衡算式，根据热力学第一定律列出热量衡算式，再根据实际情况对两衡算式进行化简，以方便计算。在工程上允许略去一些数值相对较小的项，但舍去时应予以说明。求解过程一般是先物料衡算，后热量衡算，如果过程复杂，有可能需要物料平衡和热量平衡联立求解方能得到结果。

（5）校核检验　热量衡算的结果与物料衡算的结果一样需要列表，以备校核。为了检验计算结果的正确性，可以另选一种基准进行计算，计算结果不因基准选择不同而异。

示例 4：热量衡算

以前边示例 1 甲烷蒸汽转化为例。

选取基准温度为 25℃

（1）物料衡算结果

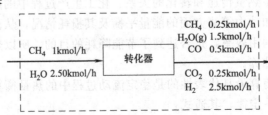

物料衡算表

组　分	进入系统的物料		离开系统的物料	
	/(kmol/h)	/(kg/h)	/(kmol/h)	/(kg/h)
CH_4	1	16	0.25	4
$H_2O(g)$	2.5	45	1.5	27
CO			0.5	14
CO_2			0.25	11
H_2			2.5	5
合计	3.5	61	5	61

（2）列出热量衡算方程式　假设系统保温良好，先假设热量损失可以忽略不计，则 $Q_损=0$，根据题意，甲烷气转化过程需要向体系内提供的热量，按式（3-12）得：

$$Q=\Delta H$$

式中

$$\Delta H=\sum (H_i)_出-\sum (H_i)_入$$

$$H_i=n_i\Delta H_{Fi}^{\ominus}+n_iC_{p,25\sim500}\Delta t=n_i(\Delta H_{Fi}^{\ominus}+C_{p,25\sim500}\Delta t)=n_i\Delta H_{Fi}$$

式中　Q——转化过程需要向体系提供的热量；

$C_{p,25\sim500}$——25～500℃间的平均恒压摩尔热容；

$\Delta H_{Fi}^{\ominus}$——标准摩尔焓；

ΔH_{Fi}——任意温度下的摩尔焓。

（3）查取有关物质的热力学数据　标准生成自由焓 $\Delta H_{Fi}^{\ominus}$ 和 25～500℃间的平均摩尔恒压热容 $C_{p,25\sim500}$ 如下：

组分	$\Delta H_{Fi}^{\ominus}$/(kJ/kmol)	$C_{p,25\sim500}$/ [kJ/(kmol·K)]	Δt/℃	ΔH_{Fi}/(kJ/kmol)
CH_4	-74.85×10^3	48.76	475	-51689
$H_2O(g)$	-242.2×10^3	35.76	475	-225214
CO	-110.6×10^3	30.19	475	-96260
CO_2	-393.7×10^3	45.11	475	-372273
H_2	0	29.29	475	13913

（4）计算

$$\sum H_{i入}=-51689-2.5\times225214=-614724\ (kJ/h)$$

$$\sum H_{i出}=-0.25\times51689-1.5\times225214-0.5\times96260-0.25\times372273+2.5\times13913$$
$$=-457159\ (kJ/h)$$

$$\Delta H=\sum H_{i出}-\sum H_{i入}=-457159-(-614724)=157565\ (kJ/h)$$

所以 $Q=157565kJ/h$

由此可以知道每小时必须提供 157565kJ/h 的热量才能满足流量为 1kmol/h 甲烷气，转化率为75%时转化制合成气所需要的热量。此数值是在没有考虑热量损失的情况下得出的，实际情况是保温良好的设备也有热量损失，根据经验热量损失的数值按进入体系热量的百分比计算，如5%～10%之间。如按5%计算，每小时提供的热量应是：

$$Q=157565\times(1+0.05)=165443\ (kJ/h)$$

这是以流量为 1kmol/h 甲烷，转化率为75%时为基准进行的热量衡算，由此可以换算到装置的实际转化能力所需要的热量。

本 章 小 结

本章介绍了化工生产过程中常用的一些指标，诸如转化率、选择性和收率；生产能力和生产强度；工业催化剂以及物料衡算和热量衡算。

1. 转化率表明进入反应系统的原料转化为产物的程度；选择性表明进入反应系统并参加反应的某种原料转化为目的产物的程度；收率则表明进入反应系统的原料转化为目的产物的程度。可见三者在同一个系统中从不同侧面反映了不同问题，学习时应综合考虑，不能偏彼。并注意其各自含义（定义式）、相互关系及实际应用。

2. 催化剂及催化作用的基本特征、催化剂的组成及性能指标、催化剂使用及注意事项是学生学习了解并掌握催化剂的重要基础。

3. 学习了解催化剂的装填方法和步骤有利于学生初步掌握催化剂的使用技术。

4. 学习物料衡算和热量衡算的重点，是要求学生在实际应用中能利用所学的基础知识，牢固建立系统的平衡观念；要通过反复练习掌握其方法和步骤。

 **综合练习**

要求通过阅读下列所给资料，能够对化工催化技术有一个更全面的了解。什么叫做核心技术？什么叫做核心竞争力？我国化工生产发展瓶颈是什么？请通过调研谈谈自己的感想，写出自己的体会。

催化剂发展历程

没有催化剂就没有现代化学工业，没有现代化学工业就无法想象有今天这样发展迅速的工业、农业、医疗、国防、教育等。所以催化剂是化学工业的核心和现代工业的基础。那么到底什么是催化剂？它的作用是怎样的呢？它的种类包括哪些？它到底是怎样发现和发展起来的呢？

（1）催化剂及催化作用概念的形成　物理化学之父奥斯特瓦尔德（F. W. Ostwald）提出了具有现代观点的催化剂和催化作用的定义：**"凡能改变化学反应的速度而本身不形成化学反应的最终产物，就叫做催化剂。"** 他列出 4 种类型的催化作用：①过饱和物系中离析作用的催化；②均相混合物中的催化；③非均相催化；④酶的催化作用。

催化剂按化学类型可分成贵金属、分子筛、酸碱、酶、茂金属（如茂铁等）、氧化物、硫化物等催化剂；按化学组成则可分成银、铜、镍、钯、铁等；按反应类型，即催化剂功能分类则可划分成水解与水合、脱水、氧化、加氢、脱氢、聚合、酰化、卤化等；从相态上可分为均相反应和非均相反应；从工业应用上分为石油化工催化、精细化工催化、生物酶催化等；若按市场分类则可划分成炼油、化工和环保三类。目前国内外均以功能划分为主，兼顾市场类型及应用产业。

贝采里乌斯（Berzelius）于 1836 年最先用催化作用一词来描述有关痕量物质，结果发现**这种痕量物质在化学反应中并不消耗而却能够影响反应速率**。1781 年，帕明梯尔用酸作催化剂，使淀粉水解。1812 年，基尔霍夫发现酸类存在时，蔗糖的水解很快，反之很缓慢。而在整个水解过程中，酸类并无什么变化，同时，基尔霍夫还观测到，淀粉在稀硫酸溶液中可以变化为葡萄糖。1817 年，戴维在实验中发现铂能促使醇蒸气在空气中氧化。1838 年，德拉托和施万分别都发现糖之所以能发酵成为酒精和二氧化碳，是由于一种微生物的存在。贝采里乌斯就此提出，**在生物体中存在的那些由普通物质、植物汁液或者血而生成无数种化合物，可能都是由此种类似的有机体组成。** 后来，居内将这些有机催化剂称为**"酶"**。

1850 年，威廉米通过研究酸在蔗糖水解中的作用规律，第一次成功地分析了化学反应速率的问题，从此开始了对化学动力学的定量研究。1862 年，圣·吉尔和贝特罗在实验中发现，在没有无机酸作为催化剂的情况下，醋酸与乙醇和醋酸乙酯与水两个互为可逆反应的速率都很慢，而当有无机酸存在时，两个同样都很快。

1884 年前后，奥斯特瓦尔德不仅给催化剂下了定义，而且他还提出了催化剂**虽然能加速化学反应速率，但不能改变平衡常数**。

（2）中间化合物的假说 人们在寻找催化剂和催化反应的过程中，对催化剂和催化作用的认识不断深入。催化剂为什么能够改变化学反应的速率，而它本身在反应后又不发生化学变化呢？为了解释这一问题，在 19 世纪初期，人们提出了催化剂在反应中**生成中间化合物的假说**。

邢歇伍德等人在 1930 年，以碘蒸气为催化剂进行乙醛蒸气的加热分解反应，发现均相催化反应的速率常常与催化剂的浓度成正比。而在该反应中，作为催化剂的碘蒸气的浓度始终不变，邢歇伍德认为，这一事实说明由于催化剂 K 先与某一反应物 A 或 B 相互作用，生成了活性的中间化合物 X，此中间化合物进一步转变而生成 C 并使催化剂再生。其反应历程：

$$A+K=X\cdots\cdots$$
$$X+B=C+K\cdots\cdots$$

可见，活性的中间化合物的假说因此得以进一步的证实和完善，同时均相催化理论也得到了发展。

（3）吸附理论 随着更多实验事实的发现和研究的不断深入，人们发现催化剂作用不仅是均相地进行，更多的是在多相中进行。并且，反应物在相界面上的浓度更大，这种现象被称为**"吸附作用"**。

朗格缪尔在 1916 年间，发表了一系列关于单分子表面膜的行为及性质和关于固体表面吸附作用的研究成果，对催化理论的形成有重大影响。之后，科学界不仅对吸附作用进行了大量的研究，而且还对吸附量和脱附速度、催化剂失活进行研究，得出了重要的结论：**即催化反应是在催化剂表面直接相连的单分子层中进行的**。

（4）活性中心假说 泰勒于 1925 年首先提出了**活性中心理论**。他认为催化剂的表面是不均匀的，位于催化剂表面微型晶体的棱和顶角处的原子具有不饱和的键，因而形成了活性中心，催化反应只发生在这一活性中心。泰勒的理论很好地解释了催化剂制备对活性的影响以及毒物对活性的作用。

1929 年，巴兰金提出了多位催化理论，认为催化剂活性中心的结构应当与反应物分子在催化反应过程中发生变化的那部分结构处于对应。这一理论把催化活化看作反应物中的多位体的反应过程，并且这个作用会引起反应物中价键的变形，并使反应物分子活化，促成新价键的形成。柯巴捷夫于 1939 年提出了活性集团理论，与泰勒不同的是他认为**活性中心是催化剂表面上非晶体中几个催化剂原子组成的集团**。

（5）负载型催化剂 20 世纪 70 年代，根据催化剂表面的原子结构、配合物中金属原子簇的结构和性质，利用量子化学理论，对多相催化的高分散的金属催化剂活性集团产生催化活性的根源进行研究。在科学突飞猛进的今天，催化作用的实质以及催化剂发生作用的秘密即为人类认知。

从二茂铁的发现和 π-络合的理论提出，可以说周期表中没有一种元素不可以与碳形成 σ 键，或 π 键。过去只是少数过渡金属与碳成键的化合物被合成出来，可是 20 世纪 60 年代就成功地合成了不少这类化合物，并研究其反应性能。运用分子轨道理论来了解其结构，用 X 光衍射来证实其晶体结构。

最近二十多年来，催化科学发展的特点是广泛采用**金属配合物和有机金属配合物**作为催化剂。利用新的催化剂体系，不仅开发了大规模生产的产品如聚丙烯、高密度聚乙烯、乙醛、乙酸、醇类和环氧丙烷等的生产工艺，也开发了一些贵重化合物例如不对称氨基酸的生产工艺。一般说来这些生产工艺，都是在相当温和的条件下进行的，并且具有相当高的选择性。原先使用均相催化反应存在的不足是：

① 难以将催化剂与产物分离，且不易回收催化剂，特别使用贵金属催化剂，造成严重浪费；

② 均相体系的不稳定性；

③ 催化剂溶液有腐蚀性。

在有些情况下，均相催化反应虽然反应的选择性很高，但由于存在上述缺点而无法使用。从技术的角度来看，采用多相催化剂是更为有效的。但多相催化剂活性和选择性不如均相，并且多相催化剂工艺通常需要高温、高压，因此耗能高，对于大规模工业化生产，节能显得尤为重要。

20 世纪 60 年代末 70 年代初受金属酶催化作用的启发，人们开始设想通过高分子负载的方法转化均相催化剂，使之兼具二者的优点。例如：①高选择性；②操作条件温和；③有可能对活性中心的类型取得较可靠的信息；④能通过改变金属配合物的组成控制催化性能；⑤不对称诱导作用，可用于不对称合成；

⑥可以保证使催化剂与反应介质更易于分离、无腐蚀性和高稳定性。

负载金属有机配合物催化剂的研究，其原因是：①为了将已知的均相催化剂多相化。解决催化剂回收问题；②为了阐明过渡金属配合物中大分子配位基的特殊作用；③为了根据假想的组成和结构控制表面活性中心。

自 1969 年 Haag 报道了第一个高分子金属催化剂之后，到 70 年代中期科研人员对几乎所有已知的均相金属配合物催化剂都进行了相应的负载化研究。1977 第一个高分子金属配合物催化剂开始用于工业生产。20 年前在国外市场已有高分子金属催化剂商品供应，这类催化剂可用于加氢、硅氢加成、氧化、醛化、分解、低聚（齐聚）、聚合不对称合成等很多化学反应，但其活性、选择性和稳定性还有待进一步提高。高分子金属催化剂按照高分子配体的归属，可分为有机高分子、有机硅高分子、无机高分子和天然高分子金属配合物催化剂。研究表明高分子不仅是负载金属催化剂的惰性载体，而且还可以对催化剂的活性中心进行修饰，并使催化剂的结构发生变化，形成通常在小分子配合物中很难看到的特殊结构，从而影响催化剂的催化反应过程，即同种金属使用不同的载体所得到的催化剂其催化活性可能相差很大，此为高分子的基体效应。

而自 1836 年正式提出催化概念至今，已经有了将近两百年的历史了。在这近两百年的发展过程中，催化剂的种类，催化方式以及催化的效率都发生了非常大的变化，从无机催化到有机催化，再到金属有机催化；从复杂难以控制的催化到专一立体控制的定量催化，无不显现了催化剂时代的来临所带来的现代科学技术的发展。催化剂已经成为化学化工领域的热门，催化剂的发展可以说从一开始就受到了化学家们的重视，它的出现不但丰富了催化剂的种类，更为化学化工领域造就和完成了一个个的辉煌。相信在今后的科学发展中，催化剂将继续着它的神奇。

复习思考题

1. 催化剂在化工产品的工业化生产中有何意义？
2. 工业固体催化剂一般主要由哪些成分组成？各组分所起的作用是什么？
3. 衡量工业固体催化剂性能的标准是什么？
4. 固体催化剂为何要进行活化处理？
5. 固体催化剂使用过程中，活性衰退的原因有哪些？哪些活性衰退可以再生？哪些不能再生？举例说明。
6. 如何正确使用固体催化剂？
7. 试分析单程转化率、总转化率及平衡转化率的区别，它们在化工生产中各有何意义？
8. 生产能力和生产强度在化工生产中各有何意义？
9. 什么是原料消耗定额？为什么要降低消耗定额？工业生产中一般采取哪些措施？
10. 原料消耗定额、原料利用率和原料损失率之间有何关系？怎么降低原料消耗定额？

第四章 化工生产过程工艺条件分析
Analyzed the Technological Conditions of Chemical Process

 知识目标

了解自动化工艺控制的方法与实例；

理解温度、压力、催化剂等工艺因素对化学反应速率的影响；

掌握化学反应的可行性分析、难易程度分析、化学反应限度的分析、工艺条件选择与确定。

 能力目标

能够对化工生产过程进行热力学分析；

能够对化工生产过程进行动力学分析。

 素质目标

培养对工作一丝不苟、严谨细致的优良作风；

培养工程技术观念；

培养成本意识和安全生产的意识。

化学反应是化工生产过程的核心，只有通过化学反应，原料才能变成所需要的产品。而化学反应过程又是复杂的，往往除了生成目的产物的主反应外，还有多种副反应生成多种副产物。原料几乎不可能全部参加反应，生产上经常将反应物的转化率控制在一定的限度之内，再把未转化的反应物分离出来回收利用。若要实现消耗最少的原料得到更多的目的产品，就必须了解通过控制哪些因素可以保证实现化工产品工业化的最佳效果，明确这些外界条件对化学过程的影响规律。

第一节 化工生产过程的热力学分析
Thermodynamic Analysis of Chemical Production Process

任何化学反应（chemical reaction）过程都需要从化学平衡与反应速率两方面来综合考

虑，前者属于热力学研究范围，后者则属于动力学研究范畴。

通过对反应过程的动力学和热力学分析，不仅可以知道影响反应过程的因素及其规律，而且可以获得最适宜的生产工艺条件。通过控制反应条件，改变反应选择性，可达到增加原料转化率和产品收率，提高化工产品的质量和产量，降低生产成本之目的，为化工产品生产工业化的最佳化设计和最优化控制提供理论依据。

热力学分析（thermodynamic analysis）只涉及化学反应过程的始态和终态，不涉及中间过程，不考虑时间和速率，仅说明过程的可能性和反应进行的限度。借助于热力学分析可以判断化学反应进行的可能性，比较同一反应系统中同时发生的几个反应的难易程度，进而从热力学角度寻找有利于主反应进行或尽可能减少副反应发生的工艺条件。通过化学平衡计算，还可以了解反应进行的最大限度，以及能否通过改变操作条件来提高原料转化率和产物的收率，减少分离系统的负荷和循环量，达到进一步提高装置生产能力和经济效益的目的。

一、化学反应的可行性分析（feasibility analysis of chemical reaction）

对制备某一化工产品所提出的工艺路线，首先应确定其在热力学上是否合理，即对反应的可能性进行判断，以免人力、物力的浪费。若反应可以进行，则可进一步根据热力学分析方法计算出反应能进行到什么程度，最后结合热力学和动力学因素的综合分析确定适宜的工艺条件，从而使理论上可行的化学过程变成有现实意义的工业化生产方法。

对于一个化学反应体系，其热力学分析的依据是热力学第二定律。可以用反应的标准吉氏函数变化值 $\Delta G^{\ominus}$ 来判断反应进行的可能性。若 $\Delta G^{\ominus} < 0$，反应能自发进行；若 $\Delta G^{\ominus} > 0$，反应不能自发进行；若 $\Delta G^{\ominus} = 0$，反应处于平衡状态。

二、反应系统中反应难易程度的分析（difficult degree analysis of reaction）

生产一种化工产品（尤其是有机化工产品），在主反应进行的同时，总是伴随着若干个副反应，主副反应构成了一个复杂的化学反应系统。人们总是期望能把握主副反应的进程，从而可得到最高的产品收率，因此了解其中各种化学反应的状况，尤其是主反应和副反应进行的难易程度，以及这些反应进行的有利与不利条件，对实现工业生产过程工艺条件控制的目标，取得良好的反应效果，提高产品的收率均起到重要的作用。

低压下气相反应中的气体通常可认为是理想气体，根据在等温、等压反应中

$$\Delta G^{\ominus} = -RT\ln K_p$$

而

$$K_p = K_y(p/p^0)^{\Delta n}$$

所以可用反应标准吉氏函数变化值 $\Delta G^{\ominus}$ 来判断反应进行的难易程度。从上面的公式可知，当 $\Delta G^{\ominus} < 0$ 时，K_p 值为一较大的数值，平衡时产物量大大超过反应物的量，说明反应向正方向进行的可能性很大。反之当 $\Delta G^{\ominus} > 0$ 时，K_p 值则为一较小的数值，即反应达到平衡时产物的量远比反应物的量少，说明反应向正方向自发进行的可能性相当小。因此，$\Delta G^{\ominus}$ 值越小，说明反应越容易进行。

在某化学反应系统内，由于主、副反应在同一条件下进行，所以可根据各主、副反应的 $\Delta G^{\ominus} < 0$ 值的大小来判断各反应的难易程度。但是，当反应条件变化时，主、副反应难易程度的差距也会发生改变。

三、化学反应平衡移动分析（analyzed reaction equilibrium）

任何化学反应几乎都不能进行到底而存在着平衡关系，平衡状态的组成说明了反应进行的限度。化学平衡和一切平衡一样，都只是相对的和暂时的，是有条件的。构成化学平衡的

外界条件有温度、压力、系统组成等。当外界条件发生变化时，平衡就被破坏，建立起新的平衡，这个过程称为平衡移动。在化工生产中，人们总是期望知道在一定条件下某反应进行的限度，即平衡时各物质之间的组成关系。研究平衡移动的意义在于可选择适宜的操作条件，使化学反应尽可能向生成物方向移动。现具体归纳如下。

（1）温度　从平衡常数与温度的关系式 $dlnK_p/dT = \Delta H/(RT^2)$ 可以看出，对于吸热反应，$\Delta H > 0$，$dlnK_p/dT > 0$，则平衡常数 K_p 值随温度的升高而增大，即温度升高，反应向生成物方向移动，这是由于吸热反应将导致温度升高时的热量吸收，从而削弱了外界作用的影响。反之，对于放热反应，$\Delta H < 0$，$dlnK_p/dT < 0$，则平衡常数 K_p 值随温度的升高而减小，温度下降，平衡向反应物方向移动，这是因为放热反应将放出的热量补偿了温度的下降。所以，从化学平衡的角度看，升温有利于提高吸热反应的平衡产率，降温则有利于提高放热反应的平衡产率。

（2）压力　由于压力对气相反应的影响较大，这里仅讨论其对气相反应的影响。压力升高，反应平衡向分子数减少的方向移动，即向 $\Delta n < 0$ 的方向移动，这样使总压下降便削弱了压力的升高对平衡造成的影响。压力下降，向分子数增加的方向移动，即向 $\Delta n > 0$ 的方向移动，由于 $\Delta n > 0$ 使体系总压升高，削弱了压力下降的影响。从热力学分析可知，常压下的气体反应 K_p 值只与温度有关，与压力无关。当反应温度一定时，K_p 值为常数，对 $\Delta n0$［即物质的量（mol）增大］的反应，当总压 p 下降时，$(p/p^\circ)^{\Delta n}$ 也下降。为维持 K_p 值不变，则 K_y（是以平衡时各物质的摩尔分数表示的平衡常数）要增大，其结果是化学平衡向产物生成的方向移动。而对 $\Delta n < 0$（即物质的量减小）的反应，当总压 p 下降时，$(p/p^\circ)^{\Delta n}$ 增大。要维持 K_p 值不变，则 K_y 必然要下降，结果是化学平衡向化学反应的逆方向即向反应物的方向移动。因此，对物质的量增加的反应，降低压力可以提高平衡产率，对物质的量减少的反应，升高压力，产物的平衡产率增大；对分子数不变的反应，压力对平衡产率没有影响。

（3）反应物组成　反应物浓度升高，反应平衡向生成物方向移动，由于产物的增加而减少反应物的浓度；随着产物浓度的升高，反应向生成反应物的方向移动，由于逆反应的发生，从而降低了产物浓度。

需要指出，以上仅是定性的热力学条件分析，具体到某一个反应时，采用多高的反应温度、多大的体系压力和反应物浓度才能获得理想的平衡产率，可通过热力学的定量计算来寻求适宜的条件。由于热力学没有时间概念，只考虑了反应到达平衡的理想状况，没有考虑反应速率，因此，只有当几个反应在热力学上都有可能同时发生，且完成反应所需的时间很短时，热力学因素对于这几个反应的相对优势才起决定性作用。而切实可行的工艺条件还要结合动力学分析才有可能进一步确定。

第二节　化工生产过程的动力学分析
Kinetic Analysis of Chemical Production Process

化学动力学是研究化学反应的速率和各种外界因素对化学反应速率影响的学科。不同的化学反应，反应速率不相同，同一化学反应的速率也会因操作条件的不同差异很大。例如氢和氧化合成水，热力学分析该反应是可行的，但在常温下，反应速率太慢，没有反应产物的出现。而二氧化氮聚合成四氧化二氮的反应，虽然从热力学分析该反应的可能性很小，但实际反应速率却大到无法测定的程度。而碳氧化为二氧化碳的反应，经热力学分析该反应的可能性和程度都相当大，但在常温下的反应速率却极慢。因此如何通过改变化学反应的条件，使反应的速率加快，以满足工业生产的要求，是人们关心的问题。而动力学分析的任务，就是在热力学分析的基础上，探索如何改变化学反应速率，使化工产品的工业生产具有现实意义。

化学反应的速率通常以单位时间内某一种反应物或生成物浓度的改变量来表示。对于基元反应

$$bB+dD \Longrightarrow gG+hH$$

其化学反应速率方程为

$$r=-dc_B/dt=kc_B{}^bc_D{}^d$$

式中，k 为反应速率常数，其大小反映了反应速率的快慢。影响反应速率的因素复杂，其中有一些因素在生产过程中已经确定，在已有的生产装置中不便调节，除非集生产、科研的经验和成果，在重新设计制造设备时进行改进，以有利于化学反应的进行，如反应器的结构、形状、材质、一些意外的杂质等。在生产过程中，可通过对另外一些因素（如温度、压力、原料组成和停留时间等）的调节来改变化学反应速率。

一、温度对化学反应速率的影响（effect of concentration on temperature）

温度是影响化学反应速率的重要因素之一。化学反应的速率和温度的关系比较复杂，温度升高往往会加速反应。一般，化学反应速率常数与温度（T）之间的关系可由阿伦尼乌斯经验方程式表达：

$$k=Ae^{-E/(RT)}$$

该式对描述反应速率的内在规律具有极其重要的意义。它表明，k 随温度的升高而增加（例外的情况很少），在反应物浓度相同的情况下，温度每升高 10℃，反应速率约增加 2～4 倍，在低温范围增加的倍数比高温范围更大些，活化能大的反应，其速率随温度升高而增长更快些，这是由于 k 值与 T 是指数关系，即使温度 T 的一个微小变化也会使速率常数 k 发生较大的改变，体现了温度对反应速率的显著影响。由于化学反应种类繁多，因此温度对化学反应速率的影响也是很复杂的，反应速率随温度的升高而加快只是一般规律，而且有一定的范围限制。对于不可逆反应，产物生成速率总是随温度的升高而加快；对于可逆反应来说，正、逆反应速率常数都增大，因此反应的净速率变化就比较复杂。

图 4-1 列出了常见的五类反应的反应速率随温度变化的情况。

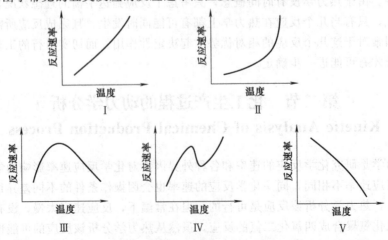

图 4-1　反应速率与温度的关系

第Ⅰ种类型 反应速率随温度的升高而逐渐加快，反应速率和温度之间呈指数关系，符合阿伦尼乌斯公式，这种类型的化学反应是最常见的。

第Ⅱ种类型 反应开始时，反应速率随温度的升高而加快，但影响不显著，当温度升高到某一温度后，反应速率却突然加快，以"爆炸"速率进行。这类反应属于有爆炸极限的化学反应。

第Ⅲ种类型 温度比较低时，反应速率随温度的升高而逐渐加快，当温度超过某一值后，反应速率却随着温度的升高而下降。酶催化反应就属于这种类型，因为温度太高和太低都不利于生物酶的活化。还有一些受吸附速率控制的多相催化反应过程，其反应速率随温度的变化而变化的规律也是如此。

第Ⅳ种类型 这种反应比较特殊，在温度比较低时，反应速率随温度的升高而加快，符合一般规律。当温度高达一定值时，反应速率随温度的升高反而下降，但温度继续升高到一定程度，反应速率却又会随温度的升高而迅速加快，甚至以燃烧速度进行。某些碳氢化合物的氧化过程便属于此类反应，如煤的燃烧，由于副反应多，使反应复杂化。

第Ⅴ种类型 反应速率随温度的升高而下降，这是一种比较少有的现象，如一氧化氮氧化为二氧化氮的反应便是一例。

二、催化剂对反应速率的影响（effect of concentration on catalyst）

前已述及，要使反应速率加快，可以提高温度。但对某些反应来说，升高温度常会引起一些副反应发生或者使副反应也加快，甚至会使主反应的反应进程减慢。此外，有些反应即使在高温下反应速率也较慢。因此，在这些情况下使用升高温度的方法来提高反应速率，就受到了一定的限制。而催化剂则是提高反应速率的一种最常用、也是很有效的办法。例如在常温下，氢和氧化合成水的反应速率是非常小的，但当有钯粉或 105 催化剂（是以分子筛为载体的钯催化剂）存在时，常温、常压下氢气和氧气就可以迅速化合成水。又如在硫酸生产中由 SO_2 氧化转化为 SO_3 的反应 $SO_2 + 1/2O_2 \Longrightarrow SO_3$，只要加入少量的 V_2O_5 作催化剂，就可以使反应速率提高数万倍。

在化工生产中，使用催化剂的目的就是加快主反应的速率，减少副反应的发生，从而使反应能定向进行，缓和反应条件，降低对设备的要求，提高设备的生产能力和降低产品的生产成本。而某些在理论上可以合成得到的化工产品，由于没有开发出有效的催化剂，以致长期以来不能实现工业化的生产。此时，只要研究出该化学反应适宜的催化剂，就能有效地加速化学反应速率，使该产品的工业化生产得以实现。

三、浓度对反应速率的影响（effect of concentration on reaction rate）

根据反应平衡移动原理，反应物浓度越高，越有利于平衡向产物方向移动。当有多种反应物参加反应时，往往使价廉易得的反应物过量，从而可以使价格高或难以得到的反应物更多地转化为产物，以提高其利用率。

从前述知识可知，反应物浓度愈高，反应速率愈快。一般在反应初期，反应物浓度高，反应速率快，随着反应的进行，反应物逐渐消耗，反应速率逐渐下降。

提高浓度的方法有：对于液相反应，采用能提高反应物溶解度的溶剂，或者在反应中蒸发或冷冻部分溶剂等；对于气相反应，可适当加压或降低惰性物的含量等。

对于可逆反应，反应物浓度与其平衡浓度之差是反应的推动力，此推动力愈大则反应速率愈快。所以，在反应过程中不断从反应体系取出生成物，使反应远离平衡，既保持了高速率，又使平衡向产物方向移动，这对于受平衡限制的反应，是提高产率的有效方法之一。

四、压力对反应速率的影响（effect of reaction pressure on reaction rate）

一般说来，压力对液相和固相反应的平衡影响较小，所以压力对液相和固相反应的影响不大。气体的体积受压力影响大，故压力对有气相物质参加的反应平衡影响很大。压力对反应速率的影响是通过压力改变反应物的浓度而形成的。从反应动力学可知，除零级反应的反应速率与反应物浓度无关外，各级反应的速率都随反应物浓度增大而加快。因此，对于气相反应而言，也可以通过提高反应压力使气体的浓度增加，达到提高反应速率的目的。

需要指出的是，在一定压力范围内，加压可减小气体反应体积，且对加快反应速率有一定好处，但效果有限，压力过高，能耗增大，对设备要求高，反而不经济。

惰性气体的存在，可降低反应物的分压，对反应速率不利，但分子数的增加有利于反应平衡。

以上涉及的反应主要是单相反应。对于多相反应来说，由于反应总是在相和相的界面上进行，因此多相反应的反应速率除了与上述几个因素有关外，还和彼此的相之间的接触面的大小有关。例如，在生产上常把固态物质破碎成小颗粒或磨成粉末，将液态系统淋洒成线流、滴流或喷成雾状的微小液滴，以增大相间的接触面，提高反应速率。此外，多相反应还受到扩散作用的影响，因为加强扩散可以使反应物不断地进入界面，并使已经产生的生成物不断地离开界面。例如煤燃烧时，鼓风比不鼓风烧得旺，加强搅拌可以加快反应速率。这都是由于扩散作用加强的结果。

第三节　工艺条件的分析与选择
Analysis and Select of Technological Conditions

化工生产过程的中心环节是化学反应，只有通过化学反应，原料才能变成目的产物。然而化学反应过程很复杂，就某一产品的生产过程而言，在生成目的产物的主反应进行的同时，往往还有多种副反应发生。由于原料一般难以全部转化为目的产物，因此生产上常将反应物的转化率控制在一定的限度之内，再把未转化的反应物分离出来加以回收利用。若要实现最少的原料消耗得到最多的目的产品，必须分析影响工艺过程的基本因素，选择和确定最佳的工艺操作条件，以实现化工生产的最佳效果。工艺条件的选择实际上是化工生产过程优化控制的基础。

影响反应达到工艺上最佳点的因素很多，如温度、压力、浓度、进料组成、空速（流量）、循环（返回）比、放空（排放）量与组成等。本节主要讨论一些基本工艺条件的一般选择方法。

一、温度（temperature）

温度的选择要根据催化剂的使用条件，在其催化活性温度范围内，结合操作压力、空间速度、原料配比和安全生产的要求及反应的效果等，综合考虑后经实验和生产实际的验证后方能确定。

提高反应温度可以加快化学反应的速率，且温度升高会更有利于活化能较高的反应。由于催化剂的存在，主反应一定是活化能最低的。因此，温度越高，从相对速率看，越有利于副反应的进行。由于受到设备材质的限制，所以在实际生产上，用升温的方法来提高化学反应的速率应有一定的限度，只能在有限的适宜范围内使用。

从温度变化对催化剂性能和使用的影响来看，对某一特定产品的生产过程，只有在催化剂能正常发挥活性的起始温度以上，使用催化剂才是有效的。因此，适宜的反应温度必须在催化剂活性的起始温度以上。此时，若温度升高，催化剂活性也上升，但催化剂的中毒系数也增大，会导致催化剂活性急剧衰退，使催化剂的生产能力即空时收率快速下降。当温度继续上升，达到催化剂使用的终极温度时，催化剂会完全失去活性，主反应难以进行，反应便会失去控制，有时甚至出现爆炸现象，因而操作温度不仅不能超过终极温度，而且应在催化剂的活性起始温度和终极温度间的安全范围内进行操作。

从温度对反应效果的影响来看，在催化剂适宜的温度范围内，当温度较低时，由于反应速率慢，原料转化率低，但选择性比较高；随着温度的升高，反应速率加快，可以提高原料的转化率。然而由于副反应速率也随温度的升高而加快，致使选择性下降，且温度越高选择性下降得越快。一般，在温度较低时，随温度的升高，转化率上升，单程收率也呈现上升趋势，若温度过高，会因为选择性下降导致单程收率也下降。因此，升温对提高反应效果有好处，但不宜升得太高，否则反应效果反而变差，而且选择性的下降还会使原料消耗量增加。

此外，适宜温度的选择还必须考虑设备材质等因素的约束。如果反应吸热，提高温度对热力学和动力学都是有利的。出于工艺上的要求，有的为了防止或减缓副反应，有的为了提高设备生产强度，希望反应在高温下进行，此时，必须考虑材质承受能力，在材质的约束下选择。

二、压力（pressure）

压力的选择应根据催化剂的性能要求，以及化学平衡和化学反应速率随压力变化的规律来确定。在选择系统压力时，要立足于系统，不能仅考虑一个反应过程，而要考虑全部反应过程；还要考虑净化、分离过程，当两者发生矛盾时，应以系统最优（投资、成本、单耗、效益等）决定弃取。还要考虑物料体系有无爆炸危险，确保生产安全进行。

对于气相反应，增加压力可以缩小气体混合物的体积，从化学平衡角度看，对分子数减少的反应是有利的。对于一定的原料处理量，意味着反应设备和管道的容积都可以缩小；对于确定的生产装置来说，则意味着可以加大处理量，即提高设备的生产能力，这对于强化生产是有利的。但随着反应压力的提高，一是对设备的材质和耐压强度要求高，设备造价和投资自然要增加；二是需要设置压缩机对反应气体加压，能量消耗增加很多。此外，压力提高后，对有爆炸危险的原料气体，其爆炸极限范围将会扩大。因此，安全条件要求就更高。

三、原料配比（raw material proportioning）

原料配比是指化学反应有两种以上的原料时，原料的物质的量（或质量）之比，一般多用原料摩尔配比表示。原料配比应根据反应物的性能、反应的热力学和动力学特征、催化剂性能、反应效果及经济核算等综合分析后予以确定。

原料配比对反应的影响与反应本身的特点有关。如果按化学反应方程式的化学计量关系进行配比，在反应过程中原料的比例基本保持不变，是比较理想的。但根据反应的具体要求，还应结合下述情况分析确定。

从化学平衡的角度看，两种以上的原料中，任意提高任一种反应物的浓度（比例），均可达到提高另一种反应物转化率的目的。从反应速率的角度分析，若其中一种反应物的浓度指数为0，则反应速率与该反应物的浓度无关，不必采用过量的配比；若某反应物浓度的指数大于0，则说明反应速率随该反应物的浓度的增加而加快，可以考虑过量配比。

在提高某种原料配比时，还应注意到该种原料的转化率会下降。由于化学反应严格按反应式的化学计量比例进行，因而过量的原料随反应进行程度的加深，其过量的倍数就越大。这就要求在产物分离后，实现该种物料的循环使用，以提高其总转化率与生产的经济性，即须经过对比试验，从反应效果和经济效果综合权衡来确定。

如果两种以上的原料混合物属爆炸性混合物，则首要考虑的问题是其配比应在爆炸范围之外，以保证生产的安全进行。

四、停留时间（retention period）

对于一个具体的化学反应，适宜的停留时间应根据达到适当的转化率（或选择性等）所需的时间以及催化剂的性能来确定。

停留时间也称接触时间，是指原料在反应区或在催化剂层的停留时间。对于气-固相催化反应过程，空间速度一般是指在单位时间内，单位体积（或质量）催化剂上所通过的原料气体（相当于标准状态）的体积流量，简称空速。停留时间与空速有密切的关系，空速越大，停留时间越短；空速越小，停留时间越长，但不是简单的反比关系。

从化学平衡看，停留时间越长（空速越小），反应越接近于平衡，单程转化率越高，循环原料量可减少，能量消耗也降低。但停留时间过长，副反应发生的可能性就增大，催化剂的中毒系数增大，催化剂的寿命缩短，反应选择性也随之下降；同时，单位时间内通过的原料气量减少，便会大大降低设备的生产能力。故生产中应根据实际情况选择适当的停留时间。

第四节　化工生产工艺控制
Control Technological of Chemistry Product

化工生产过程中，由于大多数物料在液体或气体状态下连续地于密闭的管道和设备内进行着各种变化，不仅发生化学反应，而且还伴随着物理变化，这些变化只有借助自动化手段，才能进行检测和调节，保证生产过程的正常进行。又因为化工生产过程高温、高压、易爆、易燃，有毒，具有腐蚀性、刺激性，为了确保安全生产，改善劳动条件，也必须实现自动化控制。

下面主要介绍温度、压力及流量等工艺参数在化工生产中实现自动化控制的方法。

一、温度（temperature）

温度是化工生产中既普遍而又重要的操作参数。在许多反应过程中，温度的测量与控制是保证反应过程稳定与安全进行的重要手段。在实际生产中通常通过测温传感器与温度指示调节仪一起来实现自动控温。温度自动控制框图如图4-2所示。测温传感器（如热电偶等）将测得的温度转变成电动势信号，再经温度变送器变送放大后输出标准化的毫安级电流，变送器输出的信号进入比较机构，与设定温度信号进行比较，然后温度调节器根据偏差的大小，发出调节信号送到调节阀对反应体系的温度进行调节。

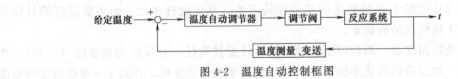

图 4-2　温度自动控制框图

二、压力（pressure）

压力既是生产过程中的重要参数，又是安全生产控制的关键。在一定的温度下，设备的安全受压力制约，超过安全压力范围会造成危险事故。为了实现压力的远距离测量和控制，首先由测压仪表（如压力计）将压力的变化转换成电阻、电感或电势等的变化，这些非标准电信号首先经压力变送器变送放大后输出标准化的电信号，然后进入比较机构，与设定压力信号进行比较，压力自动调节器根据压力偏差信号的大小，发出调节信号送到调节阀对反应体系进行压力的调节。压力自动控制框图如图 4-3 所示。

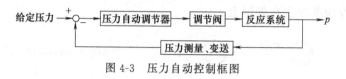

图 4-3　压力自动控制框图

三、流量（flow）

流量是判断生产状况和衡量生产设备运行效率的重要参数之一。流量的检测是通过流量传感器来实现的。流量传感器通过将流体瞬时流量转换成压力差，再将这种压力差传向差压变送器即可显示流量，并产生标准的电动信号或者标准的气动信号，再进入比较机构，与设定流量信号进行比较，流量调节器根据偏差信号的大小，发出调节信号送到调节阀对流量进行调节。流量自动控制框图如图 4-4 所示。

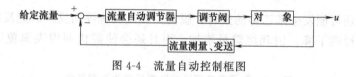

图 4-4　流量自动控制框图

第五节　工艺条件的选择与控制实例
Select and Control Examples of Technological Conditions

一、乙苯催化脱氢制苯乙烯（preparing styrene from ethylbenzene by catalytic dehydrogenation）

苯乙烯是分子侧链上带有不饱和双键的一种简单芳烃，化学性质比较活泼，是合成高分子聚合物的一种重要单体，自身均聚可制得聚苯乙烯（PS）树脂，也能与其他不饱和化合物共聚得到多种有价值的共聚物。如苯乙烯与丁二烯、丙烯腈共聚用以生产 ABS 工程塑料；与丙烯腈共聚为 AS 树脂；与丁二烯共聚可生成胶乳（SBL）或合成橡胶（SBR）；与顺丁烯二酸酐、乙二醇以及邻苯二甲酸酐等共聚生成聚酯树脂等。此外，苯乙烯还广泛用于制药、涂料、纺织等行业。

苯乙烯工业化的生产方法主要是乙苯直接催化脱氢法。该法 1931 年由德国的法本公司开发并最早采用，苯乙烯生产的催化剂采用三组分（ZnO、Al_2O_3、CaO）系统，目前一般采用含有 Cr_2O_3 的氧化铁催化剂，并以钾的化合物（KOH 或 K_2CO_3）作助催化剂。

由于乙苯脱氢是一强吸热反应，需要较高的温度供热。根据供热方式的不同，目前主要有两种不同的苯乙烯生产工艺：一是用可燃气体对反应器间接供热的巴斯夫法；一是将过热蒸汽直接加入反应混合物中直接供热的陶氏法。

1. 基本原理

乙苯脱氢生成苯乙烯的反应如下：

$$\text{C}_6\text{H}_5\text{—C}_2\text{H}_5 \longrightarrow \text{C}_6\text{H}_5\text{—CH=CH}_2 + \text{H}_2 \qquad \Delta H^{\ominus} = 117.8 \text{kJ/mol}$$

在生成苯乙烯的同时可能发生的副反应主要是裂解反应和加氢裂解反应，由于苯环比较稳定，因此裂解反应都发生在侧链上。

$$\text{C}_6\text{H}_5\text{—C}_2\text{H}_5 \longrightarrow \text{C}_6\text{H}_6 + \text{C}_2\text{H}_4 \qquad \Delta H^{\ominus} = 105 \text{kJ/mol}$$

$$\text{C}_6\text{H}_5\text{—C}_2\text{H}_5 + \text{H}_2 \longrightarrow \text{C}_6\text{H}_5\text{—CH}_3 + \text{CH}_4 \qquad \Delta H^{\ominus} = -54.4 \text{kJ/mol}$$

$$\text{C}_6\text{H}_5\text{—C}_2\text{H}_5 + \text{H}_2 \longrightarrow \text{C}_6\text{H}_6 + \text{C}_2\text{H}_6 \qquad \Delta H^{\ominus} = -31.5 \text{kJ/mol}$$

在水蒸气存在下，还可能发生如下反应：

$$\text{C}_6\text{H}_5\text{—C}_2\text{H}_5 + 2\text{H}_2\text{O} \longrightarrow \text{C}_6\text{H}_5\text{—CH}_3 + \text{CO}_2 + 3\text{H}_2$$

与此同时，还可能发生苯乙烯的聚合、脱氢及加氢裂解等副反应。副反应的发生，不但会使苯乙烯的选择性下降，消耗原料量增加，而且还会使催化剂因表面覆盖聚合物而活性下降。

表 4-1　不同温度下乙苯脱氢反应的平衡常数

T/K	700	800	900	1000	1100
K_p	3.30×10^{-2}	4.71×10^{-2}	3.75×10^{-1}	2.00	7.87

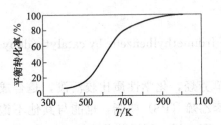

图 4-5　乙苯脱氢反应平衡转化率（摩尔分数）与温度的关系

乙苯脱氢反应是一个可逆吸热反应。由表 4-1 和图 4-5 可见，乙苯脱氢反应的平衡常数在温度较低时很小，且它们随温度的升高而增大。

从热力学分析可知，乙苯脱氢反应要达到较高的平衡转化率，必须在高温下进行，但这样会给脱氢催化剂的选择、供热及设备材质的选择等带来许多困难，故必须同时改变其他因素，使脱氢反应能在不太高的温度下达到较高的平衡转化率。

同时，由于该反应是分子数增加的反应，即 $\Delta n > 0$，所以降低压力，可以使反应的平衡转化率提高。表 4-2 列出了压力对乙苯脱氢反应平衡转化率的影响。

表 4-2　压力对乙苯脱氢反应平衡转化率的影响

$p = 101.3 \text{kPa}$	T/K	465	565	620	675	780
	平衡转化率/%	10	30	50	70	90
$p = 10.1 \text{kPa}$	T/K	390	455	505	565	630
	平衡转化率/%	10	30	50	70	90

　　从表 4-2 中数据可以看出，当压力从 101.3kPa 降低到 10.1kPa，达到相同的平衡转化率，所需的脱氢温度可降低 100℃ 左右；而在相同的温度条件下，由于压力从 101.3kPa 降低到 10.1kPa，平衡转化率则可提高约 20%～40%。虽然脱氢反应在减压条件下操作，可在较低的温度下获得较高的平衡转化率，但工业上在高温下进行减压操作是不安全的，因此必须采取其他安全措施，通常是用惰性气体作稀释剂以降低乙苯的分压。

　　从热力学分析可知，高温对裂解反应比脱氢反应更有利，因此，乙苯在高温下进行脱氢时，主要产物为苯，要使脱氢反应顺利进行，必须采用高活性、高选择性的催化剂。在工业生产上，常用的脱氢催化剂主要有两类：一类是以氧化铁为主体的催化剂，如 Fe_2O_3—Cr_2O_3—KOH 或 Fe_2O_3—Cr_2O_3—K_2CO_3 等；另一类是以氧化锌为主体的催化剂，如 ZnO—Al_2O_3—CaO，ZnO-Al_2O_3—CaO-KOH—Cr_2O_3 或 ZnO-Al_2O_3—CaO-K_2SO_4 等。这两类催化剂均为多组分固体催化剂，能自行再生，从而有效地延长催化剂的使用周期。目前，各国采用氧化铁系催化剂最多。我国采用的氧化铁系催化剂组成为：Fe_2O_3 8%，$K_2Cr_2O_7$ 11.4%，K_2CO_3 6.2%，CaO 2.4%。若控制温度 550～580℃ 时，转化率为 38%～40%，收率可达 90%～92%，催化剂寿命可达 2 年以上。

2. 工艺条件的选择

　　(1) 反应温度　由于乙苯脱氢是体积增加的可逆吸热反应，温度升高有利于提高平衡转化率和加快反应速率，但也有利于活化能更高的裂解和加氢等副反应。虽然转化率提高，但反应的选择性却会随之下降。另外，温度过高，不仅苯和甲苯等副产物增加，而且随生焦反应的增加，催化剂活性下降，再生周期缩短。工业生产上，一般适宜的温度为 600℃ 左右。

　　(2) 反应压力　由于脱氢反应是分子数增加的反应，因此降低压力有利于脱氢反应的平衡，但反应速率会减小。所以工业上采用水蒸气来稀释原料气以降低原料乙苯的分压，达到与减压操作相同的目的。总压则采用略高于常压以克服系统阻力，同时为了维持低压操作，应尽可能减小系统的阻力。

　　(3) 水蒸气用量　选用水蒸气作稀释剂的好处在于：①可以降低乙苯的分压，改善化学平衡，提高平衡转化率；②与催化剂表面沉积的焦炭反应，使之气化，起到清除焦炭的作用；③水蒸气的比热容量大，可以提供吸热反应所需的热量，使温度稳定控制；④水蒸气与反应物容易分离。

　　在一定温度下，随着水蒸气用量的增加，乙苯的转化率也随之提高。但增加到一定值之后，乙苯转化率的提高就不太明显，而且水蒸气用量过大，能量消耗也相应增加，产物分离时用来使水蒸气冷凝的冷却水耗量也很大，因此水蒸气与乙苯的比例应适当。用量比也与反应器的形式有关，一般绝热式反应器脱氢所需水蒸气量约比等温列管式反应器脱氢大 1 倍左右。

　　(4) 原料纯度　若原料气中有二乙苯，则会脱氢生成二乙烯基苯，在精制产品时容易聚合而堵塔。所以要求原料乙苯沸程应在 135～136.5℃ 之间，二乙苯含量应小于 0.04%。

　　(5) 空间速度　空间速度小，停留时间长，原料乙苯转化率可以提高，但同时因为连串副反应的增加，会使选择性下降，而且催化剂表面结焦的量也会增加，致使催化剂运转周期缩短；但若空速过大，又会降低转化率，导致产物收率太低，未转化原料的循环量大，分离、回收的能耗也上升。所以最佳空速范围应综合原料单耗、能量消耗及催化剂再生周期等因素选择确定。

3. 工艺控制方案

　　如图 4-6 所示。乙苯脱氢的化学反应是强吸热反应，因此要向反应系统连续供给大量热

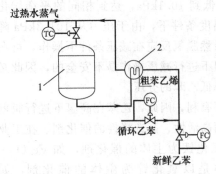

图 4-6 乙苯脱氢控制方案
1—脱氢反应器；2—换热器

量，以保证脱氢反应在高温条件下进行。根据供热的方式不同，乙苯脱氢工艺按反应器的型式可分为列管式等温反应器和绝热式反应器两种。由于绝热式反应器具有结构简单、制造费用低、生产能力大等优点，因此大规模的生产装置，都采用绝热式反应器。

循环乙苯和新鲜乙苯与部分水蒸气混合后，与高温的脱氢产物进行热交换被加热到 520～550℃，再与过热到 720℃的剩余水蒸气混合，大约在 650℃进入脱氢反应器。脱氢产物离开脱氢反应器的温度为 585℃左右，经换热器利用其热量后，再进一步冷却冷凝分离去水后，进入粗苯乙烯储槽。绝热反应器的操作压力为 138kPa 左右，水蒸气与乙苯的比例为 14∶1，乙苯液空速为 0.4～0.6h^{-1}。

从工艺条件分析可知，影响脱氢反应的主要因素是脱氢反应温度、压力、水蒸气用量及空间速度。其中影响反应温度的主要因素又是原料，原料的组成及流速不仅影响到反应的温度，而且影响到反应体系的压力，因此，要达到绝热式脱氢反应的最佳工艺参数，就必须稳定设置乙苯流量、稀释水蒸气流量和原料气及脱氢产物进出口温度四个基本调节回路。

由于脱氢反应是强吸热反应，因此，在绝热反应釜中反应温度是逐渐下降的。乙苯与水蒸气的比例及流速会给反应带来双重影响，所以对乙苯流量和水蒸气流量采用定值调节是必要的。这两个流量调节回路的稳定控制可以排除脱氢反应过程中的两个主要干扰因素。此时对脱氢反应的影响主要取决于反应区的温度。

二、二氧化硫催化氧化制三氧化硫（preparing sulfur trioxide from sulphur dioxide by catalysis oxidation）

硫酸是产量最大，用途最广的重要化工原料之一。它不仅用于某些磷肥、氮肥和其他多元复合肥的制造，而且在冶金工业、基本有机化工、国防、农药、制药、石油炼制等行业中均有广泛的应用。接触法生产硫酸是目前工业上最常用的方法。而二氧化硫催化氧化转化成三氧化硫则是接触法生产硫酸中的一个重要工序，也称为二氧化硫的转化。

1. 基本原理

二氧化硫的氧化反应是在催化剂的存在下进行的，它是一个可逆、放热、体积缩小的反应：

$$SO_2 + \frac{1}{2}O_2 \Longrightarrow SO_3 \qquad \Delta H_{298}^{\ominus} = -96.25kJ/mol$$

二氧化硫的氧化反应的不同温度下的热效应如表 4-3 所示。

表 4-3　二氧化硫氧化反应的热效应

$t/℃$	$-\Delta H/(kJ/mol)$	$t/℃$	$-\Delta H/(kJ/mol)$	$t/℃$	$-\Delta H/(kJ/mol)$
25	96.250	260	96.120	450	94.852
50	96.321	300	95.813	500	94.437
100	96.491	350	95.585	550	93.989
150	96.281	400	95.250	600	93.512
200	96.292				

不同温度下的二氧化硫转化反应的平衡常数 K_p，如表 4-4 所示。

表 4-4 二氧化硫转化反应的平衡常数

$t/℃$	K_p	$t/℃$	K_p	$t/℃$	K_p
400	442.9	475	81.25	575	13.70
410	345.5	500	49.78	600	9.375
425	241.4	525	61.48	625	6.57
450	137.4	550	20.49	650	4.68

从表 4-4 可见，平衡常数 K_p 随温度的升高而减小，平衡常数越大，二氧化硫的平衡转化率越高。因此，为保持较高的平衡常数，可采用较低的反应温度。

由于二氧化硫的氧化反应是体积缩小的反应，因此，增高系统的压力可以提高平衡转化率。

在没有催化剂存在时，转化反应速率极为缓慢，因此必须采用催化剂来加快反应速率。金属钒和一些金属氧化物均能用作二氧化硫氧化反应的催化剂，其中，以钒催化剂在工业上的应用最为广泛。钒催化剂是以五氧化二钒为主活性组分，以碱金属的硫酸盐作助催化剂，以硅胶、硅藻土、硫酸铝等作载体的多组分催化剂。它具有活性高、热稳定性好、机械强度高、抗毒性良好、价格便宜等优点。

2. 工艺条件的选择

(1) 原料气的组成　二氧化硫转化器入口原料气中 SO_2 含量指标，是制酸过程中一个非常重要的技术、经济及环保指标，它对转化工序设备的生产能力、催化剂的用量和制酸矿耗都有影响。实验测得原料气的组成与平衡转化率的关系如表 4-5 所示。

表 4-5 二氧化硫平衡转化率与原料气组成（体积分数）的关系（475℃和 $1.013×10^5$ Pa）

SO_2 平衡转化率/% 原料气组成	97.1	97.0	96.8	96.5	96.2	95.8	95.2	94.3	92.3
SO_2/%	2	3	4	5	6	7	8	9	10
O_2/%	18.14	16.75	15.28	13.86	12.43	11.00	9.58	8.15	6.72

从表 4-5 可见，原料气中 SO_2 含量越低，O_2 含量相应增加时，SO_2 平衡转化率越高。但原料气中的 SO_2 含量过低时，设备的生产能力将下降；较高时，容易造成催化剂层超温而失活。因此，应在转化器截面上流体阻力一定、最终转化率较高的前提下，用寻求达到最大生产能力的方法来确定 SO_2 的含量。工业生产上最常用的原料气组成为：SO_2 7%～8%，O_2 10.5%～11%，N_2 82%。

(2) 温度　由于二氧化硫的催化氧化是可逆放热反应，从热力学角度看，平衡转化率随温度的升高而降低，但从动力学观点看，反应速率常数随温度的升高而增大。从图 4-7 可以看出，当气体的初始组成、压力、催化剂一定时，在任何一个转化率下，都有一个反应速率的最大值，与此值相对应的温度称为最适宜温度，随着转化率的提高，最适宜温度则逐渐降低。

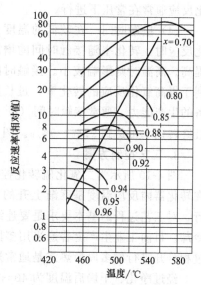

图 4-7　反应速率与温度的关系

当催化剂和进气组成一定时，在操作温度范围内，取一组温度值，由宏观动力学方程求

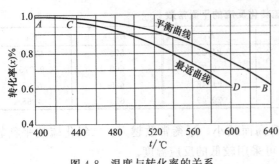

图 4-8　温度与转化率的关系

一定转化率下的相应反应速率，便可得到一组反应速率值，将结果标绘在图上，可得到一条等转化率曲线，与曲线最高点相对应的温度便是该转化率下的最佳温度 T_{op}。用此方法可以得到各转化率下的最佳温度，将 T_{op} 与其相对应的转化率标绘在图上，即得到最适温度曲线 CD（如图 4-8 所示），图中 AB 是平衡温度曲线。

（3）压力　当炉气原始组成为：$\omega(SO_2)=7\%$，$\omega(O_2)=11\%$，$\omega(N_2)=82\%$ 时，二氧化硫平衡转化率与压力、温度的关系如表 4-6 所示。

表 4-6　平衡转化率与压强、温度的关系

压强/MPa　平衡转化率/%　温度/℃	0.1	0.5	1.0	5.0
450	97.5	98.9	99.2	99.6
500	93.5	96.9	97.8	99.0
550	85.6	92.9	94.9	97.7

从表 4-6 可以看出，在高温条件下压力对反应的影响显著，低温时则压力对反应的影响不大。由于加压操作会带来一系列的问题，如需要设计特殊的反应设备和附属设备，从而增加投资和操作费用。实际生产中若采用活性较高的钒催化剂，反应温度接近 475℃时，二氧化硫的转化已相当完全。因此，转化反应通常在常压下进行。

（4）接触时间　在较低的温度下进行氧化反应时，转化率随接触时间的增加而不断提高。高温时则影响较小。接触时间过短不利于提高氧化反应的转化率，过长则降低设备的生产能力。通常接触时间（t）为 3～5s，

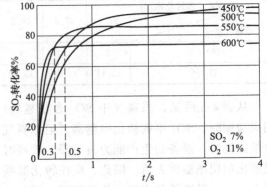

图 4-9　接触时间和转化率的关系

最终转化率可达到 97%～98%。图 4-8 表示了 SO_2 转化率与接触时间的关系。

3. 工艺控制方案

图 4-10 所示为二氧化硫转化控制方案。由于二氧化硫的氧化反应是强放热反应，因此，在转化器内反应温度是逐渐上升的。为了使二氧化硫的转化能在接近最佳温度条件下进行，对工艺过程的基本要求是要连续地从反应系统中除去反应热，即对混合反应气分段进行冷却。目前工业生产上普遍采用多段间接换热式和多段冷激式转化器，其中反应过程和降温过程分开进行的多段换热式是通常采用的形式。

经过净化、干燥后温度为 40～50℃ 的 SO_2 和空气混合气，由鼓风机送入外部换热器的壳程，而离开转化器的气体进入换热器的管程被冷却，原料气被加热到 230～240℃，然后

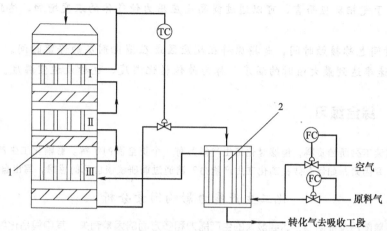

图 4-10　二氧化硫转化控制方案

1—转化器；2—外部换热器；Ⅰ—第一段换热器；Ⅱ—第二段换热器；Ⅲ—第三段换热器

依次进入中间换热器Ⅲ、Ⅱ、Ⅰ的壳程，被加热到 $430\sim450℃$ 进入第一段催化剂层，约有 70％左右的 SO_2 转化成 SO_3，温度升高到 $590℃$ 左右，经过换热器工的管程被冷却，再依次进入第二段、第三段及第四段催化剂层。最后 SO_2 的转化率可达到 98％以上，再通过换热器，被壳程气体冷却后送到吸收工段。

从前面的分析可知，影响二氧化硫氧化反应的因素有反应温度、原料气的组成和接触时间等。原料气的组成不同，最适宜的转化温度就不同。当原料气的组成一定时，温度则是影响二氧化硫转化反应的主要因素。因此，要达到转化反应的最佳工艺参数，必须对混合气体进行定值调节。

本 章 小 结

1. 任何化学反应过程都需要从化学平衡与反应速率两方面来综合考虑。

2. 通过对反应过程的动力学和热力学分析，不仅可以知道影响反应过程的因素及其规律，而且可以获得最适宜的生产工艺条件。

3. 从化学平衡的角度看，升温有利于提高吸热反应的平衡产率，降温则有利于提高放热反应的平衡产率。

4. 对物质的量（mol）增加的反应，降低压力可以提高平衡产率，对物质的量减少的反应，升高压力，产物的平衡产率增大；对分子数不变的反应，压力对平衡产率没有影响。

5. 温度对化学反应速率的影响也是很复杂的，反应速率随温度的升高而加快只是一般规律，而且有一定的范围限制。对于不可逆反应，产物生成速率总是随温度的升高而加快；对于可逆反应来说，正、逆反应速率常数都增大，因此反应的净速率变化就比较复杂。

6. 在化工生产中，使用催化剂的目的就是降低反应的活化能，加快主反应的速率，减少副反应的发生，从而使反应能定向进行，缓和反应条件，降低对设备的要求，提高设备的生产能力和降低产品的生产成本。

7. 反应物浓度愈高，反应速率愈快。一般在反应初期，反应物浓度高，反应速率快，随着反应的进行，反应物逐渐消耗，反应速率逐渐下降。

8. 一般说来，压力对液相和固相反应的平衡影响较小，所以压力对液相和固相反应的影响不大。对于气相反应而言，可以通过提高反应压力使气体的浓度增加，达到提高反应速率的目的。

9. 停留时间也称接触时间，是指原料在反应区或在催化剂层的停留时间。

10. 反应速率达到最大值时的温度，称为最佳转化温度，也称最适宜温度。

 **综合练习**

要求通过阅读下列所给资料，能够对化工生产能力有一个更全面的了解。影响化工生产能力的因素有哪些？哪些是主要因素？如何有效提高化工生产能力？请通过调研谈谈自己的感想，写出自己的体会。

化工生产能力影响因素分析

一套生产装置能否发挥潜力，达到最大的生产能力和多方面的因素有关，其中包括化学反应进行的状况、生产设备的因素，也包括人为的因素。

对某一个化工产品生产的过程而言，在主反应进行的同时，往往也伴随着副反应的发生，要实现最少的原料消耗得到更多的目的产品，就需要进行化工生产过程的优化控制。

对于连串反应：

$$A \longrightarrow R \longrightarrow Y$$

以中间产物 R 为目的产物的生产工艺称为连串反应工艺，Y 是产物 R 进一步反应生成的副产物，使消耗的原料 A 尽可能多地得到中间产物 R（目的产物）是连串反应工艺优化的基本目标。一般把 R 浓度的极大点作为连串反应工艺中的最佳点，对应的反应时间称为最佳反应时间。若将反应过程中因副反应造成的损失称为化学损失，则这种以 R 浓度最大为优化目标的最佳点称为化学上的最佳点。

在工业生产中，为了使原料 A 得到充分利用，反应器之后总有一个配套的分离回收系统，在分离回收过程中未反应的原料不可能无损失地全部回收，这种分离回收过程中的物料损失称为物理损失。化学损失和物理损失两项最小的最佳点称为工艺上的最佳点。

此外，当未反应的 A 在系统中的循环量增大时，分离设备体系也要增大，设备折旧费和能耗都要相应增加。因此，R 的总收率最大的最佳点不是成本最低的点。以目的产物 R 生成成本最低为优化目标称为设计中的最佳点。

以上三个最佳点分别以目的产物不同的标准为优化的目标，从经济角度上看，成本最低应是最终目标，而在已有装置中分析影响反应过程的基本因素时，以目的 R 总收率最大为优级化目标来寻求反应过程的最佳工艺条件就能符合工艺管理的要求。

影响反应过程能否达到工艺上最佳点的因素很多，如设备的结构、催化剂的性能和用量、反应过程的工艺参数以及原料纯度等。

设备的因素主要是关键设备的大小和设备的结构是否合理。每一台设备能否发挥比较好的效果，另一方面各个设备的生产能力能否匹配。

人为的因素主要指生产技术的组织管理水平和操作人员的操作水平。平稳的操作不仅指各种参数控制在适宜范围之内，而且指参数的变化小且缓慢，这样才能保证产品质量稳定，催化剂也才能发挥最好的效果。

复习思考题

1. 对化学反应进行热力学分析有何作用？在工业生产上有何意义？
2. 从热力学角度来看，温度、压力、反应物浓度对化学反应过程的影响各有什么特点？
3. 进行动力学分析的目的是什么？
4. 从动力学角度分析，应根据什么原则来选择温度、压力、空间速度和原料配比的最佳控制范围？
5. 热力学分析可行的化学过程，在动力学上是否一定可行？试举例说明。

6. 应如何确定最适宜反应温度？

7. 试从动力学角度分析温度对化学反应速率的影响规律。

8. 试简述温度、压力、流量等工艺参数在工业生产上实现自动控制的原理。

9. 乙苯脱氢最适宜温度应如何确定？

10. 水蒸气的用量对乙苯脱氢反应有何影响？

11. 试简述乙苯脱氢的工艺控制方案。

12. 二氧化硫催化氧化反应的条件应如何确定？如何实现其自动控制？

第五章 典型的化工生产过程选介
Describes the Representative Production Processes of Chemical Industry

 知识目标

理解单元反应的原理及工艺影响因素，掌握化工生产过程的概念及操作方式；烃类裂解、氧化、羰基化、聚合、离子交换、芳烃转化等单元反应过程的特点及工业应用。

 能力目标

能以工程的观念、经济的观点和市场的观念，选择合适的工艺生产方法。

 素质目标

通过对单元反应过程的举例，了解其各自的规律，从而提高对开发新产品及对现工艺过程技改的兴趣。

第一节　概　述
General Description

一、化工生产过程的概念（concept of chemical process）

化工生产过程简称为化工过程。化工过程主要是由化学处理的单元反应过程（如裂解、氧化、羰基化、氯化、聚合、硝化、磺化等）和物理加工的单元操作过程（如输送、加热、冷却、分离等）组成。也就是说，在化工生产中从原料到产品，物料需经过一系列物理的和化学的加工处理步骤。化工过程是以反应器为核心组织的。反应前物料需预处理，以满足主反应的工艺条件，反应后物料需通过分离、纯化等处理，以达到产品质量标准。

二、化工过程的操作方式（continuous and batch processes）

化工生产过程中，无论是化学单元过程中反应器的操作，还是化工单元操作，按其操作方式可分为间歇、连续和半间歇操作。按操作状况又可分为稳态操作和非稳态操作。

1. 间歇过程

将原料一次送入设备，经过一定时间，完成某一阶段的反应后，卸出成品或半成品，然后更换新原料，重新开始重复的操作步骤。这时设备的操作是间歇的，设备中各点物料性质将随时间而变化，在投料与出料之间，系统内外没有物料量的交换。间歇过程（batch process）属于非稳态操作。

间歇操作过程的特点是：生产过程比较简单，投资费用低；生产过程中变换操作工艺条件、开车、停车一般比较容易；生产灵活性比较大，产品的投产比较容易，适用于采用连续操作在技术上很难实现的反应。例如悬浮聚合，由于反应物的物理性质或反应条件，在工业上很难采用连续操作过程，即使实现了连续操作过程也不合算。在有固体存在的情况下，化工单元操作的连续化比较困难，如粉碎、过滤、干燥等以间歇操作过程居多。根据间歇操作过程的特点，一般对小批量、多品种的医药、染料、胶黏剂等精细化学品的生产，其合成和复配过程较为广泛地采用这种操作方式。有些化工产品在试制阶段，由于对工艺参数和产品质量规律的认识及操作控制方法还不够成熟，也常常采用间歇操作法来寻找适宜的工艺条件。大规模的生产过程采用间歇操作的较少。

酚醛树脂是最早的人工合成树脂，其用于胶黏剂行业由来已久，尤其是水溶性酚醛树脂大量用于木材加工中。而水溶性酚醛树脂的生产就是采用间歇法生产。常用的原料为苯酚、间苯二酚、间甲酚、二甲酚、对叔丁基酚或对苯基酚和甲醛、糠醛等。生产过程包括缩聚和脱水两步。按配方将原料投入反应器并混合均匀，加入催化剂，搅拌，加热至 $55\sim65\,℃$，反应放热使物料自动升温至沸腾。此后，继续加热保持微沸腾（$96\sim98\,℃$）至终点，经减压脱水后即可出料。如按表 5-1 的配方，生产工艺流程示意见图 5-1 所示

表 5-1 原料配方

原料	98％苯酚	37％甲醛	30％NaOH	95％酒精
用量(质量份)	100	127	6.9	50

2. 连续过程

连续操作过程的特点是：生产系统与外界有物料不断地交换，物料连续不断地流入系统，并以产品形式连续不断地离开系统，进入系统的原料量与从系统中取出的产品量相等，设备中各点物料性质将不随时间而变化。因此连续过程（continuous process）多为稳态操作，生产过程连续进行，设备利用率高，生产能力大，容易实现自动化操作，工艺参数稳定，产品质量得到较好的保证。但连续性生产过程的投资大，对操作人员的技术水平要求比较高。

例如，乙醛氧化法生产醋酸，在回收低沸物醋酸的操作过程中，从醋酸低沸物塔顶得到的醋酸低沸物中除主要成分 50％以上的醋酸外，还含有 5％～15％的乙醛和 5％～15％的醋酸甲酯、水分以及少量甲酸。工艺要求将乙醛和醋酸甲酯分离出来作为副产物，剩余的稀醋酸也要回收利用。对于生产能力比较大的醋酸生产装置，醋酸低沸物的回收量和副产的乙醛和醋酸甲酯量都比较大，可以形成一定规模的连续精馏分离装置。流程如图 5-2 所示。

分离装置由三个精馏塔组成。醋酸低沸物连续加入到乙醛塔，在此除掉乙醛后，釜液送

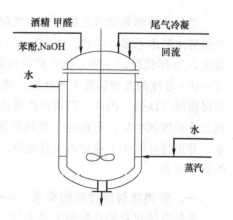

图 5-1 酚醛树脂生产反应釜示意图

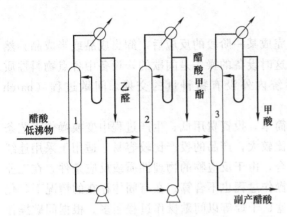

图 5-2 醋酸低沸物的连续分离

1—乙醛塔；2—醋酸甲酯塔；3—甲酸塔

入醋酸甲酯塔，除去醋酸甲酯后，釜液再送入甲酸塔除去甲酸，余下的釜液就是回收的副产醋酸。即从三个塔的塔顶分别得到回收乙醛、醋酸甲酯和甲酸。

连续操作过程适用于技术成熟的大规模工业生产。一般实现工业化生产的化工产品的大型生产装置，基本上都是使用连续操作法生产。

3. 半间歇操作（或称半连续操作）

操作过程一次投入原料，而连续不断地从系统取出产品；或连续不断地加入原料，而在操作一定时间后一次取出产品；另一种情况是一种物料分批加入，而另一种原料连续加入，根据工艺需要连续或间歇取出产物的生产过程。半间歇过程（semi-batch process）也属于非稳态操作，在分类时，也可将半间歇列入间歇过程。

如前所述，化工生产过程是以化学反应为核心，化学反应的单元过程繁多，本章仅介绍烃类裂解、氧化过程、羰基合成过程、聚合过程、芳烃转化过程、离子交换过程；对某一生产过程而言，操作方式的选择一般是根据生产规模的大小、产品性能及市场等因素，并结合各种操作方式的特点来进行。

第二节　烃类热裂解过程
Hydrocarbon Pyrolysis Process

烃类热裂解是获取乙烯的主要来源，最早是以油田气、炼厂气等气态烃为原料，用管式炉裂解法制取乙烯、丙烯。在 20 世纪 60 年代后，乙烯工业发展更为迅速，生产规模也愈来愈大，70 年代后，一些工业先进的国家陆续建成年产 30 万吨以上的乙烯生产装置，而 50 万～100 万吨的大型装置不乏其例，超过 100 万吨乙烯的超大型厂也已出现，例如美国壳牌公司鹿园（Deer　Park）厂年产乙烯达 131.5 万吨装置已投产。自从烃类热裂解制乙烯的大型工业装置诞生后，石油化工即从依附于石油炼制工业的从属地位，上升为独立的新兴工业，并迅速在化学工业中占主导地位。而乙烯的产量常作为衡量一个国家石油化工发展水平的重要标志。

一、烃类热裂解过程的概念（concept of hydrocarbon pyrolysis process）

凡是有机化合物在高温下分子链发生断裂的过程称为裂解。烃类热裂解过程是指石油系烃类原料（如天然气、炼厂气、轻油、煤油、柴油、重油等）在高温、隔绝空气的条件下发生分解反应而生成碳原子数较少、相对分子质量较低的烃类，以制取乙烯、丙烯、丁烯等低级不饱和烃，同时联产丁二烯、苯、甲苯、二甲苯等基本原料的化学过程。

如果单纯加热而不使用催化剂的裂解称热裂解；使用催化剂的热裂解称为催化热裂解；使用添加剂的裂解，因添加剂的不同，有水蒸气热裂解、加氢裂解等。在石油化学工业中使用最广泛的是水蒸气热裂解，一般的裂解或热裂解如不加说明，均指水蒸气热裂解。

二、烃类热裂解过程的工业应用（industrial applications of hydrocarbon pyrolysis process）

由于烃类热裂解过程可获得乙烯、丙烯和丁二烯等低级烯烃分子，而且这些分子中具有双键，化学性质活泼，能与许多物质发生加成、共聚、偶联、自聚等反应，生成一系列重要的产物，所以以烃类热裂解过程是化学工业获取重要基本有机原料的主要手段。通过裂解过程获取的低级不饱和烃中，以乙烯最为重要，产量最大。乙烯是石油化学工业的龙头与核心，乙烯的产量已成为衡量一个国家石油化工发展水平的重要标志，因此，烃类热裂解过程在国民经济建设和发展中具有十分重要的地位和作用。

三、烃类热裂解过程的基本原理（fundamental principle of hydrocarbon pyrolysis process）

烃类热裂解反应过程十分复杂，即使是单一组分原料进行裂解，所得产物也很复杂，且随着裂解原料组成的复杂化、重质化，裂解反应的复杂性及产物的多样性难于简单描述。为了对这样一个复杂系统有一概括的认识，可将复杂的裂解反应归纳为一次反应和二次反应，如图 5-3 所示，凡箭头指向乙烯、丙烯的反应为一次反应（primary reaction），箭头背向乙烯、丙烯的反应为二次反应（secondary reaction）。

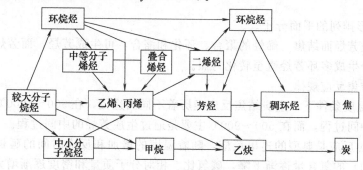

图 5-3　烃类热裂解过程反应示意图

一次反应，即由原料烃类经裂解生成乙烯和丙烯的反应。二次反应主要指一次反应生成的乙烯、丙烯等低级烯烃进一步发生反应，生成多种产物，甚至最后生成焦或炭。

在生产中希望发生一次反应，因为它能提高目的产物的收率，不希望发生二次反应，并应尽量抑制二次反应的生成，因为它降低目的产物的收率，而且由于生焦、结炭反应增加会导致堵塞设备发生事故。

1. 烃类热裂解的一次反应

各种裂解原料中主要有烷烃（paraffin），环烷烃（naphthenic hydrocarbon）和芳烃（aromatic hydrocarbon），在炼厂气的原料中还含有少量的烯烃。

（1）烷烃裂解的一次反应

① 脱氢反应　是 C—H 键的断裂反应，生成碳原子数相同的烯烃和氢。

$$C_nH_{2n+2} \Longleftrightarrow C_nH_{2n} + H_2 \tag{5-1}$$

脱氢反应是可逆反应，在一定条件下达到动态平衡。

② 断链反应　是 C—C 键断裂的反应，产物分子中碳原子数减少。

$$C_{m+n}H_{2(m+n)+2} \longrightarrow C_mH_{2m} + C_nH_{2n+2} \qquad (5-2)$$

(2) 环烷烃热裂解　环烷烃热裂解时，主要发生断链和脱氢反应。

带侧链的环烷烃首先进行脱烷基反应，脱烷基反应一般在长侧链的中部开始断链一直进行到侧链为甲基或乙基，再进一步发生环烷烃脱氢生成芳烃的反应，环烷烃脱氢比开环生成烯烃容易。当裂解原料中环烷烃含量增加时，乙烯和丙烯收率会下降，丁二烯、芳烃收率则有所增加。

(3) 芳烃的热裂解　芳香烃的热稳定性很高，在一般的裂解温度下不易发生开环反应，但可发生两类反应：一类是烷基芳烃的侧链发生断裂生成苯、甲苯、二甲苯等反应和脱氢反应；另一类是在较剧烈的裂解条件下，芳烃发生脱氢缩合反应。

2. 烃类热裂解的二次反应

烃类热裂解的二次反应远比一次反应复杂。它是原料经一次反应生成的烯烃进一步裂解为焦和炭的反应。

(1) 烯烃经炔烃而生成炭　裂解过程中生成的目的产物乙烯，在 $900\sim1000℃$ 或更高的温度下经过乙炔中间阶段而生成炭。

$$CH_2=CH_2 \xrightarrow{-H} CH_2=\dot{C}H \xrightarrow{-H} CH \equiv CH \xrightarrow{-H} CH \equiv \dot{C} \xrightarrow{-H} \dot{C} \equiv \dot{C} \longrightarrow C_n$$

C_n 为六角形排列的平面分子。

(2) 烯烃经芳烃而结焦　烯烃的聚合、环化和缩合，可生成芳烃，而芳烃在裂解温度下很容易脱氢缩合生成多环芳烃直至转化为焦。

(3) 生炭结焦反应规律

① 在不同温度条件下，生炭结焦反应经历着不同的途径，在 $900\sim1000℃$ 以上主要是通过生成乙炔的中间过程，而在 $500\sim900℃$ 主要是通过生成芳烃的中间过程。

② 生炭结焦反应是典型的连串反应，随着温度的增加和反应时间的延长，不断释放出氢，残物（焦油）的氢含量逐渐下降，碳氢比、相对分子质量和密度逐渐增大。

③ 随着反应时间的延长，单环或环数不多的芳烃，转变为多环芳烃，进而转变为稠环芳烃，由液体焦油转变为固体沥青，再进一步可转变为焦炭。

3. 各种烃热裂解生成乙烯、丙烯的能力

不同烃类热裂解时生成乙烯、丙烯的能力一般有如下规律。

(1) 烷烃 (paraffin or alkane)　正构烷烃在各种烃中最有利于乙烯、丙烯的生成。烷烃的相对分子质量 (M_r) 愈小，其总产率愈高。异构烷烃的烯烃总产率低于同碳原子数的正构烷烃，但随着 M_r 的增大，这种差别减小。

(2) 烯烃 (olefin or alkene)　大分子烯烃裂解为乙烯和丙烯，烯烃能脱氢生成炔烃、二烯烃，进而生成芳烃。

(3) 环烷烃 (naphthenic hydrocarbon or cyclane)　在通常裂解条件下，环烷烃生成芳烃的反应优于生成单烯烃的反应。含环烷烃较多的原料，丁二烯、芳烃的收率较高，而乙烯的收率较低。

(4) 芳烃 (aromatic hydrocarbon or arene)　无烷基的芳烃基本上不易裂解为烯烃，有烷基的芳烃，主要是烷基发生断碳键和脱氢反应，而芳环不开环，可脱氢缩合为多环芳烃，从而有结焦的倾向。

各类烃的热裂解容易程度有如下顺序：

$$正烷烃＞异烷烃＞环烷烃(六碳环＞五碳环)＞芳烃$$

4. 烃类热裂解的反应速率

烃类裂解一次反应大都为一级反应。

$$-\frac{dc}{dt}=k_T c \tag{5-3}$$

式中　$-dc/dt$——反应物的消失速率，$mol/(l \cdot s)$；

　　　　c——反应物浓度，mol/l；

　　　　t——反应时间，s；

　　　　k_T——反应速率常数，s^{-1}。

当反应物浓度由 $c_0 \rightarrow c$，反应时间由 $0 \rightarrow t$ 时，式（5-3）积分后有：

$$\ln\frac{c_0}{c}=k_T t \tag{5-4}$$

以转化率 x 表示，因裂解反应是分子数增加的反应

$$c=\frac{c_0(1-x)}{\beta}$$

代入式（5-4）中得：

$$\ln\frac{\beta}{1-x}=k_T t \tag{5-5}$$

式中，β 为体积增大率，β 值是指烃类原料气经裂解后所得裂解气的体积与原料气体积之比。其值是随着转化率和反应条件而变化，一般由实验来确定。

已知反应速率常数 k_T 是随温度而变化的，即

$$\lg k_T=\lg A-\frac{E}{2.303RT} \tag{5-6}$$

因此，当 β 已知时，求取 k_T 后即可求出转化率 x。

四、烃类热裂解过程的工艺条件（technological conditions of hydrocarbon pyrolysis process）

影响裂解过程的工艺条件，主要有反应温度、烃分压、停留时间等

1. 温度

温度是影响烃类裂解结果的一个极其重要的因素。从热力学分析可知，裂解反应需要吸收大量的热，只有在高温下，裂解反应才能进行。烃类生炭反应的 $\Delta G^{\ominus}$ 具有很大的负值，在热力学上比一次反应占绝对优势，但裂解过程必须经过中间产物乙炔阶段。

$$C_2H_6 \overset{k_{p_1}}{\rightleftharpoons} C_2H_4+H_2$$

$$C_2H_4 \overset{k_{p_2}}{\rightleftharpoons} C_2H_2+H_2$$

$$C_2H_2 \overset{k_{p_3}}{\rightleftharpoons} 2C+H_2$$

表 5-2 是不同温度下乙烷分解生炭过程各反应的平衡常数。从表 5-2 可见，随着温度升高，乙烷脱氢和乙烯脱氢两个反应的平衡常数 K_{p_1} 和 K_{p_2} 都增大，其中 K_{p_2} 增得更大些。虽然 K_{p_3} 随着温度升高而减小，但其值仍很大。所以热力学分析结果是，高温有利于乙烷脱氢平衡，更有利于乙烯脱氢生成乙炔，过高的温度更有利于炭的生成。

表 5-2 乙烷分解生炭过程各反应的平衡常数

温度	K_{p_1}	K_{p_2}	K_{p_3}	温度	K_{p_1}	K_{p_2}	K_{p_3}
827	1.675	0.01495	6.556×10^7	1127	48.86	1.134	3.446×10^5
927	6.234	0.08053	8.662×10^6	1227	111.98	3.248	1.032×10^5
1027	18.89	0.3350	1.570×10^6				

对上述反应从动力学上分析，乙烷脱氢生成乙烯的活化能（6900J/mol）大于乙烯脱氢为乙炔的活化能（4000J/mol），故升高温度有利于 K_{p_1}/K_{p_2} 的提高，即有利于提高一次反应对二次反应的相对速率。究竟采用多高的裂解温度，有利于提高乙烯收率，减少焦和炭的生成。实验证明在采用高温裂解的同时，必须考虑相应的停留时间（residence time）。

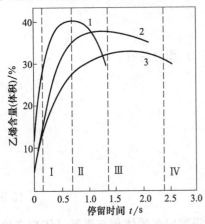

图 5-4 温度和停留时间对
乙烷裂解反应的影响
1—1116K；2—1089K；3—1055K

2. 停留时间

在裂解进程中，由于存在一次反应和二次反应的竞争，则每一种原料在某一特定温度下裂解时，都有一个得到最大乙烯收率的适宜停留时间。如图 5-4 所示，停留时间过长，乙烯收率下降。由于二次反应主要发生在转化率较高的裂解后期，缩短停留时间，可抑制二次反应的发生，增加乙烯收率。

目前工业上一般用表观停留时间或平均停留时间来计算烃类裂解过程中的停留时间。

① 表观停留时间 t_a

$$t_a = \frac{V_R}{V} = \frac{SL}{V} \tag{5-7}$$

式中 V_R、S、L——分别为反应器容积，裂解管截面积及管长；

V——气态反应物（包括惰性稀释剂）的实际容积流率，m^3/s。

② 平均停留时间 微元处理时

$$\int_0^t dt = \int_0^{V_R} \frac{dV_R}{\beta V_{原料}} \tag{5-8}$$

式中，β 为体积增大率，在微元处理时它是随转化深度、温度和压力而变的数值。近似计算时：

$$t = \frac{V_R}{\beta' V'_{原料}} \tag{5-9}$$

式中 $V'_{原料}$——原料气（包括惰性稀释剂）在平均反应温度和平均反应压力下的体积流量，m^3/s；

β'——最终体积增大率。

$$\beta' = \frac{最终反应物体积（标准态）}{原料气态的体积（标准态）} \tag{5-10}$$

从图 5-5 可知，裂解过程中的温度和时间是影响乙烯收率的两个关键因素。并且二者相互制约、相互影响，缺一不可。高温必须短停留时间，反之亦然。

3. 烃分压和稀释剂

从热力学分析，烃类裂解的一次反应大都是体积增大的反应，降低压力对一次反应平衡有利；而二次反应（聚合、脱氢、缩合等）都是分子数减少的反应，降低压力对其平衡不利，但可抑制结焦过程。

从动力学分析看，一次反应（多为一级反应）和二次反应的反应速率高于一级反应的反应速率。

$$r_{一次} = k_{一次反应} c \tag{5-11}$$

$$r_{聚合} = k_{聚合} c'_A \tag{5-12}$$

$$r_{缩合} = k_{缩合} c'_A \cdot c'_B \tag{5-13}$$

从上述情况可知，压力虽然不能改变反应速率常数 k，但可以通过影响反应物的浓度 c 而对反应速率 r 起作用。由于降低压力能使反应物浓度降低，而反应物浓度与反应速率成正比，故降低烃的分压对一次反应和二次反应均不利。由于反应级数的不同，改变压力（即改变反应物浓度）对反应速率的影响也不同，所以降低烃分压，有利于提高一次反应对二次反应的相对速率，也有利于提高乙烯的收率。因此，无论从热力学或动力学分析，降低烃分压对增加乙烯收率，抑制二次反应产物生成都是有利的。但由于高温裂解减压操作很不安全，工业上常采用加入稀释剂（thinner）来降低烃分压。一般常用加水蒸气的方法来达到降低烃分压的目的。

五、烃类热裂解工艺过程（technical process of hydrocarbon pyrolysis process）

1. 管式裂解炉

目前国外一些代表性的管式裂解炉（tube crackin furnace）有，美国鲁姆斯（Lummus）公司的 SRT（short residence time）型炉；美国斯通韦勃斯特的超选择性 USC 型炉；美国凯洛格（Kellogg）公司的 USRT 超短停留时间毫秒炉；日本三菱油化公司的倒梯台式炉等。尽管各家炉型各具特点，但其同样都为满足高温、短停留时间及低烃分压而设计的。国内大都采用鲁姆斯公司的 SRT 炉型和凯洛格公司的 USRT 炉型。SRT 型裂解炉如图 5-5 所示。其辐射段炉管排布形式如表 5-3 所示。

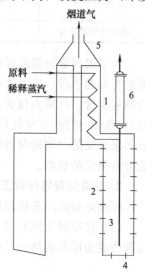

图 5-5　SRT 型裂解炉
结构示意图

1—对流室；2—辐射室；
3—炉管室；4—烧嘴；
5—烟囱；6—急冷锅炉。

表 5-3　SRT 型裂解炉辐射段炉管排布形式

项　目	SRT-Ⅰ	SRT-Ⅱ			SRT-Ⅲ		
炉管排列							
程数	8P	6P33			4P40		
管长/m	80～90	60.6			51.8		
管径/mm	75～133	64	96	152	64	89	146
		1程	2程	3～6程	1程	2程	3～6程
表观停留时间/s	0.6～0.7	0.47			0.38		

续表

项 目	SRT-Ⅳ SRT-Ⅴ		SRT-Ⅵ	
炉管排列				
程数	2程(16～2)		2程(8～2)	
管长/m	21.9		约21	
管径/mm	41.6	116	>50	>100
	1程	2程	1程	2程
表观停留时间/s	0.21～0.3		0.2～0.3	

为了提高裂解温度并缩短停留时间,改进辐射段炉管的排布形式、管径结构、炉管材质都是有效的手段。发展中相继出现了多程等管径、分支变管径、双程分支变管径等不同结构的辐射盘管。材质由过去采用主要成分为含镍20%、铬25%的HK-40合金钢(耐1050℃高温),至20世纪70年代以后改用含镍35%、铬25%的HP-40合金钢(耐1100℃高温),到近年来开发的"陶瓷裂解炉管"。这些改变使得停留时间缩短,传热强度、处理能力和生产能力有很大的提高。

2. 烃类热裂解过程工艺流程

烃类热裂解过程随原料不同,工艺流程(process flow)也有所不同。

(1) 轻质烃为原料的工艺过程 轻质烃裂解时,裂解产物中重质馏分较少。尤其是以乙烷和丙烷为原料裂解时,裂解气中的燃料油含量甚微。其工艺流程如图5-6所示。

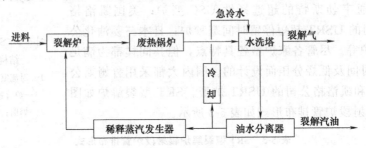

图5-6 轻质烃裂解工艺示意图

轻质烃原料裂解后,经废热锅炉回收热量,副产高压蒸汽,裂解气冷却至200～300℃进入水洗塔。在水洗塔中,塔顶用急冷水喷淋冷却裂解气至40℃左右,送至裂解气压缩机。塔釜大部分水与裂解汽油进入油水分离器,裂解汽油经汽油汽提塔汽提。分离出温度约80℃的水分,一部分经冷却送至水洗塔塔顶作为急冷水,另一部分则送稀释蒸汽发生器发生稀释蒸汽。急冷水除部分用冷却水冷却(或空冷)外,其余部分可用于分离系统工艺加热(如丙烯精馏塔再沸器加热),以回收低品位热能。

(2) 馏分油为原料的工艺过程 馏分油为原料裂解后所得裂解气中含有相当量的重质馏分,这些重质燃料油馏分与水混合后因乳化而难于进行油水分离,因此在冷却裂解气的过程中,应先将裂解气中的重质燃料油馏分分馏出来,然后将裂解气再进一步送至水洗塔冷却,其工艺流程如图5-7所示。

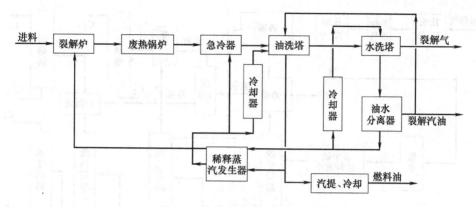

图 5-7 馏分油裂解工艺示意图

馏分油原料裂解后，高温裂解气经废热锅炉回收热量，再经急冷器用急冷油喷淋，降温至 220～300℃左右，冷却后的裂解气进入油洗塔（或称预分馏塔）。塔顶用裂解汽油喷淋，温度控制在 100～110℃之间，保证裂解气中的水分从塔顶带出油洗塔。塔釜温度则随裂解原料的不同而控制在不同的水平。石脑油裂解时，釜温大约 180～190℃，轻柴油裂解时则控制在 190～200℃。塔釜所得燃料油产品，一部分经汽提并冷却后作为裂解燃料油产品，另一部分（称为急冷油）送至稀释蒸汽系统作为稀释蒸汽的热源，回收裂解气的热量。经稀释蒸汽发生系统冷却的急冷油，大部分送至急冷器以喷淋高温裂解气，少部分急冷油进一步冷却后作为油洗塔中段回流。

油洗塔裂解气进入水洗塔，用急冷水喷淋，裂解气降温至 40℃左右送入裂解气压缩机。塔釜液温度约 80℃，经油水分离器，水相一部分（称为急冷水）经冷却后送入水洗塔作为塔顶喷淋，另一部分则送至稀释蒸汽发生器产生蒸汽供裂解炉使用。油相即裂解气油馏分，部分送至油洗塔作为塔顶喷淋，另一部分则作为产品采出。

3. 裂解气的分离过程

经热裂解过程处理后的裂解气（pyrolysis gas），是含有氢和各种烃类（已脱除大部分 C_5 以上液态烃）的复杂混合物，此外裂解气中还含有少量硫化氢、二氧化碳、乙炔、乙烯、丙烯和水蒸气等杂质。裂解气分离的目的是除去裂解气中有害杂质，分离出单一烯烃或其他烃类馏分，为基本有机化学工业和高分子化学工业等提供原料。目前国内外大型裂解气分离装置广泛采用深冷分离法。

深冷分离（cryogenic separation process）原理是利用气体中各组分的熔点差异，在 −100℃以下将除氢和甲烷外的其余的烃全部冷凝，然后在精馏塔内利用各组分的相对挥发度不同进行精馏分离，利用不同精馏塔，将各种烃逐个分离出来。其实质是冷凝精馏过程。

由于裂解气体组成复杂，对乙烯，丙烯等分离产品纯度要求高，所以要进行一系列的净化与分离过程。净化与分离过程的流程排列是可以变动的，可组成不同的分离流程。但各种不同分离流程均由气体的净化、压缩和冷冻、精馏分离三大系统组成，如图 5-8 所示。

图 5-8 中气体净化系统是为了脱除杂质，以排除对后操作的干扰和提纯产品，可称为产品精馏前的准备；压缩冷冻系统是为后续分离创造必要条件，是保证系统。精馏分离是获得合格单一产品的系统，是整个分离进程的核心。

4. 裂解气深冷分离流程

裂解气深冷分离流程（cryogenic separation process of pyrolysis gas）比较复杂，设备

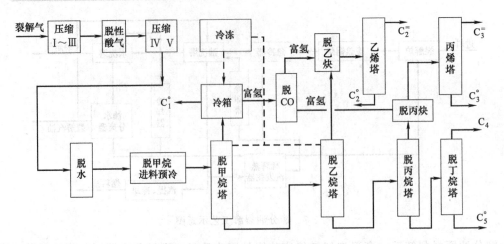

图 5-8　深冷分离流程示意图

多，水、电、汽的消耗量也比较大，一个生产流程的确定要考虑基建投资、能耗、运转周期、生产能力、产品质量、产品成本以及安全生产等多方面因素。

深冷分离流程共分三种，即顺序流程（甲烷、乙烷、丙烷流程，见图 5-9）、前脱乙烷流程（乙烷、甲烷、丙烷流程，见图 5-10）和前脱丙烷流程（丙烷、甲烷、乙烷流程，见图 5-11）。

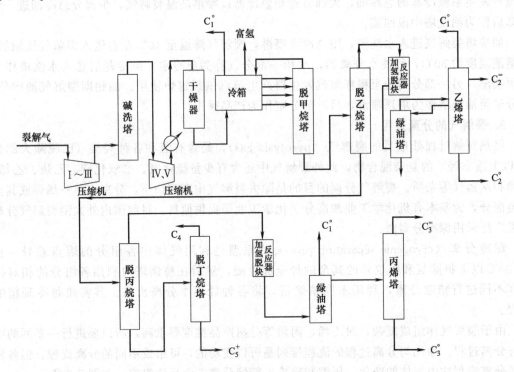

图 5-9　顺序流程示意图

顺序分离流程，是裂解气经过压缩、净化后，各组分按碳原子数的顺序从低到高依次分离。该流程技术成熟，运转周期长，稳定性好，对不同组成的裂解气适应性强。流程应用较广。

当要求进入深冷系统的物料量愈少愈好时，可采用前脱乙烷流程（图 5-10）。裂解气先

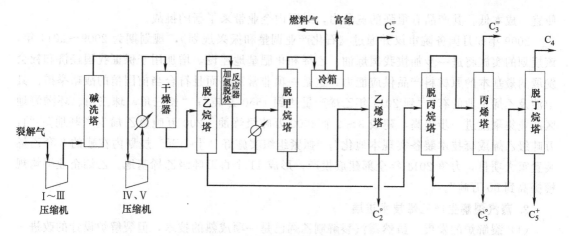

图 5-10　前脱乙烷流程示意图

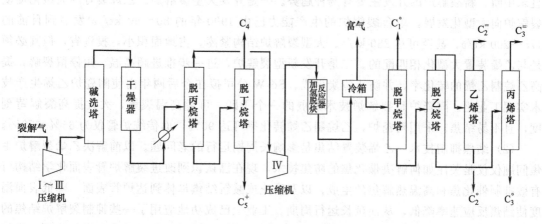

图 5-11　前脱丙烷流程示意图

经脱乙烷塔分离，釜液为 C_3 以上馏分，可不进深冷系统，在脱丙烷塔中从塔顶得到 C_3 馏分，送往丙烯精馏塔，在塔顶与塔底分别得到丙烯和丙烷。脱乙烷塔的塔顶为 CH_4、H_2、C_2 馏分进入深冷系统，在脱甲塔中塔顶得到 CH_4、H_2，塔底的 C_2 馏分再进入乙烯精馏塔，在该塔顶部得到乙烯，在底部得到乙烷。

若裂解气中含 C_4 以上的烃类较多，在过程中对下游管道、设备有不良影响，要求应及时清除，最好采用前脱丙烷流程（图 5-11）。在脱丙烷塔中从塔底得到 C_4 以上馏分，将易于聚合的丁二烯及早地分割出去。C_4 以上釜液在脱丁烷塔中分开，塔底得到裂解汽油，塔顶得到 C_4 产品，脱丙烷塔的顶部 C_3 以下的组分经压缩，按顺序流程分离。

六、乙烯工业的发展趋势（development tendency of ethylene industry）

1. 应对加剧的竞争环境

近年来，世界乙烯工业保持了较快的发展速度，世界石化工业的发展重心正在向亚洲和中东地区转移。中东将凭借廉价原料和低成本的显著优势，成为未来世界乙烯工业投资最集中的地区；亚太地区凭借巨大的市场优势、需求的快速增长，成为世界乙烯投资的另一热点地区。

2008 年我国乙烯产量 1025.6 万吨，预计 2015 年乙烯能力达到 1900 万～2100 万吨/年。届时，乙烯当量需求量为 3000 万～3300 万吨，满足率 63％～67％。根据预测，2010 年中东可能向我国出口聚乙烯 200 万吨、乙二醇 300 万吨、聚丙烯 100 万吨。由于当地原料非常便宜，成本低，其产品有很强的竞争力，对国内企业带来了新的挑战。

2009 年 5 月国务院审议并通过《石化产业调整和振兴规划》，规划期为 2009～2011 年，该规划的实施将进一步加快我国炼油、乙烯和化肥基地建设，增加用于保证我国经济和社会发展的最基本的原材料产品供应能力，这是一项非常重要而且符合当前国情的战略举措。其中涉及乙烯工业的有："到 2011 年乙烯产量达到 1550 万吨"；"长三角、珠三角、环渤海地区产业集聚度进一步提高，建成 3～4 个 2000 万吨级炼油、200 万吨级乙烯生产基地"；"百万吨级乙烯成套技术装备实现本地化"；"抓紧组织实施好'十一五'规划内在建的 8 套乙烯装置重大项目，力争 2011 年全部建成投产；形成 11 个百万吨级乙烯基地。乙烯企业平均规模提高到 60 万吨"。

2. 蒸汽裂解生产乙烯技术进展

（1）裂解炉的发展　虽然蒸汽裂解制乙烯已是一项成熟的技术，但裂解炉设计的改进一直未中断。新裂解炉的开发主要有两种趋势。一是开发大型裂解炉。乙烯装置的大型化促使裂解炉向大型化发展，单台裂解炉的生产能力已由 1990 年的 80～90 kt/a 发展到目前的 175～200 kt/a，甚至可达 280 kt/a。大型裂解炉结构紧凑，占地面积小，投资省，但其必须是与乙烯装置大型化相匹配的。二是开发新型裂解炉，进一步推进超高温、短停留裂解，提高乙烷制乙烯的转化率，并防止焦炭生成。S&W 公司拟在今后两年内使陶瓷炉乙烯生产技术实现工业化。陶瓷炉是裂解炉技术发展的一个飞跃，可超高温裂解，大大提高裂解苛刻度，且不易结焦。采用陶瓷炉，乙烷制乙烯转化率可达 90%，而传统炉管仅为 65%～70%。

（2）结焦抑制技术　乙烯装置结焦是影响长周期运行的老问题。以前解决乙烯裂解炉生焦问题仅仅是关注如何解决催化焦的防焦技术，现在已认识到改进裂解炉管表面化学结构可有效抑制催化焦和高温热解焦的生成，以及防止或减缓结焦母体到达炉管表面、降低表面温度使结焦反应速率降低，从而延长运行周期。工业上已成功地应用了一些抑制裂解炉结焦的新技术，包括在原料或蒸汽中加入抗结焦添加剂、对炉管壁进行临时或永久性的涂覆、增加强化传热单元和特殊结构炉管等。

（3）乙烯装置重大设备国产化　为了推进大型裂解炉的技术开发，加快研发进程，中石化集团公司与美国鲁姆斯公司合作开发了 2 种裂解炉型：一种是以中石化 CBL 裂解技术为基础的裂解炉（命名为 SL-Ⅰ型炉），另一种是以鲁姆斯公司 SRT-Ⅵ型炉技术为基础的裂解炉（命名为 SL-Ⅱ型炉）。采用 CBL 炉技术和基于 CBL 炉技术的 SL-Ⅰ型炉技术建成投产和已完成设计即将建设或正在设计的裂解炉共 52 台，总能力达 459.5 万吨/年。近年来，采用基于鲁姆斯技术的 SL-Ⅱ型炉技术，由中外双方技术人员共同完成工艺包，以我方人员为主完成基础设计和工程设计，已建成的和正建设的大型裂解炉共 32 台，分别应用于扬子石化、上海石化、齐鲁石化和茂名石化的第二轮乙烯厂改造及赛科、福建乙烯工程，总能力为 357.2 万吨/年。

中石化与机械制造企业紧密结合，联合进行乙烯重大设备技术攻关，获得了一批重大装备技术成果。近年来我国在乙烯改扩建工程中，乙烯"三机"国产化程度按台数统计达到 54%。此外，通过引进技术研制的大型乙烯低温冷箱，已在燕山石化、扬子石化、上海石化、齐鲁石化、茂名石化等乙烯装置的改造中得到应用。由于这些重大设备的国产化，使乙烯装置实施技术改造的设备国产化率按投资计达 70%。乙烯重大设备的国产化不但有效地降低了改造工程投资，而且提高了我国石化装备的制造水平，带动了石化装备制造业的发展。

第三节　氧化过程
Oxidation Process

氧化过程就是被氧化物质的原子失去电子，氧化剂获得电子的过程。有"夺取"电子倾向的物质叫氧化剂，最常见的氧化剂就是氧。生活中氧自由基（free radical）夺取电子的例子很多，如：铁钉生锈，切开的苹果变成褐色等。

一、氧化过程的概念（concept of oxidation process）

氧化过程是以氧化反应为核心，生产大宗化工原料和中间体的重要化工生产过程。反应产物最复杂的氧化过程是烃类的氧化，其分为完全氧化（complete oxidation）和部分氧化（partial oxidation，即选择性氧化）两大类。

1. 烃类的完全氧化

烃类化合物在氧气存在下进行反应，最终生成 CO_2 和 H_2O 的过程，称为完全氧化过程。完全氧化反应不仅消耗掉大量原料，得不到目的产物，而且过程中放出大量的热，使反应难以控制，给正常生产造成巨大的威胁，故应严格控制完全氧化反应的发生。

2. 烃类的部分氧化

烃类的部分氧化，即选择性氧化，是指烃类及其衍生物中少量氢和碳原子与氧化剂（通常是氧）发生反应，而其他氢和碳原子不与氧化剂反应的过程。烃类的氧化产物都是通过部分氧化得到的，如醛、醇、酮、酯、酸酐都是在催化剂存在下进行选择性氧化而生成的。

二、氧化过程在工业生产中的应用（industrial applications of oxidation process）

氧化过程在化学工业中具有极其重要的作用，在化工生产的众多领域有着广泛的应用。据统计，全球生产的 50% 以上的主要化学品与选择性氧化过程有关。烃类通过选择性氧化可生产出比原料价值更高的化学品。通过氧化过程，不仅能生产含氧化合物，如醇、醛、酮、酸、酸酐、环氧化物、过氧化物等，还可生产无氧化合物，如丁烯氧化脱氢制丁二烯、丙烷（烯）氨氧化制丙烯腈、乙烯氧氯化制二氯乙烷等，这些产品有的是重要的有机化工原料和中间体，有的是合成橡胶、树脂和塑料的单体，有的还是用途广泛的溶剂，因此氧化过程在化学工业中占有十分重要的地位。

例 1　邻二甲苯氧化制邻苯二甲酸酐　邻苯二甲酸酐是生产增塑剂、聚酯树脂、醇酸树脂及医药、染料的重要原料。

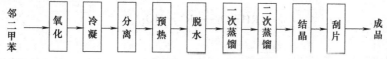

例 2　丙烯氨氧化制丙烯腈　丙烯腈是生产丙烯腈纤维、丁腈橡胶、ABS 塑料的单体。

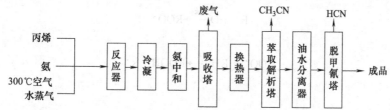

例 3　氨氧化制硝酸　硝酸是化学工业的重要的基础原料，广泛应用于无机化学工业和有机化学工业。

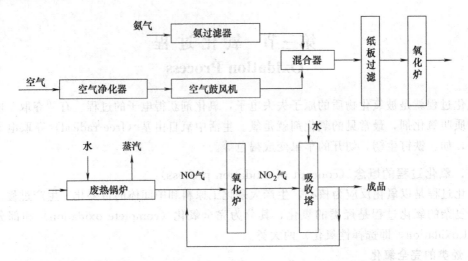

三、氧化过程的基本原理 （fundamental principle of oxidation process）

由于所用催化剂的类型和反应物系相态的不同，催化氧化过程分为均相催化氧化过程和非均相催化氧化过程。

1. 均相催化氧化过程

均相催化氧化过程（homogeneous catalytic oxidation process）以其高活性和高选择性备受人们的关注，大多是气液相氧化反应，其特点是：①反应物与催化剂同相，不存在固体表面上活性中心性质及分布不均匀的问题，作为活性中心的过渡金属，特定活性高、选择性好；②反应条件缓和，反应较平稳，易控制；③反应设备简单，容积较小，生产能力较高；④反应温度通常不太高，反应热利用率较低；⑤对腐蚀性较强的体系要采用特殊材质；⑥催化剂多为贵重金属，为降低成本必须回收利用。

均相催化氧化反应有多种类型，工业上常用催化自氧化和配位催化氧化两类反应。

（1）催化自氧化反应 自氧化反应是指具有自由基模式反应特征，能自动加速的氧化反应。常见的自氧化反应如表 5-4 所示。

① 自氧化反应机理 虽然烃类及其他有机化合物的自氧化反应是按自由基模式反应机理进行，已被大量科学实验所证实，但有些过程尚未完全弄清楚。下面以烃类的液相自氧化为例，简单介绍其三大基本步骤。

链的引发

$$RH + O_2 \xrightarrow{k_i} R\cdot + HO_2\cdot \tag{5-14}$$

链的传递

$$R\cdot + O_2 \xrightarrow{k_2} ROO\cdot \tag{5-15}$$

$$ROO\cdot + RH \xrightarrow{k_3} ROOH + R\cdot \tag{5-16}$$

链的终止

$$R\cdot + R\cdot \xrightarrow{k_t} R-R \tag{5-17}$$

其中，决定性的步骤是链的引发过程，也就是烃分子发生均裂反应转化为自由基的过程，需要很大的活化能。所需能量与碳原子的结构有关。

已知 C—H 键键能大小顺序为：叔 C—H＜仲 C—H＜伯 C—H。

故叔 C—H 键均裂的活化能最小，伯 C—H 键均裂的活化能最大。

表 5-4 常见的自氧化反应

原 料	主要产品	催 化 剂	反 应 条 件
乙醛	乙酸	乙酸锰	50～60℃,常压
乙醛	乙酸、乙酐	乙酸钴、乙酸锰	45℃左右,乙酸乙酯作溶剂
丙醛	丙酸	丙酸钴	100℃,0.7～0.8MPa
丁烷	乙酸、甲乙酮	乙酸钴或乙酸锰	160～180℃,5～6MPa,乙酸作溶剂
轻油	乙酸	丁酸钴或环烷酸钴	147～200℃,5MPa
环己烷	环己醇和环己酮	环烷酸钴	150～170℃,0.8～1.3MPa
环己烷	环己醇	偏硼酸	167～177 ℃
环己烷	己二酸	乙酸钴,引发剂甲乙酮	90～100℃,乙酸作溶剂
甲苯	苯甲酸	环烷酸钴	147～157℃,303kPa
对二甲苯	对苯二甲酸	乙酸钴和乙酸锰,溴化物作助催化剂	217℃,2～3MPa,乙酸作溶剂
		乙酸钴,乙醛、甲乙酮或三聚乙醛作助催化剂	120～130℃,0.3～3MPa,乙酸作溶剂
偏三甲苯	偏苯三酸	乙酸钴和乙酸锰,溴化物作助催化剂	200℃,2MPa,乙酸作溶剂
高级烷烃	高级脂肪酸	高锰酸钾	105～130℃
高级烷烃	高级脂肪醇	硼酸	150～190℃
乙苯	乙苯过氧化氢	环烷酸铜(哈康法制环氧丙烷)	135～150℃,0.07～0.14MPa
异丙苯	过氧化氢异丙苯(分解制苯酚、丙酮)	2,2,6,6-四甲基-1-哌啶酮	95～105℃,0.7MPa
对二异丙苯	对二异丙苯过氧化氢分解制对苯二酚、丙酮	—	80～100℃,0.1MPa
间或对甲基异丙苯	甲基异丙苯过氧化氢(分解制间或对甲酚)	—	110℃,0.1MPa
H_2,O_2(空气)	过氧化氢	Pd/Al_2O_3(氢化催化剂),烷基氢蒽醌(工作液)	40～50℃,0.15～0.3MPa

② 影响自氧化反应过程的因素

a. 溶剂　溶剂的选择非常重要，它不仅能改变反应条件，还会对反应历程产生一定的影响。如在对二甲苯氧化制对苯二甲酸时，常加入乙酸作溶剂，有利于自由基的形成，大大加快了氧化的反应速率，对苯二甲酸的选择性可达 95％以上。但必须注意溶剂效应是复杂多样的，它既可产生正效应促进反应，也可产生负效应阻碍反应的进行。

b. 杂质　常见的杂质有水、硫化物、酚类等。杂质的存在有可能使体系中的自由基失活，从而破坏了正常的链的引发和传递，导致反应速率显著下降甚至终止反应。杂质对自由基连锁反应的影响称为阻化作用，故杂质称为阻化剂。

c. 温度和氧分压 氧化反应伴随有大量的反应热，自氧化反应由于自由基链式反应的特点，保持体系的热平衡非常重要。一般当体系供氧能力足够时，反应由动力学控制，在维持合适选择性情况下，可采取较高反应温度。当氧质量分数较低时，反应由传质控制，此时可采取增大氧分压，促进氧传递来提高反应速率。若传质和动力学因素均有影响，则应综合考虑。

d. 氧化剂用量和空速 氧化剂用量的上限由排除的尾气中氧的爆炸极限确定，下限为反应所需的理论耗氧量，实际生产中，尾气中的氧含量控制在 $2\%\sim6\%$，以 $3\%\sim5\%$ 为佳。氧化剂的空速定义为空气或氧气的流量和反应器中液体体积之比，空速提高，有利于气液相接触，加快氧的吸收，对反应有利。但空速过高，气体在反应器中停留时间缩短，氧的吸收不完全，利用率低，尾气中氧含量过高，对安全和经济性都有影响。空速的大小受尾气含量约束。

（2）配位催化氧化反应 均相配位催化氧化与催化自氧化反应的机理不同，在配位催化氧化反应中，催化剂由中心金属离子与配位体构成。过渡金属离子与反应物形成配位键并使其活化，使反应物氧化而金属离子或配位体被还原，然后，还原态的催化剂再被分子氧氧化成初始状态，完成催化循环过程。而催化自氧化是通过金属离子的单电子转移引起链引发和氢化过氧化物的分解来实现氧化的过程。

典型的配位催化氧化反应是烯烃的液相氧化。在均相配位催化剂（$PdCl_2+CuCl_2$）的作用下，烯烃可氧化生成相同碳原子数目的羰基化合物，除乙烯氧化生成乙醛外，其他烯烃氧化均生成相应的酮，这种方法称为瓦克（Wacker）法。

羰基化是典型的 Wacker 法之一，已在工业生产上广泛应用。主要的羰基化反应有：

乙烯羰基化

$$CH_2=CH_2+CO+\frac{1}{2}O_2 \xrightarrow{PdCl_2-CuCl_2-LiCl-LiOAc, \ 乙酸} CH_2=CHCOOH$$

丁二烯羰基化

$$CH_2=CHCH=CH_2+2CO+2ROH+\frac{1}{2}O_2 \xrightarrow{PdCl_2-CuCl_2}$$

$$ROOCCH_2CH=CHCH_2COOR+H_2O$$

醇羰基化

$$2ROH+2CO+\frac{1}{2}O_2 \xrightarrow{PdCl_2-CuCl_2-HC(OEt)_3} ROOC-COOR+H_2O$$

芳烃羰基化

$$C_6H_6+CO+\frac{1}{2}O_2 \xrightarrow{PdCl_2-CuCl_2} C_6H_5COOH$$

2. 非均相催化氧化过程

非均相催化氧化过程（heterogeneous catalytic oxidation process）在化学工业中占有重要的地位。非均相催化氧化主要是指气态原料在固体催化剂存在下，以气态氧作为氧化剂生产相应产品的过程。

（1）非均相催化氧化反应的特点　非均相催化氧化反应与均相催化氧化反应相比主要有两大特点。

① 反应过程复杂　气态物料通过催化剂床层进行反应，过程要经历扩散、吸附、表面反应、脱附和扩散等五个步骤，因此，其影响因素较多，不仅与催化剂的组成和结构有关，也与温度、空速等外界工艺条件有关。

② 传热问题突出　非均相催化氧化系统中，有催化剂颗粒内传热、催化剂颗粒与气体间的传热，以及床层与管壁间传热，而催化剂载体又往往是导热性能欠佳的物质。若反应温度突然升高，将进一步加快氧化的速率，加剧烃类的完全燃烧。为保持温度尽可能稳定，通常用惰性固体将催化剂稀释，特别是控制反应器的进口处的催化剂活性。采用流化催化床，由于在反应器内是均相反应物和粉末催化剂紧密接触的混合物，具有有效控制反应温度和增大（表面/体积）比值的优点，对于催化氧化反应的研究和应用都是有利的。

（2）非均相催化氧化的化学过程　在多相氧化催化剂上的化学过程包括反应物与氧在催化剂上化学吸附、吸附的物种之间反应、转化为产物和产物自表面脱附等步骤。在排除了表面物理过程，如内孔的缓慢扩散和表面过热等不希望的效应之后，表面化学过程则是决定催化反应速率和方向的主要因素。

烃的多相催化氧化反应很多都是从断裂 C—H 键来打开缺口，而且 C—H 键的断裂常常是反应的速率控制步骤。因此由各种键的离解能可以判断相应烃的裂解能。从表 5-5 的数据可以看出，烯丙基和苄基[❶]的 C—H 键最弱，应该最易断裂。在可能断裂键的情况下，吸附烃基的稳定程度也会反应在活化能上。这就和吸附基的精微结构及催化剂的性质相关。

表 5-5　0K 时键的离解能

键	离解能/(kJ/mol)	键	离解能/(kJ/mol)
H—H	431	CH_2=CH—H	440
CH_3—H	427	C_6H_5—H	431
n-C_3H_7—H	414	CH_2=CH—CH_2—H	322
i-C_3H_7—H	393	C_6H_5—CH_2—H	322
t-C_4H_9—H	377		

非均相催化氧化过程，烃类原料主要是烯烃和芳烃，也有用醇为原料。以烯烃和芳烃为原料制得的氧化产品，占总氧化产品的 80% 以上。

烯烃由于在碳链中含有 π 键，对分子的电子结构有较大扰动，结果导致乙烯基 C—H 键的增强（键强度约 418.6kJ）和烯丙基 C—H 的削弱（约 314～335kJ），表 5-5 中数据已表明烯丙基的 C—H 键比其他 C—H 要弱 63～84kJ。这是由于烯丙基 C—H 键裂解生成的是较稳定的共轭自由基（ $\diagdown$ C=C—C· ），故在催化剂作用下，烯烃将优先离解烯丙基的键。这是烯烃所以能有一系列成功的选择氧化反应的一个重要基础，称为烯丙基型氧化。如丙烯醛、丙烯酸、丙烯腈等都是目前工业通过烯丙基型氧化得到的重要产品。烯烃另一个选择氧化的方向是在烯键上气相加成氧，即在银催化剂上乙烯氧化为环氧乙烷。而丙烯以上烯烃不

---

❶　苄基（phenmethyl）：联接苯核的侧链基团 〈 〉—CH_2—。

能直接进行环氧化反应。

芳烃和烷基芳烃的多相选择氧化方向类似烯烃。苯核是一个大 π 键体系,对氧化作用比较不活泼,所以烷基芳烃的氧化比起烯烃来更有选择性。因为苄基 C—H 键比较弱,而离解生成的是苄基自由基(），具有共轭稳定性,因而烷基芳烃的氧化集中地在侧链的 α-碳上发生。

芳烃开环氧化成酐。

非均相催化氧化反应除主要应用在烃类的催化氧化外,在无机化学工业也有应用,如硫酸生产过程中,二氧化硫氧化为三氧化硫,是在钒系催化剂存在下进行的气固非均相催化氧化反应,反应机理步骤与烃类非均相催化氧化反应基本相似。硝酸生产过程中的氨氧反应也是如此。

四、乙烯催化氧化制环氧乙烷过程 (ethylene catalytic oxidation to ethylene oxide)

在催化剂存在下,乙烯与气态氧作用生成环氧乙烷。是典型的非均相催化氧化反应过程。

1. 反应原理

乙烯氧化过程按氧化程度可分为选择氧化(部分氧化)和深度氧化(完全氧化)两种情况。乙烯分子中的碳碳双键(C=C ）具有突出的反应活性,在一定的氧化条件下可实现碳碳双键的选择氧化而生成环氧乙烷。但在通常的氧化条件下,乙烯的分子骨架很容易被破坏,发生深度氧化而生成二氧化碳和水。实践证明使用一般氧化催化剂,乙烯均被氧化成二氧化碳和水,只有银催化剂例外,故目前工业上乙烯环氧化制环氧乙烷的催化剂均为银。

乙烯和氧(空气或纯氧)在银催化剂上催化氧化合成环氧乙烷,同时副产 CO_2、H_2O 及少量甲醛和乙醛。

主反应
$$CH_2=CH_2 + \frac{1}{2}O_2 \longrightarrow CH_2-CH_2 \atop O \qquad\qquad (5\text{-}18)$$

反应在 250℃ 时 $\Delta H = -105kJ/mol$

平行副反应

$$CH_2\!\!=\!\!CH_2+3O_2\longrightarrow 2CO_2+2H_2O \tag{5-19}$$

反应产物中主要是环氧乙烷，二氧化碳和水，而甲醛量小于 1％，乙醛量则更少，反应式（5-19）所示反应是主要副反应，它是一个强放热反应，在 250℃时，每反应掉 1mol 乙烯，需放出 1322kJ 的热量。如果反应温度过高或其他条件影响则生成的环氧乙烷会深度氧化而生成二氧化碳和水。这是一个更强的放热反应。每反应掉 1mol 环氧乙烷，放出 1316kJ 的热量，可以看出其放出的热量是主反应的十几倍。因此，必须制备合适的催化剂和严格控制工艺条件，以防副反应增加而发生"飞温"（temperature runaway）。

2. 工艺条件

影响乙烯环氧化过程的主要因素为温度、压力、空速、原料气纯度及配比。

（1）温度　完全氧化平行副反应是影响乙烯环氧化选择性的主要因素。动力学研究结果表明环氧乙烷反应的活化能小于完全氧化反应的活化能，故反应温度增高，这两个反应的反应速率的增长速率是不同的，完全氧化副反应的速度增长更快，因此选择性随温度升高而下降。当反应温度在 100℃时，产物中几乎全部是环氧乙烷，选择性接近 100％，但反应速率甚慢，转化率很小，没有现实意义。随着温度增加，反应速率加快，转化率增加，选择性下降，放出的热量也愈大，所以必须考虑移出反应热的措施。适宜的反应温度与催化剂活性有关，权衡转化率和选择性之间的关系，工业上反应温度一般控制在 220～260℃。

（2）压力　乙烯直接氧化的主副反应在热力学上都不可逆，因此压力对主副反应的平衡和选择性无显著影响。但加压可提高反应器的生产能力，且也有利于从反应气体产物中回收环氧乙烷，故工业上大多是采用加压氧化法。但压力高，所需设备耐压程度高，投资费用增加，催化剂也易损坏。目前工业上采用的操作压力为 2MPa 左右。

（3）空间速度　空间速度的大小不仅影响转化率和选择性，也影响催化剂空时收率和单位时间的放热量，故必须全面衡量，目前工业上采用的混合气空速一般为 7000h⁻¹ 左右，也有更高的。单程转化的控制与所用氧化剂有关，当用空气作氧化剂时，单程转化率控制在 30％～50％，选择性达 70％左右，若用纯氧作氧化剂，转化率控制在 12％～15％，选择性可达 83％～84％。

（4）原料纯度及配比

① 原料气的纯度。原料气中的杂质对氧化过程带来的不利影响主要有：一是催化剂中毒，例如，硫化物等能使银催化剂永久性中毒，乙炔能与银形成乙炔银，受热会发生爆炸性分解；二是选择性下降，例如，原料气中带有铁离子，会加速环氧乙烷异构化为乙醛的副反应，从而使选择性下降；三是反应热效应增大，例如，H_2、C_3 以上烷烃和烯烃由于它们都能发生完全氧化反应而放出大量热量使过程难控制；四是影响爆炸极限（explosive limits），例如，氩的存在会使氧的爆炸极限（质量分数）降低而增加爆炸危险性，氢也有相同效应。故原料气中上述各类有害杂质的含量必须严格控制。在原料乙烯中要求乙炔$<5\times10^{-6}$g/L、C_3 以上烃$<1\times10^{-5}$g/L、硫化物$<1\times10^{-6}$g/L、氢气$<5\times10^{-6}$g/L、氯化物$<1\times10^{-6}$g/L。

② 原料配比。由于所用氧化剂不同，对进反应器混合气体的组成要求也不同。用空气作氧化剂时，空气中有大量惰性气体氮存在，乙烯的质量分数以 5％左右为宜，氧的质量分数为 6％左右。当以纯氧为氧化剂时为使反应不致太剧烈，仍需采用稀释剂，一般是以氮作为稀释剂，进反应器的混合气中，乙烯的质量分数 20％～30％，氧的质量分数 7％～8％。二氧化碳对环氧化反应有抑制作用，但含量适当对提高反应的选择性有好处，且可提高氧的爆炸极限（质量分数），故在循环气中允许含有 9％以下的二氧化碳。循环气中如含有环氧

乙烷对反应也有抑制作用，并会造成氧化损失，故在循环气中的环氧乙烷应尽可能除去。

3. 工艺流程

乙烯的直接氧化过程可用空气或氧气作为氧化剂。用空气进行氧化时，需要两个反应器，才能使乙烯获得最大利用率。用氧气进行氧化，则反应可一步完成，就只需要一个反应器。空气氧化法的工艺流程示意图，如图 5-12 所示。

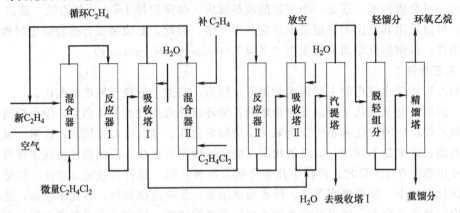

图 5-12　乙烯直接氧化制环氧乙烷流程示意图

自高空吸入的空气，经压缩机加压，再经碱洗塔及水洗塔进行净化，除去氯、硫等杂质，防止银催化剂中毒，然后按一定流量进入混合器。

纯度 98% 以上的乙烯与循环乙烯混合，经压缩机加压后，进入第一混合器，再与空气、微量二氯乙烷 [约 $(1 \sim 2) \times 10^{-6}$] 充分混合，控制乙烯的质量分数为 3%～3.5%。原料气与反应器出来的反应气体进行换热后，进入第一反应器。

反应器为列管式固定床反应器，管内充填银催化剂，管间走热载体。乙烯与空气中的氧在 240～290℃、1～2MPa 及催化剂的作用下，生成环氧乙烷和一些副产物。乙烯的转化率约为 30%，选择性 65%～70%，收率约 20% 左右。反应时所放出的热量，由管间的载热体带走。

反应气经与原料气换热，再经串联的水冷却器及盐水冷却器将温度降低至 5～10℃，然后进入第一吸收塔。该塔顶部用 5～10℃ 的冷水喷淋，吸收反应气中含有的环氧乙烷。从吸收塔顶出来的尾气中还含有很多未反应的乙烯，经减压后，将其中约 85%～90% 的尾气回压缩机的增压段压缩后循环使用，其余部分送往第二混合器。

在第二混合器中通入部分新鲜乙烯、空气及微量二氯乙烷，控制乙烯的浓度为 2%，混合气体经预热后进入第二反应器。混合气中的乙烯和空气中的氧在 220～260℃、1MPa 左右压力下进行反应。乙烯的转化率为 60%～70%，选择性为 65% 左右，收率在 47% 以上。反应后的气体经换热及冷却后进入第二吸收塔，用 5～10℃ 低温水吸收环氧乙烷，尾气放空。

第一、二吸收塔中的吸收液约含 2%～3% 的环氧乙烷，经减压后进汽提塔进行汽提，从塔顶得到 85%～90% 浓度的环氧乙烷，送至精馏系统先经脱轻组分塔除去轻馏分，再经精馏塔除去重组分，得到纯度为 99% 的环氧乙烷成品。

乙烯直接氧化法的产品质量高，对设备无腐蚀，但此法对乙烯的要求高，纯度必须在 98% 以上。

上述方法如果改用氧气进行氧化，操作条件基本相同，而反应可以一步完成，反应器和吸收塔各需要一个就行了。但是当用氧气代替空气时，生成 CO_2 较多，因此需要在吸收塔与环氧乙烷精制系统之间，添置 CO_2 吸收塔和解吸塔，以免影响产品的质量。

五、生产环氧乙烷的技术进展（production technology of ethylene oxide advancement）

目前，世界上环氧乙烷（ethylene oxide，EO）工业化生产装置几乎全部采用以银为催化剂的乙烯直接氧化法。全球环氧乙烷的生产技术主要被壳牌公司、美国 SD（科学设计公司）、美国 UCC（联碳公司）三家公司所垄断，90% 以上的生产装置采用上述 3 家公司生产技术。此外拥有环氧乙烷生产技术的还有日本触媒公司、美国陶氏公司以及德国赫斯公司等。

壳牌、SD 和 UCC 三家公司的乙烯氧化技术水平基本接近，但技术上各有特色。选择性均在 80% 以上，在工艺技术方面，都由反应、脱 CO_2、环氧乙烷回收三部分组成，但抑制剂选择、工艺流程上略有差异。目前国内环氧乙烷生产厂均采用乙烯氧气氧化法生产技术，基本为引进技术。

1. 催化剂

近年来，新型高性能制备环氧乙烷催化剂不断被开发与应用。三菱化学公司研制出带有细孔分布、表面酸碱性适中的高表面积载体，在银中添加碱性成分，使选择性增加，并研究出利用过热蒸汽进行干燥的方法，使银与添加组分均匀地附在载体上，大幅度降低反应温度，提高催化剂选择性和寿命，这种产品已在该公司的两套装置上顺利运行。

壳牌公司高活性催化剂的产品为 S-860、S-861、S-862、S-863，其特点是初始温度低（218～225℃），初始选择性为 81.0%～83.5%，活性与选择性下降速度慢等。这一系列催化剂已经用于包括我国 3 套装置在内的 20 余套环氧乙烷生产装置上。

近年来，我国环氧乙烷用银催化剂的研究开发进入世界先进行列，其性能达到国际先进水平。继中石化上海石油化工研究院开发的银催化剂在引进的空气法装置上使用以后，中石化北京燕山石化公司研究院在原有 YS-4/5 催化剂基础上推出更高性能的 YS-6 催化剂，并相继在燕山石化、扬子石化、上海石化、天津石化等多家公司装置上应用成功。初始选择性达 86%～88%，起始反应温度低于 235℃ 的 YS-7 催化剂也通过了鉴定，并在国内装置上应用。目前，国内所有的环氧乙烷/乙二醇装置（不含合资企业）已经全部选用燕山石化公司研制生产的银催化剂。另外，与 30 万吨/年 环氧乙烷/乙二醇工艺包配套的新型 YS-8500 型银催化剂也通过了技术鉴定，并在北京东方石化公司应用成功。

2. 工艺技术及设备改进

尽管环氧乙烷生产工艺相对比较成熟，但是在进一步提高产品产量和质量、降低物耗和能耗及安全操作等方面仍在不断加以改进。

（1）含氯抑制剂应用技术 在银催化剂上生成环氧乙烷的反应异常剧烈，为了抑制乙烯过度氧化成二氧化碳和水，通常在反应器进料中加入抑制剂（inhibitor）。以前，壳牌、SD、UCC 等公司的专利均采用二氯乙烷作为抑制剂，目前大多改用一氯乙烷作为抑制剂。与二氯乙烷相比，采用一氯乙烷具有加入量较大、易于控制、毒性较小、在系统内形成氯化物杂质较少等优点，对设备尤其是不锈钢设备的长期使用有利，而且添加工艺更为简单，不需要泵或载气加以运输。目前我国有一些装置也选用一氯乙烷作抑制剂，获得了较好的经济效益。

（2）乙烯回收技术 美国膜技术回收乙烯专利技术已应用于我国多套环氧乙烷装置，乙烯回收率达到 88%。除此之外，目前 SD 公司提出利用半渗透膜从循环气体中选择抽出氩气，然后把分出氩气后的富乙烯气体循环回反应器的新乙烯回收技术，以减少乙烯损失。陶氏化学公司则提出用一个乙烯吸附和脱附的联合装置回收乙烯，吸附剂为高分子量液态烃，

如 $n\text{-}C_{12}$ 烷烃、$n\text{-}C_{13}$ 烷烃，回收乙烯后的放空气体中乙烯体积分数仅为 $0.1\%\sim1.0\%$。

（3）反应器大型化和新型化　由于环氧乙烷生产产生大量热量，而且传统反应器存在能耗高、收率低等缺点。日本催化合成公司新近开发并投入使用的环氧乙烷反应器是配置有冷却罐的多管反应器，可以使反应得到的环氧乙烷气迅速得到冷却，减少杂质生成。我国华东理工大学开发了新型三相鼓泡淤浆床反应器，在气固相颗粒催化剂反应动力学研究基础上，采用细颗粒催化剂及高沸点抗氧化溶剂作液相热载体，在 $180\sim230℃$、$2.1MPa$ 条件下，完成乙烯催化氧化合成环氧乙烷。反应结果显示，反应后环氧乙烷质量分数为 1.5% 时，选择性可达 87.87%。

第四节　羰基化过程
Carbonylation Process

近年来，羰基化反应的技术开发发展迅速。由煤制合成气生产甲醇是国内外成熟的工业技术，而甲醇羰基化是甲醇应用的重要领域。由甲醇羰基化可生产如图 5-13 所示具有重大应用价值的多种含氧化合物。

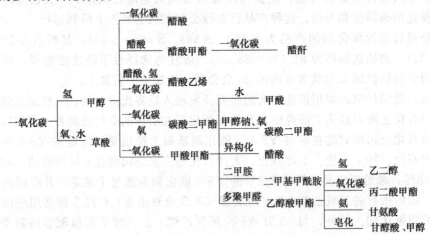

图 5-13　甲醇羰基化反应生产含氧化合物示意图

一、羰基化过程的基本概念（basic concept of carbonylation process）

随着碳一化学的发展，有一氧化碳参与的反应类型逐渐增多。通常，将在催化剂存在下，有机化合物分子中引入羰基（ $\diagdown C{=}O$ ）的反应都归纳于羰基合成化学的范畴，而引入羰基反应的生产过程称为羰基化过程，主要包括下述几类反应。

1. 氢甲酰化反应

氢甲酰化反应（hydroformylation），是 1983 年德国鲁尔化学公司的奥·勒伦（O. Roulen）首先将乙烯、一氧化碳和氢在羰基钴催化剂存在下，于 150℃ 和加压的条件下合成了丙醛。

$$CH_2{=}CH_2 + H_2 + CO \longrightarrow CH_3CH_2CHO$$

由于反应的结果是在双键两端碳原子上分别加一个氢原子和一个甲酰基（—CH =O），

故称为氢甲酰化反应。所用的不饱和化合物结构不同，产物也不相同。

2. 不饱和化合物在水存在下的羰基化

$$CH_2{=}CH_2+CO+H_2O\longrightarrow CH_3CH_2COOH$$

$$CH{\equiv}CH+CO+H_2O\xrightarrow{催化剂}CH_2{=}CH{-}COOH$$

反应结果是在双键两端或叁键两端碳原子上分别加上一个氢原子和一个羰基，故又称氢羧基化反应，利用此反应可制得多一个碳原子的饱和酸或不饱和酸。

3. 不饱和烃在醇存在下的羰基化

指不饱和烃与 CO 和 ROH 作用生成酯的反应，又称氢酯化反应，如

$$CH{\equiv}CH+CO+ROH\longrightarrow CH_2{=}CHCOOR$$

$$2RCH{=}CH_2+2CO+2R'OH\longrightarrow RCH_2CH_2COOR'+RCH（CH_3）COOR'$$

4. 乙炔在羧酸、卤化物、硫醇或胺存在下的羰基化

$$CH{\equiv}CH+CO\begin{array}{l}\xrightarrow{RSH}CH_2{=}CH{-}CO{-}SR\\[4pt]\xrightarrow{ROOH}CH_2{=}CH{-}CO{-}O{-}CO{-}R\\[4pt]\xrightarrow{HCl\ 或\ MCl_2}CH_2{=}CHCOCl\\[4pt]\xrightarrow{NHR_2}CH_2{=}CHCONR_2\end{array}$$

5. 醇的羰基化

醇羰基化（carbonylation of alcohols）中很重要的是甲醇的羰基化反应

（1）甲醇羰基化合成乙酸——孟山都法（Monsanto acetic acid process）

$$CH_3OH+CO\longrightarrow CH_3COOH$$

（2）乙酸甲酯羰基化合成乙酸酐——Tennessce Eastman 法

甲醇羰基化制乙酸

$$CH_3OH+CO\longrightarrow CH_3COOH$$

乙酸酯化制乙酸甲酯

$$CH_3COOH+CH_3OH\longrightarrow CH_3COOCH_3$$

乙酸甲酯合成乙酸酐

$$CH_3COOCH_3+CO\longrightarrow（CH_3CO）_2O$$

该法以甲醇为原料，乙酸甲酯对乙酐的选择性 95％，乙酸甲酯和一氧化碳的转化率

为 50%。

(3) 甲醇羰基化合成甲酸

$$CH_3OH+CO \longrightarrow HCOOCH_3 \xrightarrow{H_2O} HCOOH+CH_3OH$$

(4) 甲醇羰基化氧化合成乙二醇

$$2CH_3OH+2CO+\frac{1}{2}O_2 \longrightarrow CH_3OOC-COOCH_3+H_2O$$

$$(COOCH_3)_2 \xrightarrow{H_2O} HOOC-COOH+2CH_3OH$$

$$(COOCH_3)_2 \xrightarrow{H_2O} HOCH_2-CH_2OH+2CH_3OH$$

二、羰基化过程的工业应用（industrial applications of carbonylation process）

羰基合成是一个重要的工业过程，最早是由美国 Esso 公司于 1948 年基于德国鲁尔技术实现工业化生产的，随后英、法、意等国也相继建成投产。国外羰基合成普遍采用高压法合成醇类。但由于高压法副产物多，流程长，为简化流程，联邦德国 BASF 公司于 1952 年改为以五羰基铁作催化剂，由丙烯、一氧化碳和水一步合成丁醇的方法，此法即为雷普法。此法只能生产丁醇，而不能生产辛醇。因产品单一，灵活性小，所以没有得到广泛的发展。美国埃索公司于 1962 年用钴-锌催化剂将丙烯与合成气一步合成辛烯醛，此法称为阿尔道克斯法。为了增加羰基钴的稳定性，从而降低反应压力，1966 年美国壳牌公司采用有机磷改性羰基钴配合物催化剂，由高级 α-烯烃一步合成高级醇，此法即为低压法。

最初，羰基合成在工业上是用来生产合成洗涤剂所需的十二碳至十七碳的高级醇。目前已被广泛用来生产一系列含氧有机化工产品。烯烃氢甲酰化主要产品种类及用途见表 5-6。

表 5-6　烯烃氢甲酰化主要产品种类及用途

原　料	产　物	用　途
丙烯	丁醇	溶剂、增塑剂原料
庚烯（丙烯与丁烯低聚产物）	2-乙基己醇	增塑剂原料
	异辛醇	增塑剂原料
三聚丙烯	异癸醇	增塑剂和合成洗涤剂原料
二聚异丁烯	异壬醇	增塑剂原料
	异壬醛	油漆和干燥剂原料
四聚丙烯	十三醇	油漆和干燥剂原料
$C_6 \sim C_7$ α-烯烃（石蜡裂解产物）	$C_7 \sim C_8$ 醇	油漆和干燥剂原料
$C_{11} \sim C_{17}$ α-烯烃	$C_{12} \sim C_{18}$ 醇	洗涤剂，表面活性剂原料

由表 5-6 可看出，烯烃经过氢甲酰化（即羰基化）反应得到相应的增加一个碳的醇，这是工业上生产醇，尤其是高级醇的重要途径。

除烯烃外，醇类也是重要的碳基化原料，而甲醇的羰基化反应应用最早，也最广泛，是较为成熟和典型的羰基化反应类型之一。如前所述，应用甲醇羰基化反应可合成诸如乙酸（酐）、甲酸、碳酸二甲酯、草酸和乙二醇等许多重要的有机化工产品，而且，甲醇可由煤或天然气为原料制得，故甲醇的羰基化反应是以煤或天然气为原料发展碳一化学品的重要手段。

此外，利用羰基化过程还可生产丙烯腈、dl-谷氨酸、丙烯酸等，它们是进一步生产医药、香料、农药、涂料、食品添加剂等的重要原料，因此羰基化过程在众多领域有着广泛的应用前景。

三、羰基化过程的基本原理（fundamental principle of carbonylation process）

羰基化反应是典型的配位催化反应。现以烯烃的氢甲酰化反应为例讨论羰基化反应的原理。

烯烃与一氧化碳和氢的反应可按两种方式进行。

$$RCH=CH_2+CO+H_2 \longrightarrow \begin{cases} R-CH_2-CH_2-CHO \\ \\ R-CH(CHO)-CH_3 \end{cases}$$

但是，对于异构烯烃来说，可能因空间效应，醛基只加成到氢化程度最大的那个碳原子上。例如：$CH_3-C(CH_3)=CH_2+CO+H_2 \longrightarrow CH_3-CH(CH_3)-CH_2-CHO$

一般来讲，只有由对称的、双键转移而并不产生异构体的烯烃（乙烯、环戊烯、环己烯）所得产品是单一的醛，而在大多数情况下都生成两个或更多的异构醛。在羰基合成反应条件下，可能伴随有许多副反应同时进行。在羰基合成所得产物中，副产物的含量有时达 $20\%\sim30\%$。

烯烃氢甲酰化的反应速率方程式可表示为：

$$\frac{dc_{醛}}{dt}=kc_{烯}\,c_{CO}p_{H_2}/p_{CO} \tag{5-20}$$

可见，当 $p_{H_2}:p_{CO}=1$ 时，醛的生成速率与反应系统总压无关。但要考虑到催化剂羰基钴与烯生成的钴配合物的稳定性，p_{CO} 不能太低，相应 p_{H_2} 也不能太低，所以对总压有一定要求。实验结果表明当温度高于 323K，压力高于 5MPa 时，才能有适当的反应速率。从动力学方程式还可以看出，生成醛的速率与催化剂浓度成正比。但催化剂浓度受一氧化碳分压和温度条件的限制，浓度不宜过高，一般为 $0.2\%\sim1\%$。

四羰基钴是羰基合成工业过程典型催化剂。其改性催化剂是用有机给电子体，如胺（NR_2）、膦（PR_2）、亚磷酯 $[P(OR)_3]$、胂（AsR_3）等取代典型催化剂四羰基氢钴 $[HCo(CO)_4]$ 中的一个，或几个羰基配位体。另外也可改变四羰基氢钴的中心原子，如羰基氢铑催化剂用于氢甲酰化反应，主要优点是选择性好，产品主要是醛，副反应少。醛醛缩合和醇醛缩合等连串副反应很少发生或根本不发生，活性比羰基氢钴高 $10^2\sim10^4$ 倍，正/异醛比例比羰基氢钴有所提高。由于羰基氢铑活性很高，故催化剂用量少，操作压力低，但缺点是能够催化双键的异构化，另外铑价格比钴贵上千倍，故采用铑催化剂进行氢甲酰化反应时必须进行铑循环，使铑损失率低于 10^{-6} 级。

四、丙烯羰基化合成丁/辛醇过程（propylene carbonylation reactions in the synthesis of butanol or octanol）

采用丙烯为原料，在金属羰基配合物催化剂存在下进行氢甲酰化法合成丁/辛醇。已在工业上广泛应用。

丁醇为无色透明的油状液体，有微臭，可与水形成共沸物，沸点 117.7℃，主要用途是作为树脂、油漆、黏合剂和增塑剂的原料（如邻苯二甲酸二丁酯）。此外，还可作选矿用消泡剂、洗涤剂、脱水剂和合成香料的原料。

2-乙基己醇简称辛醇，是无色透明的油状液体，有微臭，与水形成共沸物（azeotropic mixture），沸点 185℃，主要用于制备增塑剂如邻苯二甲酸二辛酯、癸二酸二辛酯等，也是作为合成树脂和天然树脂的溶剂。还可做油漆颜料分散剂（dispersant）、润滑油的添加剂（additive）等。

1. 反应原理

以丙烯为原料氢甲酰化生产丁/辛醇，主要包括三个反应过程：

① 在金属羰基配合物催化剂存在下，丙烯氢甲酰化合成丁醛

$$CH_3CH = CH_2 + CO + H_2 \longrightarrow CH_3CH_2CH_2CHO$$

② 丁醛在碱性催化剂存在下缩合为辛烯醛

$$2CH_3CH_2 - CH_2CHO \xrightarrow{OH^-} CH_3CH_2CH_2CH = C(C_2H_5)CHO$$

③ 辛烯醛加氢合成 2-乙基己醇

$$CH_3CH_2CH_2CH = C(C_2H_5)CHO + H_2 \xrightarrow{镍催化剂} CH_3CH_2CH_2CH_2CH(C_2H_5)CH_2OH$$

若用氢甲酰化法生产丁醇，则只需氢甲酰化和加氢两个过程。上述三个过程，关键是丙烯氢甲酰化合成丁醛。

2. 工艺条件

（1）反应温度　反应温度对反应速率、产物醛的正/异比和副产物的生成量都有影响。温度升高，反应速率加快，但正/异醛比降低，重组分和醇的生成量随之增加。烯烃的氢甲酰化速率、正/异醛比以及重组分和醇的生成量与温度的关系，分别如表 5-7 和图 5-14、图 5-15 所示。

表 5-7　反应温度对反应速率的影响[①]

$t/℃$	相对反应速率	$t/℃$	相对反应速率
90	0.01	120	0.20
100	0.04	140	1.00

① 催化剂 $Co_2(CO)_4$，原料正丁烯，溶剂丁烷，压力 24MPa，$H_2/CO=1$。

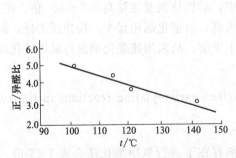

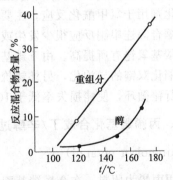

图 5-14　温度对丙烯氢甲酰化产物中　　　　图 5-15　丙烯氢甲酰化副产物生成量
正/异醛比的影响［催化剂 HCo(CO)₄］　　　与温度的关系［催化剂 HCo(CO)₄］

由上述图、表可见，氢甲酰化温度不宜过高，使用羰基钴催化剂时，温度控制在140～180℃。

（2）一氧化碳、氢分压　由烯烃氢甲酰化的速率方程式可知，提高一氧化碳分压，反应速率减慢，但一氧化碳分压太低，则金属羰基配合物催化剂易分解，析出金属，而失去催化剂活性，对反应不利。所以一氧化碳的分压与金属羰基化合物的稳定性、反应温度和催化剂的浓度有关。如用羰基钴为催化剂，反应温度 $150\sim160℃$，催化剂的质量分数为 0.8% 左右时，一氧化碳分压为 $10MPa$ 左右；若反应温度在 $110\sim120℃$ 时，一氧化碳分压为 $1MPa$。

氢分压增高，氢甲酰化反应速率加快，烯烃转化率提高，正/异醛比率也相应升高。也增加了醛加氢生成醇和烯烃加氢生成烷烃的反应，所以，工业上一般选用的最适宜氢分压 H_2/CO（摩尔比）为 $1:1$ 左右。氢分压对产品中醛/醇比、正/异醛比和丙烯转化率的影响如图 5-16～图 5-18 所示。

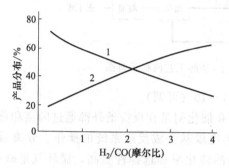

图 5-16　H_2/CO 比对丙烯氢甲酰化产物中醛/醇分布的影响

催化剂 $HCo(CO)_4$，总压不变

1—醛；2—醇

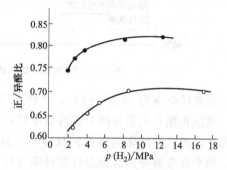

图 5-17　氢分压对丙烯甲酰化产物中正/异醛比的影响

催化剂 $Rh(PPh_3)_2COCl$

● 温度 110℃，$p(CO)10MPa$；

○ 温度 90℃，$p(CO)6.8MPa$

（3）溶剂（solvent）　溶剂的主要作用：①溶解催化剂；②当原料是气态烃时，使用溶剂可以使反应在液相中进行，对气-液间传质有利；③作为稀释剂可以带走反应热。常用溶剂有：脂肪烃，环烷烃，芳烃，各种醚类、酯、酮和脂肪酸等，在工业生产中常用产品本身或其高沸点副产物作溶剂或稀释剂。溶剂对反应速率和选择性都有影响，而且各种原料在极性溶剂中的反应速率大于非极性溶剂。

3. 丙烯低压改性铑法合成丁/辛醇工艺过程

丁/辛醇生产是随着石油化工、聚氯乙烯塑料工业的发展和羰基合成工业技术的发展迅速发展起来的。1938 年，德国最先开发成功羰基合成反应技术，随后在美、英、法、意等国获得发展。先后出现高压钴法、

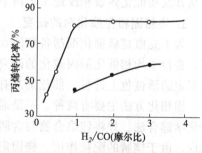

图 5-18　H_2/CO 比对丙烯转化率的影响

催化剂，● $Rh(PPh_3)_2COCl$，

○ $Co(CO)_6[P(C_4H_9)_3]_2$；

总压不变

改性钴法、高压铑法、改性铑法等工艺。其中液相循环低压改性铑具有温度低、压力低、速率高、正/异构比高、副反应少、铑催化剂用量少、寿命长、催化剂可回收再用以及设备少、投资省、丁醇和辛醇可切换生产等优点。已成为当今世界最先进、最广泛使用的丁/辛醇合成技术。其工艺流程示意图，见图 5-19。

该技术将原料丙烯及合成气（$H_2/CO=1.07\sim1.09$）通入催化剂溶液（以正/异构丁醛为溶剂，催化剂是配位体三苯基膦的铑膦配合物），在 $100\sim110℃$、$1.6\sim1.8MPa$ 条件下反

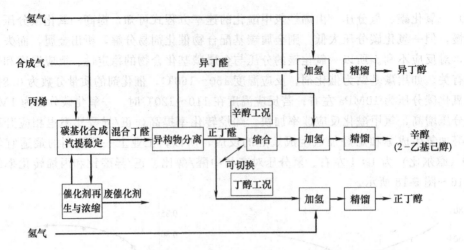

图 5-19　液相循环低压改性铑合成丁/辛醇工艺流程示意图

应，丙烯转化率为 91%～93%，产物正/异构比为 1～10（可调）。

该液相循环工艺为两个反应器串联，反应产物和催化剂是在反应器外部通过闪蒸和蒸发分离，分离后的催化剂再返回反应器，这样可以实现羰基合成反应系统的操作、分离最佳化。两个反应器分别选择最佳的反应条件，使丙烯的转化率和选择性提高，循环气量减少，因而反应器中液层不会因气体泡沫层而占用体积，反应器的产能也相应增大。催化剂的分离在较低的温度、压力下进行，对催化剂损害小，并可延长催化剂的使用寿命。装置内部有催化剂再生设备，可对失活催化剂进行现场、简单、低成本的活化再生。

五、羰基化过程的技术进展（technical progress of carbonylation process）

低压氢甲酰化法有许多优越性，但因铑价格昂贵，催化剂制备和回收复杂等因素，目前正从开发新催化体系和改进工艺两个方面加以革新。

1. 均相固相化催化剂的研究

为了克服铑膦催化剂制备和回收复杂的缺点，进一步减少其消耗量，简化产品分离步骤等，进行了均相催化剂固载化的研究，即把均相催化剂固定在有一定表面的固体上，使反应在固定的活性位上进行，催化剂兼有均相和多相催化的优点。

固相化方法主要有两种，一是通过各种化学键合把配合催化剂负载于高分子载体上，称为化学键合法。如将铑络合物与含膦或氨基官能团的苯乙烯和二乙烯基苯共聚物配位体进行反应，由于铑膦的配位作用，铑固定在高聚物上而成固相化催化剂。近年来对 Rh-高分子硫醇配位体；Rh-Si 置膦配位体；在一个分子中有配位键和离子键配位体；Rh-Pt 配合物固定在离子交换树脂上等催化剂都进行了有益的研究。

另一种是物理吸附法，把催化剂吸附于硅胶、氧化铝、活性炭、分子筛等无机载体上，也可将催化剂溶于高沸点溶剂后，再浸于载体上。目前活性金属流失问题成为阻碍固相配合催化剂实际应用的主要障碍。

2. 非铑催化剂的研究

铑是稀贵资源，故利用受到限制。国外除对铑催化剂的回收利用进一步研究外，对非铑催化剂的开发也非常重视。如铂系催化剂，我国研究了 Pt-Sn-P 系催化剂。日本研究了螯形环铂催化剂，于 0.5～10MPa、70～100℃ 条件下，反应 3h 烯烃 100% 转化为醛，另外还报道了钌族离子型配合催化剂 $HRu_3(CO)_{15}$ 丙烯氢甲酰化，正/异醛比例达 21.2。对钴膦催化剂也在作进一步研究，应用该催化剂一步可得到醇。

3. 羰基合成生产1,4-丁二醇

日本可乐丽公司开发的以烯丙醇为原料经羰基合成反应和加氢反应生产1,4-丁二醇的工艺已由美国 ARCO 公司实现工业化。该工艺羰基合成采用三苯基膦改性的羰基铑催化剂，以苯作溶剂，反应温度60℃，反应压力0.2~0.3MPa，反应转化率98％，主产物的收率约80％。反应后，产物用水进行连续萃取，油相含苯和催化剂循环使用，水中产物直接进行液相加氢，然后用精馏法进行产品的分离精制。

4. 羰基合成在精细化工中的应用

羰基合成在精细化工方面的应用很广。例如在香料方面，长链醛本身即可作香料，如十一醛、2-甲基十一醛、十九醛、羰基香茅醛等。醛还原为醇或氧化为酸，醇、酸再形成酯，可衍生出许多可作为香料的产品。例如：由丁烯合成的戊醛是制备二氢茉莉酮酸（酯）的原料。由双环戊二烯经羰基合成所得产品可作为定香剂及进一步合成香料的中间体。另外，以天然的萜烯为原料羰基合成制备特殊结构的醛和醇，也是重要的香料或香料中间体。

在医药中间体方面，有用改性铑催化剂进行特殊结构烯烃的羰基合成，其产物是制备维生素 A 的原料。不对称羰基合成反应用来制备氨基酸及多种手性药物，也是很好的例证。

在天然产物合成方面有用羰基合成方法制备类胡萝卜素中间体。

总之，羰基合成为人们提供了制备多种含氧化合物的渠道，提供了日益丰富的高附加值产品，因而备受重视。

第五节 聚 合 过 程
Polymerization Process

日常生活中，人们比较熟悉人造丝、尼龙（nylon）、聚氨酯（polyurethane，PU）、涤纶（terylene）、聚苯乙烯泡沫塑料和聚四氟乙烯（特氟隆，teflon）等物质。所有这些看似非常不同的物质其实都是合成聚合物，都是通过聚合过程由小分子通过共价键结合在一起的。

一、聚合过程的基本概念（basic concept of polymerization process）

聚合过程一般是以小分子化合物为原料通过聚合反应制备高分子化合物（简称高聚物）的过程。这种高聚物是由许多相同的、简单的结构单元通过共价键重复连接而成的大分子所组成，相对分子质量高达 $10^4 \sim 10^6$。最简单的聚合物是由一种结构单元重复多次形成的。

如 X—M—M……M—M—Y

其中，M 为结构单元，又叫重复单元或链节；X、Y 为端基。聚合物的端基虽然只占聚合物总重的很小一部分，但是它们对聚合物性质产生很大影响，尤其是对热稳定性。

聚合物的结构单元通常与制备时所用的单体结构密切相关。例如，聚苯乙烯分子由许多苯乙烯结构单元链接而成。

可简写成：

其中，n 为重复单元数或链节数。聚合物的相对分子质量 M 是重复单元的相对分子质量 M_0 与重复单元数 n 的乘积。

$$M = nM_0$$

相对分子质量为 $100000 \sim 300000$ 的聚苯乙烯，其重复单元的 M_0 为 104，由此可以算得重复单元数 n 约为 $962 \sim 2885$。

合成聚合物的原料称为单体（monomer）。一种单体聚合而成的聚合物称为均聚物（homopolymer），这类聚合物在单体的名称前冠以"聚"而成为其聚合物的名称。如苯乙烯的聚合物为聚苯乙烯，聚乙烯、聚丙烯分别是乙烯和丙烯的聚合物。两种以上单体共聚而成的聚合物称为共聚物（multipolymer）。酚醛树脂、脲醛树脂、乙丙橡胶、ABS 树脂等均为共聚物。对于合成纤维我国惯以"纶（fiber）"字为后缀，如涤纶（聚对苯二甲酸乙二醇酯）、氯纶（polyvinyl chloride fiber）（聚氯乙烯）、腈纶（acrylic fibers）（聚丙烯腈）等。

在聚合过程中，通常用聚合度（degree of polymerization，DP）表示聚合物分子中所含单元的数目。若只含有一种单体单元的聚合物分子（如聚苯乙烯、聚乙烯等），DP$=n$；而对含有两种单体单元（如聚酰胺-66）的聚合物分子中，则 DP$=2n$。常见聚合物的聚合度约为 $200 \sim 2000$，相当于相对分子质量为 $2 \times 10^4 \sim 2 \times 10^5$，天然橡胶和纤维素往往超过此值。

二、聚合过程的工业应用 (industrial applications of polymerization process)

随着科学技术的发展和工业生产的进步，为满足人民日益增长的物质需要，人们利用聚合过程合成了大量品种繁多、性能优异的高分子聚合物，以塑料、合成纤维、合成橡胶产量最大，且最重要，被称为三大合成材料，同时还可制成涂料、黏合剂、离子交换树脂等材料。合成材料的主要特点是原材料丰富，用化学合成方法进行生产，品种多，性能优，可适应特殊要求，加工成型方便，可制成各种形状的材料与制品。因此，合成材料已成为近代各技术部门不可缺少的材料，广泛应用于国民经济的各个领域。

目前，绝大多数的天然材料都有相应的高分子材料来代替。以塑代钢、木、皮革、人造大理石；以合成黏合剂代替骨胶与虫胶；以合成纤维代替棉、毛、丝、麻等。高分子材料质轻、透明、不生锈、易加工，可制成各种异型材与制品，如膜、板、管、棒、线材等，同时还可与其他材料制成复合材料及改性材料，具有天然材料不可替代的优点。

近年来，功能高分子迅速发展，给聚合过程提供了新的、更加广泛的应用领域。按功能特性所生产出的高分子材料广泛应用于化学、生物、光、电、磁、热、声、机械等领域。这些材料又广泛应用于通讯、医药、印刷、农业、显示、记录、电子、半导体、电池、测量、传感、存储、航天、建筑、音响设备等工业。随着科技的发展，一些超高温、超低温、超高压、超导、骤热骤冷切变、智能高分子、仿生材料等迅速发展，特别是纳米高分子材料、生物医学材料、高分子膜与膜分离技术的发展最为迅猛。目前，高分子催化剂已达千余种。此外，高分子农药、高分子除草剂、土壤改良剂、高分子肥料、高分子表面活性剂、高分子涂料、高分子食品添加剂等不断涌现，大大扩展了新型高分子材料。

因此，聚合过程作为高分子化学工业的核心过程，在国民经济各个领域已经或正在发挥着极其重要的作用，并有更加广阔的应用前景。

三、聚合过程的基本原理 (fundamental principle of polymerization process)

1. 聚合反应

由低分子单体合成聚合物的反应称为聚合反应（polymerization reaction）。可分为加聚反应和缩聚反应，前者指以含有重键的低分子化合物为单体，在光照、加热或引发剂、催化剂等作用下，打开重键而相互加成聚合成高分子化合物的反应，后者指以具有两个或两个以上官能团的低分子化合物为单体，通过这些官能团的反应，逐步结合形成高分子化合物的反应。按聚合机理或动力学可将聚合反应分为连锁聚合和逐步聚合。

烯类单体的加聚反应大部分属于连锁聚合，根据活性中心的不同可分为自由基聚合、阳离子聚合和阴离子聚合、配位离子型聚合等类型。连锁聚合由链引发、链增长、链终止三大步骤组成。链引发是活性中心的形成，可以由外界提供给单体一定能量，使其产生反应的活性中心，也可以加入高活性的物质与单体反应进行引发反应，一旦引发，增长的聚合物分子就有很高活性，直到活性中心失活为止。单体只能与活性中心反应而使链增长，但彼此间不能反应。活性中心的破坏就是链终止。

属于逐步聚合的反应以缩聚为主。在缩聚反应中，带不同官能团的任何两分子都能反应，无特定的活性体，不存在链引发、链增长、链终止等基元反应，其特征是在低分子转变为高分子的过程中，反应是逐步进行的，反应初期，大部分单体很快消失，转变成二聚体、三聚体、四聚体等低聚物。随后，缩聚反应则在低聚物间连续进行，分子量缓慢增加，分子量分布也很宽，直至转化率超过98%时，分子量才达到较高的数值。

2. 聚合的实施方法

长期以来，在聚合物生产中，以自由基聚合占领先地位，目前仍占较大比重。自由基聚合的实施方法主要有四种，即本体聚合、乳液聚合、悬浮聚合及溶液聚合。其中有些方法也可用于缩聚和离子聚合。它们的配方、聚合机理、生产特征、产物特性不尽相同，其比较见表5-8。

表 5-8　四种自由基聚合方法的比较和工艺特征

聚合方法 项　目	本体聚合	溶液聚合	悬浮聚合	乳液聚合
配方主要成分	单体、引发剂	单体、引发剂、溶剂	单体、引发剂、水、分散剂	单体、水溶性引发剂、水、乳化剂
聚合场所	本体内	溶液内	液滴内	胶束和乳胶粒内
聚合机理	遵循自由基聚合一般机理，提高速率的因素往往使分子量降低	伴有向溶剂的链转移反应，一般分子量较低，速率也较低	与本体聚合相同	能同时提高分子量和聚合速率
生产特征	热不易散出，间歇生产（有些也可连续生产），设备简单，宜于生产透明浅色制品，分子量分布宽	散热容易，可连续生产，不宜制成干燥粉末或粒状树脂	散热容易，间歇生产，须有分离、洗涤、干燥等工序	散热容易，可连续生产。制成固体树脂时，须经凝聚、洗涤、干燥等工序
产品纯度与形态	纯度高，颗粒状或粉粒状	纯度低，聚合物溶液或颗粒状	比较纯净，可能留有分散剂，粉粒状或珠粒状	留有少量乳化剂和其他助剂，乳液、胶粒或粉状
三废	很少	溶剂废水	废水	胶乳废水
产品品种	高压聚乙烯、聚苯乙烯、聚氯乙烯等	聚丙烯腈、聚乙酸乙烯酯等	聚氯乙烯、聚苯乙烯等	聚氯乙烯、丁苯橡胶、丁腈橡胶、氯丁橡胶等

四、高压法生产聚乙烯（the production of LDPE by high pressure process）

低密度聚乙烯（low density polyethylene, LDPE）是1933年由英国帝国化学工业（ICI）公司，在200MPa和170℃条件下进行乙烯聚合反应时，反应器壁出现了少量白色蜡状的聚乙烯而发现的。1939年英国ICI公司建成了世界第一座年产百吨的低密度聚乙烯工业装置，从而开发了该产品的生产工艺，高压聚乙烯是目前世界上产量大、价格较低、用途广泛的通用塑料之一。

1. 反应原理

乙烯高压法中的聚合反应属于自由基型聚合反应，反应过程包括链引发、链增长、链终止和链转移。低密度聚乙烯的工业生产通常采用高压气相本体聚合法，该法是生产低密度聚乙烯最重要的方法，因此低密度聚乙烯在历史上又称作高压聚乙烯。它以纯度达 99.95% 的乙烯为原料，以微量氧、偶氮化合物、有机或无机过氧化物作引发剂，在气相高压下进行自由基加聚反应。聚合时压力为 100～350MPa，聚合温度 150～330℃。因其反应温度较高，易发生链转移，故产物为支链较多的曲线型大分子。聚合度主要由反应压力、反应温度、引发剂用量、分子量调节剂等因素影响。

2. 反应条件

（1）温度　乙烯在高压下的聚合温度随引发剂的不同而改变。用氧引发时应高于 230℃，若用有机过氧化物引发，聚合温度可降至 150℃ 左右。

升高聚合温度，链增长速率与链转移速率都增加，因此总的聚合速率加快，但所得聚合物的分子量下降。这是因为链增长的活化能（约 16.7kJ/mol）较链转移的活化能（约 62.8kJ/mol）小，所以升高温度对链转移有利，但高温将使生成的高聚物分子发生热降解，使产物的平均分子量降低。链转移速率加快会造成聚乙烯大分子的短支链和长支链增多，使产品的结晶度下降、密度减小。故聚合反应温度一般控制在 130～280℃ 范围。

（2）反应压力　增加压力有利于链增长反应，而对链终止反应影响不大。因为在高压条件下乙烯被压缩为气密相状态。实质是增加了乙烯的浓度，即增加了自由基或活性增长链与乙烯分子的碰撞机会。所以增加压力，聚乙烯的产率和平均分子量都增加。故一般聚合反应压力在 100～350MPa 范围。

（3）引发剂　乙烯高压聚合需加入自由基引发剂，工业上常称为催化剂。所用的引发剂主要是氧和过氧化物。早期工业生产主要用氧作为引发剂。但在 200℃ 以下时，氧是乙烯聚合阻聚剂，不会引发聚合。氧的引发温度在 230℃ 以上，因此反应温度必须高于 200℃。由于氧在一次压缩机进口处加入，所以不能迅速地用改变引发剂用量的办法控制反应温度。而且氧的活性受温度的影响很大，因此目前除管式反应器还可以用氧作引发剂以外，釜式反应器已全部改为过氧化物引发剂。

工业上常用的过氧化物引发剂为：过氧化乙酸叔丁酯、过氧化十二烷酰、过氧化苯甲酸叔丁酯、过氧化 3,5,5-三甲基乙酰等。此外尚有过氧化碳酸二丁酯、过氧化辛酰等。

3. 工艺过程

乙烯高压聚合生产流程如图 5-20 所示。该流程既可用于釜式聚合反应器，也适用于管式聚合反应器。

来自乙烯精制车间的 3.0～3.3MPa 新鲜原料乙烯，与来自低压分离器的循环乙烯经一次压缩至 25MPa 左右，然后与来自高压分离器的循环乙烯混合进入二次压缩机。二次压缩机的最高压力因聚合设备的要求而不同。管式反应器要求最高压力达 300MPa 或更高些，釜式反应器要求最高压力为 250MPa。经二次压缩达到反应压力的乙烯冷却后进入聚合反应器。工业上有两种不同形式的聚合反应器：釜式反应器和管式反应器。引发剂则用高压泵送入乙烯进料口，或直接注入聚合设备。反应物料经适当冷却后进入高压分离器，减压至 25MPa。未反应的乙烯与聚乙烯分离并经冷却脱去蜡状低聚物以后，回到二次压缩机吸入口，经加压后循环使用。聚乙烯则进入低压分离器，减压到 0.1MPa 以下，使残存的乙烯进

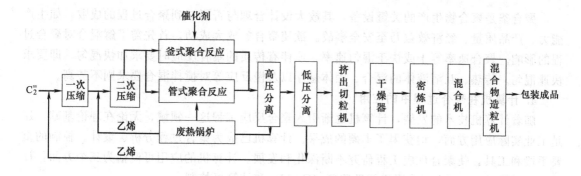

图 5-20 乙烯高压聚合生产流程示意图

一步分离。乙烯循环使用。聚乙烯树脂在低压分离器中与抗氧化剂等添加剂混合后经挤出切粒，得到柱状聚乙烯，被水流送往脱水振动器，大部分水分离后，进入离心干燥器，以脱除表面附着的水分，然后经振动筛分去不合格的粒料后成品用气流输送至计量设备计量，混合后为一次成品，然后再次进行挤出、切粒、离心干燥，得到二次成品。二次成品经包装出厂为商品聚乙烯。

五、聚合过程的研究方向（research fields of polymerization process）

目前，全世界聚合物的年生产能力按体积计可与金属材料相当，并且它们以二倍于钢铁生产的速度（每年增加 12%～ 15%）逐步代替金属、木材及水泥等结构材料。对聚合过程主要是研究从小试放大到工业规模的聚合过程，以聚合动力学和聚合物系传递为基础，进行聚合反应器操作特性的分析和放大设计、聚合过程反应规划和技术开发等应用性基础研究。

1. 聚合动力学和模型化

模型化可以节省实验时间，减少昂贵的设备，因此可以说模型化是反应工程的灵魂。自由基聚合和缩聚反应机理比较成熟，成为模型化研究的主要对象。聚合动力学可分为微观和宏观两类。高分子化学侧重低转化率时的微观动力学研究，其目的是揭示机理，提供基元反应速率常数。聚合反应工程则侧重伴有传递因素在内的高转化率下的宏观动力学，目的在于过程控制。

动力学模型化主要是建立操作参数与聚合速率、聚合物质量间的定量关系。反应器模型化除此之外，还可能包括黏度变化模型、流动模型、混合模型及传热模型等。聚合动力学模型化的最终目的是便于工业上计算机控制。正确的聚合机理和可靠的动力学、热力学数据是模型化成功的基础。

模型化一般经下列步骤：提出机理，列出物料衡算方程组；实验验证，应用于工业控制；对模型做出修正。模型化工作往往是不断考核和修正的过程。

2. 改进聚合反应器的性能

现今合成高聚物工厂单线生产能力可达每年 50 万吨，聚合反应釜的容积已达 200m³。聚合过程的另一个研究方向是使所设计的反应器能够满足预定聚合物质量和产量的要求。这将涉及操作特性、选择性、稳定性和安全性问题。

3. 搅拌聚合釜的放大设计

80% 以上的聚合反应器是搅拌釜，约 80% 搅拌釜用作聚合反应器，其他在一般化工、石油化工、精细化工、生物化工等部门也得到广泛的应用。因此搅拌聚合釜的放大技术是研究聚合过程的方向之一。

聚合釜是聚合物生产的关键设备，其放大设计合理与否影响到聚合过程的成败，如生产能力、产品质量、经济效益乃至安全事故。欲使聚合釜放大成功，首先需了解混合对聚合过程的影响。聚合速率等于或快于混匀速率，或伴有传质的聚合反应时要求加快混匀，即要求快速混匀。传热、互溶液体的混合、固体悬浮以及慢反应等对搅拌混合要求则不甚高。

4. 计算机在聚合过程中的应用

随着计算机技术的发展，计算机逐渐引入聚合反应工程这一领域，无论在理论基础，还是工业实际应用方面，均获得了丰硕的成果。计算机已成为聚合过程分析、设计、控制的重要手段和工具，使聚合反应工程研究不断深化和发展。计算机的应用可概括为三个方面：计算机辅助设计（CAD）、计算机辅助监测（CAM）和计算机控制。

第六节 芳烃生产过程
Aromatic Production

现在人们穿着的衣服、携带的物品、生活中接触到的材料至少有 50% 是 70 年前所不存在的，甚至有的可能 10 年前都不存在。

也许你会发现它们最初都来源于芳烃，芳烃（aromatic hydrocarbons）原指具有芳香气味的烃类，现在芳烃的含义是指分子结构中含有苯环的烃类。含有一个苯环的称为苯系芳烃，含有两个或两个以上苯环的称为多环芳烃，含有两个及两个以上苯环且苯环间具有公共碳原子的称为稠环芳烃。

一、芳烃生产过程的概念（concept of aromatic production）

1. 芳烃的来源

芳烃是含苯环结构的碳氢化合物的总称。芳烃中的"三苯"（苯 benzene、甲苯 toluene 和二甲苯 xylene，简称 BTX）是化学工业的基础原料，具有重要地位。其产量和规模仅次于乙烯和丙烯。

芳烃最初全部来源于煤焦化工业，随着石油炼制工业、石油化学工业和芳烃分离技术的发展，目前，世界芳烃总产量的 90% 以上来自石油。而石油芳烃主要来源于石脑油重整生成油及烃裂解制乙烯副产的裂解汽油，表 5-9 是三种原料中芳烃含量与组成。

表 5-9　三种原料中芳烃含量与组成

组　成	催化重整油	裂解汽油	焦化芳烃
芳烃含量	52%～72%	54%～73%	＞85%
苯	6%～8%	19.6%～36%	65%
甲苯	20%～25%	10%～15.0%	15%
二甲苯	21%～30%	8%～14%	5%
C_9 芳烃	5%～9%	5%～15%	—
苯乙烯	—	2.5%～3.7%	—
非芳烃	28%～50%	27%～46%	＜15%

2. 芳烃的生产方法

以石脑油和裂解汽油为主要原料经过催化重整、加氢处理、芳烃馏分的分离、歧化、异构化等过程生产芳烃的过程如图 5-21 所示，可分为反应、分离和转化三部分。

二、催化重整生产芳烃（aromatics production via catalytic reforming）

催化重整（catalytic reforming）工艺是炼油工业主要的二次加工工艺之一，用来生产

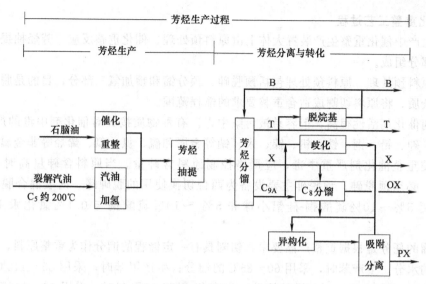

图 5-21 石油芳烃的生产过程

C₉A—碳 9 芳烃；OX—邻二甲苯（ortho-xylene）；PX—对二甲苯（para-xylene）

高辛烷值汽油或芳烃类产品，同时又可获得大量的、纯度较高的廉价氢气，供给石油炼制中的加氢裂化和加氢精制等装置使用。"重整"的意思是对分子结构进行重新整理，催化重整工艺就是在催化剂存在条件下，将正构烷烃和环烷烃进行异构化、芳构化转化为异构烷烃和芳香烃的过程。

1. 催化重整基本化学反应

① 环烷烃脱氢生成芳烃

$$\text{(5-21)}$$

$$\text{(5-22)}$$

② 异构化反应

$$CH_3(CH_2)_5CH_3 \longrightarrow CH_3-CH-CH-CH_3 \quad \text{(5-23)}$$
$$\qquad\qquad\qquad\qquad C_2H_5 \quad CH_3$$

③ 脱氢环化反应

$$CH_3-CH_2-CH_2-CH_2-CH_2-CH_3 \longrightarrow \qquad +H_2 \quad \text{(5-24)}$$

④ 裂化反应　裂化反应指大分子烷烃裂解成小分子烃类，由于重整反应有氢气存在，所以，裂解生成的烯烃可立即加氢成饱和烃。由于裂化反应的存在，重整催化剂表面上也会结焦。但因为存在加氢反应，总体是能抑制结焦的。

2. 催化重整工艺过程

工业生产中催化重整生产装置大体上由原料预处理、催化重整反应、芳烃抽提、精馏分离等四个部分组成。

(1) 原料预处理　原料预处理包括预脱砷、预分馏和预加氢三部分，目的是脱除对催化剂有害的杂质，将原料切割成适合重整要求的馏程范围。

铂系列催化剂活性很高，但容易被污染中毒。有毒物质按其对催化剂中毒的严重程度，其顺序为：砷、铅、铜、铁、钒、镍、汞、钠等金属和硫、氮、氧、烯烃等非金属。

砷能使重整催化剂严重中毒，应严格控制原料含砷量。当原料含砷量高时（例如大于 10^{-7}），必须预脱砷。预脱砷主要设备为两台切换使用的脱砷罐，内装混合脱砷剂。脱砷剂一般用 5%～10% 硫酸铜-硅铝小球和 5%～10% 硫酸铜与 0.1% 氯化汞-硅铝小球两种。

预分馏的任务是根据重整产品要求，切割具有一定馏程的馏分作为重整原料，同时脱除原料油中的水分。生产苯时，采用 60～85℃ 的馏分；生产甲苯时，采用 85～110℃ 的馏分；生产二甲苯时，采用 110～145℃ 的馏分；生产苯-甲苯-二甲苯时，采用 60～145℃ 的馏分；生产轻芳烃-汽油时，采用 60～180℃ 的馏分。由于小于 60℃ 的馏分一般为 C_5 以下组分，不可能转化为芳烃，因此应该在预处理时除去。

预加氢的目的是要除去原料油中会使重整催化剂中毒的物质，并使可能存在的少量烯烃饱和成烷烃，以减少催化剂上积炭，延长操作周期。在预加氢催化剂钼酸钴或钼酸镍作用下，原料油中的含硫、含氮、含氧等化合物加氢分解。经过预处理之后的原料油才能作为重整反应的进料。

(2) 催化重整反应　催化重整反应工艺主要有两种类型：一是固定床半再生重整（the RZ platforming process）；二是移动床连续重整（the CCR platforming process）。后者是 20 世纪 60 年代末开发的工艺技术，是现今大型工业化装置的主要工艺技术。

连续重整的催化剂是移动的，催化剂在反应器和再生器之间连续循环流动，不断地进行反应与再生，从而使操作压力降低，产率提高，运转周期长。近年来，随着催化重整从以生产汽油为主转向以生产芳烃为主及重整装置大型化的发展，采用低压连续再生工艺的重整技术已占据主导地位。图 5-22 所示的连续重整工艺，是三个或四个反应器纵向叠罗汉似地排列在一个轴线上，便于催化剂靠重力自上而下移动，并且在装置内有一套连续再生系统，从

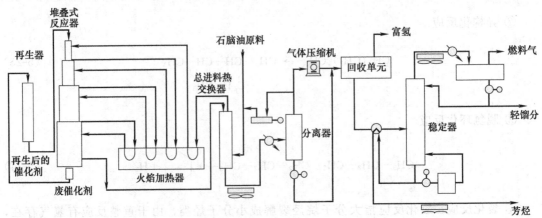

图 5-22　连续重整反应工艺流程

最下一个反应器出来的催化剂用氮气把它提升到再生器顶部，除去粉尘后进入再生器；催化剂在再生器内经烧焦、氯化、干燥三个区，用氢气提升到反应器顶部，还原后进入第一反应器，从而完成一个循环。连续重整催化剂因始终处于流动状态，催化剂要求具有较高的强度。由于连续反应和再生，催化剂始终保持新鲜催化剂的高活性。

（3）芳烃抽提 由于重整反应得到的产品中苯系芳烃与相近碳原子数的非芳烃沸点相差很小，不能用一般精馏法分离，通常采用液液萃取法（常称抽提法）进行分离。即选用一种溶剂，只对混合物中某一种组分有很大的溶解能力，而对其他组分不溶或溶解力很低，并且溶解物与不溶物能形成两个不同密度的液相，便于分离。常用的溶剂有：环丁砜、二甘醇（二乙二醇醚）、二亚甲基亚砜、N-甲基吡咯烷酮等。

（4）精馏分离 芳烃精馏分离工艺流程如图 5-23 所示。自抽提部分来的芳烃先进入苯塔，塔顶馏出物中还含有少量轻质非芳烃和水分，所以不作为产品而全部回流。产品苯自塔顶第四层塔盘上抽出，塔底油再送至甲苯塔分离出甲苯，甲苯塔底釜液再进入二甲苯塔。二甲苯塔顶馏出物为混合二甲苯（包括邻、间、对二甲苯和乙苯），塔底得 C_9 重芳烃。

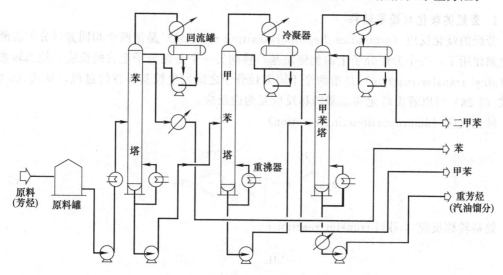

图 5-23 芳烃精馏分离工艺流程

乙烯是石油化工最重要的基础原料之一。随着乙烯工业的发展，副产的裂解汽油已是石油芳烃的重要来源。裂解汽油除含 40%～60% 的 C_6～C_9 芳烃外，还含有相当数量的二烯烃与单烯烃，少量的烷烃与微量氧、氮、硫及砷的化合物。裂解汽油中烯烃与各项杂质远远超过芳烃生产后续工序所能允许的标准。必须经过预处理，加氢精制后，才能作为芳烃抽提的原料。

三、芳烃转化的应用（application of transforming in aromatics）

由表 5-9 可以看出，不同来源的各种芳烃馏分组成是不同的，能得到的各种芳烃的产量也不同。因此，如仅从这些来源来获得各种芳烃，必然会发生供需不平衡的矛盾。例如在化学工业中，苯的需要量是很大的，但上述石油芳烃仅一次分离所能供给的苯却是有限的，而甲苯却因用途较少而过剩；又如聚酯工业的发展需要大量的对二甲苯（PX），但催化重整、裂解汽油产品中对二甲苯含量有限；再有发展聚苯乙烯塑料需要乙苯原料，而上述来源中乙苯含量甚少。因此就有了芳烃的转化工艺，以便依据市场的供求，调节各种芳烃的产量。生产过程通常按照图 5-24 组织进行。

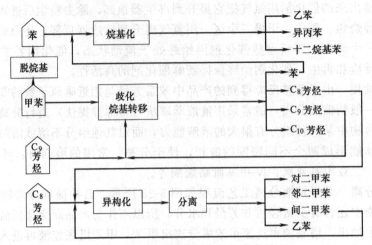

图 5-24　芳烃转化反应的工业应用

1. 芳烃的歧化与烷基转移

芳烃的歧化反应（aromatics disproportionating reaction）是指两个相同芳烃分子在酸性催化剂作用下，一个芳烃分子上的侧链烷基转移到另一个芳烃分子上去的反应；烷基转移反应（alkyl transfer reaction）是指两个不同芳烃分子之间发生烷基转移的过程，从式（5-25）和式（5-26）可以看出歧化和烷基转移反应互为逆反应。

歧化反应（disproportionating reaction）

$$2 \bigcirc\!\!-\!CH_3 \rightleftharpoons \bigcirc + \bigcirc\!\!-\!CH_3 \quad(5\text{-}25)$$

烷基转移反应（alkyl transfer reaction）

$$\bigcirc + \bigcirc\!\!-\!C_2H_5 \rightleftharpoons 2\,\bigcirc\!\!-\!C_2H_5 \quad(5\text{-}26)$$

$$\bigcirc\!\!-(CH_3)_3 + \bigcirc\!\!-\!CH_3 \rightleftharpoons 2\,\bigcirc\!\!-\!CH_3 \quad(5\text{-}27)$$

在工业中应用最广的是甲苯歧化 [式（5-25）]，甲苯通过歧化反应可使用途较少并有过剩的甲苯转化为苯和二甲苯两种重要的芳烃原料，如果同时与 C_9 芳烃进行烷基转移反应 [式（5-27）]，还可增产二甲苯。因此甲苯歧化工艺主要有两类，即包含甲苯与 C_9 芳烃烷基转移反应的歧化工艺和只处理甲苯的甲苯歧化工艺。

典型的甲苯歧化与烷基转移的工业化方法如图 5-25 所示。

原料甲苯和 C_9 芳烃经混合后与循环气一起与反应器出来的物料换热后，经过原料加热炉预热到反应要求的温度 400～450℃，3.0MPa 条件下，自上而下通过歧化反应器，与催化剂（氢型丝光沸石催化剂）接触发生歧化与烷基转移反应 [气固相反应，固定床反应器，临氢条件，氢烃摩尔比（6～10）∶1]。反应产物离开反应器经换热器与原料换热，再经冷凝、

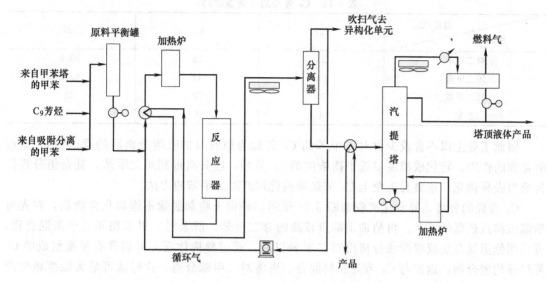

图 5-25 甲苯歧化与烷基转移工艺流程

冷却进入产品分离器进行气液分离得到苯和二甲苯产品。

2. C_8 芳烃的异构化

C_8 芳烃异构化反应（isomerization reaction）是三种二甲苯异构体之间的相互转化反应 [式 (5-28)，式 (5-29)]；乙苯与二甲苯之间的转化反应 [式 (5-30)]。

异构化反应

$$(5-28)$$

$$(5-29)$$

表 5-10 不同来源 C_8 芳烃的组成

组成	组成(质量分数)/%			
	重整汽油	裂解汽油	甲苯歧化	煤焦油
乙苯	14～18	30(含苯乙烯)	1.1	10
对二甲苯	15～19	15	23.7	20
间二甲苯	41～45	40	53.5	50
邻二甲苯	21～25	15	21.7	20

表 5-10 是不同来源的 C_8 芳烃的组成，可以看出四种不同来源的 C_8 芳烃因为反应 [式 (5-28)、式 (5-29)] 受到热力学平衡的影响，三种二甲苯的组成基本相同。从表 5-11 可以看出，对二甲苯的平衡浓度最高只能达到 23%，并随着温度升高对二甲苯的平衡浓度逐渐降低，而间二甲苯的含量总是最高，低温时尤为显著。

表 5-11　C₈ 芳烃的平衡组成/%

温度/℃ 组成	227	427	527
对二甲苯	23	22	20.5
间二甲苯	53	48	45.5
邻二甲苯	20	22	23
乙苯	4	8	11

因此工业上以不含或少含对二甲苯的 C₈ 芳烃为原料（如吸附分离后的萃余液），通过催化剂的作用，转化成浓度接近平衡浓度的 C₈ 芳烃，经分离得到对二甲苯，其余组分再作为原料去异构化，这就是工业上 C₈ 芳烃异构化增产对二甲苯的方法。

C₈ 芳烃的分离、异构化流程如图 5-26 所示。经白土精制脱除不饱和化合物后，首先可精馏出沸点较低的乙苯。再精馏出沸点较高的邻二甲苯。所余对二甲苯和间二甲苯混合物，可采用低温结晶法或吸附法分离出对二甲苯以后，通过异构化反应得到具有平衡组成的 C₈ 芳烃异构混合物，返回与 C₈ 芳烃原料混合。再将对二甲苯分离，这样就可最大限度地生产得到所需的目的产物对二甲苯。

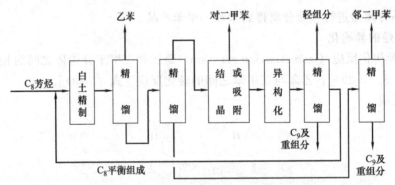

图 5-26　C₈ 芳烃的分离、异构化流程示意图

现今工业生产大多是把乙苯转化而不是分离出来，按照反应方式的不同，异构化催化剂可分为①乙苯转化型异构化催化剂［式（5-30）］；②乙苯脱乙基型异构化催化剂［式（5-31）］。现广泛采用贵金属临氢异构，属第一类催化剂，虽然催化剂成本高，但能使乙苯转化为二甲苯，对原料适应性强。

$$\text{（5-30）}$$

$$\text{（5-31）}$$

C₈ 芳烃临氢异构化工艺流程示意图如图 5-27 所示，由吸附分离来的提余液（不含或少含对二甲苯的 C₈ 芳烃）经过换热与新鲜的和循环的氢混合经加热炉加热到所需温度后，进入异构化临氢固定床反应器（绝热式径向反应器，390～440℃，1.26～2.06MPa）。反应产物经换热后进入气液分离器。为了维持系统内氢气浓度有一定值（70%以上），气相小部分排出系统，可作为吹扫气。而大部分循环回反应器，液相产物经换热后去脱庚烷塔。去除低沸物（主要是乙基环己烷、庚烷和少量苯、甲苯等）。塔釜液经活性白土处理后，去二甲苯分离装置。

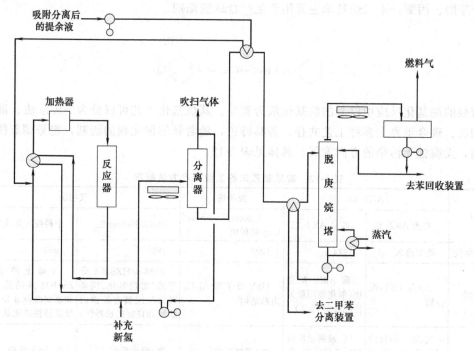

图 5-27 C_8 芳烃临氢异构化工艺流程

3. 芳烃的脱烷基化与烷基化

（1）脱烷基化反应（dealkylation reaction）

$$\text{（5-32）}$$

$$\text{（5-33）}$$

如式（5-32）、式（5-33）所示，工业上芳烃脱烷基化主要应用于甲苯脱甲基制苯、甲基萘脱甲基制萘。但近年来随着苯的使用受到限制，以及经济因素等，此类装置发展趋于停滞，我国仅有少量甲苯用于脱烷基制苯。

甲苯加氢热脱甲基制苯工艺，原料甲苯、循环芳烃（未转化甲苯和少量联苯）和氢气混合，经换热后进入加热炉加热到接近热脱烷基所需温度进入反应器（600～760℃，3.43～6.87MPa，氢/烃摩尔比为 1～5，停留时间 5～30s），由于加氢及氢解副反应的发生造成反应热很大，为了控制所需反应温度，可向反应区喷入冷氢和甲苯。反应产物经废热锅炉、热交换器进行能量回收后，再经冷却、分离、稳定和白土处理，最后分馏得到产品苯，纯度大于 99.9%（摩尔分数），苯收率为理论值的 96%～100%。未转化的甲苯和其他芳烃经再循环塔分出后，循环回反应器。

（2）烷基化反应（alkylation reaction）　芳烃的烷基化是芳烃分子中苯环上的一个或几个氢被烷基所取代而生成烷基芳烃的反应。是脱烷基过程的逆过程。在工业中主要应用于生产乙苯［式（5-34）］、异丙苯和十二烷基苯等。乙苯主要用于脱氢制苯乙烯；异丙苯主要用于生产苯酚、丙酮；十二烷基苯主要用于生产合成洗涤剂。

$$\begin{array}{c}\bigcirc(g)+H_2C=CH_2 \Longleftrightarrow \overset{C_2H_5}{\bigcirc}(g)\end{array}\qquad(5\text{-}34)$$

芳烃的烷基化反应中以苯的烷基化最为重要。其烷基化工艺可以分为 $AlCl_3$ 法、液相法和气相法。现今世界上多种工艺共存，各具特色，随着新的催化剂的研制，趋势朝着能量利用率高，无腐蚀无污染的方向发展，具体见表5-12。

表 5-12　常见制乙苯的工业生产方法概况

项目	$AlCl_3$ 法		液相法	气相法	
	传统 $AlCl_3$ 法	改良 $AlCl_3$ 法	Unocal/Lummus/Uop 液相法	Mobil-Badger 法	中科院大连化物所法
工业化年代	历史悠久	1974	1990	1980	1993
催化剂	$AlCl_3$ HCl 配合物	重 $AlCl_3$ 配合物（催化剂用量为传统法的 25%）	USY 分子筛-Al_2O_3 为黏结剂	ZSM-5/HZSM-5 分子筛（对烷基化、烷基转移反应都有较强的活性和良好的选择性）	含稀土的 ZSM-5/ZSM-11 共结晶分子筛和超细晶粒 β 分子筛型烷基转移催化剂
反应形式	气、液三相反应（气:乙烯。液:1芳烃:2催化剂）	气、液两项反应（气:乙烯。液:芳烃和催化剂）	液、固相反应	气、固相反应	气、固相反应
反应器	一个,同时进行烷基化与烷基转移	内外圆筒形反应器（内筒:烷基化。外筒:烷基转移）	两个（前:烷基化。后:烷基转移）	一个,多层固定床绝热反应器	两个（前:烷基化。后:烷基转移）
反应温度	80~100℃	160~180℃	232~316℃	370~430℃	烷基化:310℃烷基转移:230℃
反应压力	常压	0.6~0.8MPa	2.79~6.99MPa	1.42~2.84MPa	0.5~2.0MPa
乙烯浓度	乙烯:苯=1:8~10(摩尔比)	15%~100%乙烯:苯=1:1.25(摩尔比)	浓乙烯乙烯:苯=1:4~10	浓乙烯	可直接用 FCC 干气,乙烯:苯 <1:8
乙苯收率	97.5%	99.3%	99.6%	98% ZSM-599.3% HZSM-5	
优点	反应条件缓和,催化活性较好	废液为传统法1/3,副产焦油少,腐蚀比传统法小	对原料纯度要求不高,不产生污染环境的废料。催化剂使用寿命长达 3 年,可反应器外在较缓和条件下再生,产物中二甲苯含量少	无腐蚀,无污染,能量容易回收,催化剂价廉	催化剂单程寿命 1 年,对原料气杂质含量要求不严格,FCC 干气无需精制
缺点	强酸性配合催化剂对设备腐蚀严重,废液较多	反应器需在较高温度下耐腐蚀	不适合 FCC 干气或焦炉气原料	催化剂容易结焦,需频繁烧焦再生,催化剂单程寿命 3 个月,反应温度较高,产物中含较多二甲苯,影响乙苯质量	产物中含较多二甲苯,影响乙苯质量

注：FCC 石油炼制中催化裂化（fluid catalytic cracking）。

四、C₈ 芳烃的分离（separation of C₈ aromatics）

1. C₈ 芳烃的组成与性质

混二甲苯是三种二甲苯异构体与乙苯的混合物。由表 5-13 可见，邻二甲苯与间二甲苯的沸点差为 5.3℃，工业上可以用精馏法分离。乙苯与对二甲苯的沸点差为 2.2℃，则精馏分离塔板数达 300～400 块，由此造成回流比很大，能耗较高。现今工业上生产苯乙烯主要以苯和乙烯为原料制乙苯，乙苯脱氢制苯乙烯。采用精馏工艺生产乙苯仅占世界乙苯总产量的 2%左右。

2. C₈ 芳烃单体的分离

（1）深冷结晶分离法（低温结晶分离法）　间二甲苯与对二甲苯由于沸点接近，普通精馏的方法分离非常困难。而熔点则差异较大（表 5-13），因而可用深冷结晶分离（crystal separation）。

表 5-13　C₈ 芳烃各异构体的某些性质

组分	性质	
	沸点/℃	熔点/℃
邻二甲苯	144.411	−25.173
间二甲苯	139.104	−47.872
对二甲苯	138.351	13.263
乙苯	136.186	−94.971

对二甲苯的熔点远高于其他异构体，在 C₈ 芳烃冷却过程中，首先结晶出来的似应是对二甲苯，以后才是其他异构体，但实际结晶过程要复杂得多。

实际工业生产过程中，为提高对二甲苯纯度，多采用二段结晶工艺。第一段结晶 C₈ 芳烃深度冷却至 −60～−75℃ 时，这一步主要考虑如何最大限度提高对二甲苯的收率。结晶的对二甲苯纯度约为 85%～90%，产品还不符合工艺要求；第二段冷冻温度在 0～−20℃ 结晶，这一步的目的是提高对二甲苯的纯度，使其达到 99.2%～99.5%。未结晶的 C₈ 芳烃液中仍含有对二甲苯量约为 6.2%～6.9%。因此结晶分离的单程收率较低，仅为 60%左右。

（2）吸附分离法　吸附分离（adsorptive separation）是利用固体吸附剂（K-Ba-X 和 K-Ba-Y 型分子筛）吸附二甲苯各异构体的能力不同进行的一种分离方法。

如图 5-28 所示，两种速度不一的运动物体兔子（速度 a）、乌龟（速度 b），被皮带轮（$b<v<a$）分开了。移动床技术，就是在移动床中用固体吸附剂、液体脱附剂（皮带）和需分离的液体混合物（乌龟、兔子）作相对运动，达到分离效果。

如应用移动床技术，固体吸附剂必须有高的机械强度以减少磨损，并且床内吸附剂的充填密度要均匀，以防流体产生偏流，影响吸附效率。为了避开这些难题，美国环球油品 UOP 公司构思了一种让吸附剂固定不动，而使液体物料进入和流出的位置随时间而移动的模拟移动床技术（simulated moving bed separator）。兼顾了固定床装填性能好和移动床连续操作的优点，并保持吸附塔在等温下操作，便于自动控制，设计一由许多小段塔节组成的塔，每一塔节都有进出物料口，采用特制的多通道（如 24 通道）的回转阀，靠微机控制，定期启闭切换吸附塔的进出料液和脱附剂的阀门，使各层料液进出口依次连续变动与四个主管道相连，这四个主管道是进料（C₈ 芳烃）、萃取液（PX 和脱附剂）、抽余液（OX、MX、

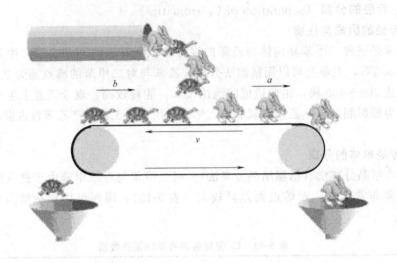

图 5-28 移动床示意图

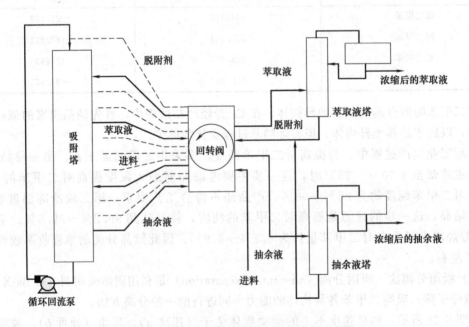

图 5-29 模拟移动床吸附分离工艺流程示意图

乙苯和脱附剂）和脱附剂（其组成为甲苯或对二乙苯），见图 5-29。通过不断完善，该技术的回收率已从最初的 87% 提高到了 97%，纯度也达到了 99.9%。

采用模拟移动床的吸附分离技术已经成为一种广泛采用的二甲苯分离技术。

五、芳烃生产技术进展（research progress of aromatic production）

目前芳烃的大规模生产是通过现代化的芳烃联合装置来实现的，近年来芳烃生产技术主要向着拓展芳烃原料来源、利用新技术增加 PX 产量，以及提高二甲苯分离效率、降低能耗等方向发展。

1. 轻烃芳构化与重芳烃的轻质化

随着石油价格的长期看涨，催化重整和高温裂解的原料主要都是石油馏分中最有使用价值的石脑油，这迫使人们不得不寻找石脑油以外的生产芳烃的原料。目前正在开发的工艺路线一是利用液化石油气（liquefied petroleum gas，LPG）和其他轻烃如甲烷为原料进行芳构化，另一是使重芳烃进行轻质化。这两种原料路线的基础研究和工业化已取得了重要进展。液化石油气芳构化制芳烃已初步实现工业化，以甲烷为原料的芳构化研究目前还处于实验室研究阶段。重芳烃轻质化一般采用热脱烷基或加氢脱烷基技术，已经建有工业化装置。

2. 甲苯、甲醇烷基化制高产率 PX

以廉价的甲苯（toluene）和甲醇（methanol）烷基化制备高产率 PX 已成为近年来的开发热点，目前世界上还没有大规模的生产装置问世，主要是这类装置的经济效益要取决于是否与大规模的甲醇装置配套。这种方法的吸引力是收率要比传统的甲苯歧化工艺高一倍。目前研究多集中在催化剂的性能改进方面。能否实现工业化的关键在于稳定性好、寿命长的工业化催化剂的开发和工艺技术经济的可行性。

3. 选择性歧化

20 世纪 90 年代，Mobil 开发了选择性甲苯歧化技术（shape selective disproportionation reaction），使产物中 PX 含量可达 80%～90%，远远超出热力学平衡值，被称为芳烃转化的革命性技术。从本质上来说，技术的高选择性并非有悖于热力学原理。该技术的关键是使用了一种新型改性 ZSM-5 催化剂，即对 ZSM-5 沸石外表面进行了选择性预处理，在运行初期，甲苯转化率较高，达到 60%，而混合二甲苯产物中含量为典型的热力学平衡浓度（约23%）。随着反应的进行，催化剂细孔逐渐被结炭所堵塞，孔径缩小，分子体积较小的 PX 和苯可以顺利通过，而滞留在催化剂孔隙中的邻位和间位二甲苯重新达到热力学平衡，转化为更多的 PX。此时甲苯转化率降低，在一最佳的甲苯转化率和 PX 选择性状态下停止改变催化剂孔径的动态过程，使装置处于稳态运行状态。这种只让 PX 和苯通过的"交通管制"式模型如图 5-30 所示。

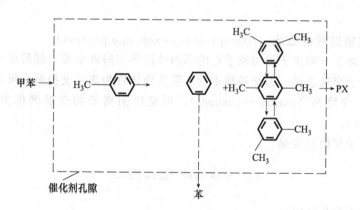

图 5-30　MSTDP 产物选择性模型图

Mobil 至今开发了两代选择性甲苯歧化工艺，即"MSTDP"工艺（mobil selective toluene disproportionation，美孚选择性甲苯歧化工艺）和"PXMax"工艺（对二甲苯最大化工艺）。前者以 ZSM-5 为催化剂，产物中 PX 含量可达 80%～90%；后者采用硅改性 HZSM-5 为催化剂，1997 年实现工业化，PX 选择性可达 90% 以上。与 MSTDP 工艺相比，使用新型催化剂的 PXMax 工艺有较大改进，主要体现在操作温度降低，操作过程简化，易于实现对现有装置的改造，对于新建装置也可降低投资。

4. 二甲苯异构化

近年来，对二甲苯异构化（xylene isomerization）的研究主要侧重于催化剂的性能改进方面，以进一步提高乙苯的转化率和 PX 的选择性，减少芳环损失。异构化工艺向双层或多层催化剂复合床发展，通常第一层催化剂为乙苯转化催化剂，第二层为二甲苯异构化催化剂。BP 公司发现，由于乙苯转化时生成副产物乙烯易使催化剂失活，所以 BP 公司开发了 3 层催化剂系统，即在双层催化剂床中另外加入加氢催化剂（Mo/Al_2O_3），乙烯加氢可转化为乙烷，催化剂失活速率可从 0.05% 下降至 0.006%～0.008%，催化剂再生周期超过一年。

5. 二甲苯分离

在二甲苯吸附分离工艺诞生后，结晶分离法已较少使用。近年来随着甲苯择形歧化技术开发，混合二甲苯溶液中 PX 浓度可提高至 80% 以上，使结晶分离法优势得以发挥，因此，结晶分离法又重新受到了人们的重视。同时法国石油研究院（IFP）在其吸附分离工艺的基础上开发出了吸附与结晶相结合的组合工艺 Eluxyl 工艺，已实现工业化。与单纯的吸附分离工艺相比，组合工艺投资费用少，对原料要求低，适合对现有结晶法装置的改造。UOP 也开发了类似的组合工艺 Hysorb XP。

第七节　离子交换过程
Ion Exchange Process

化学镀镍产生的废液中，含有 3～6g/L 的镍和大量有机配合剂如柠檬酸，由于镍是一种有用的金属，对其回收利用既避免环境污染和资源浪费，又能具有较好经济效益。采用离子交换（ion exchange）、分离纯化后能比较彻底地将镍与化学镍废液中的配合剂和缓冲剂等杂质分开，得到较纯净的氯化镍或硫酸镍溶液，且其镍的浓度可提高至 17～30g/L 之间。

一、离子交换过程的概念（concept of ion exchange process）

带有可交换离子（阳离子或阴离子）的不溶性固体与溶液中带有同种电荷的离子之间的交换过程称为离子交换过程。可交换离子的不溶性固体称为离子交换剂，可交换阳离子的交换剂称为阳离子交换剂（cation exchanger），可交换阴离子的交换剂称为阴离子交换剂（anion exchanger）。

典型的阳离子交换反应是：

$$Ca^{2+} + 2RNa \Longleftrightarrow R_2Ca + 2Na^+$$

典型的阴离子交换反应是：

$$SO_4^{2-} + 2RCl \Longleftrightarrow R_2SO_4 + 2Cl^-$$

式中，R 表示离子交换剂中不溶性的骨架或固定基团。

离子交换是一可逆过程，除非液体中含有某些有机污染物，离子的交换并不引起离子交换剂结构的改变。

1. 离子交换树脂及性能参数

（1）离子交换树脂的结构及类型

① 树脂的结构　离子交换树脂（ion exchange resin）由三部分构成：

载体　即惰性的、不溶性的高分子固定骨架；

活性基团（或称官能团、功能团）　即与载体以共价链连接的不能移动的基团；

活性离子（或称平衡离子）　以离子键与活性基团连接的可移动的离子。

例如，苯乙烯磺酸型钠树脂，聚苯乙烯高分子塑料是载体，磺酸基是活性基团，钠离子是活性离子。

离子交换树脂可看作多官能团的高分子化合物，它是一个不规则的大分子骨架，骨架结构中带有离子团，在阳离子交换树脂中有：

$$—SO_3^-，—COO^-，—PO_3^{2-}，—AsO_3^{2-}$$

在阴离子交换树脂中有：

$$—NH_3^+ \qquad NH_2^+ \qquad N^+ \qquad —S^+$$

从上述基本结构分析，树脂具有下列特性和要求：a. 具有亲水性和弹性，在结构中引入离子团，如—SO_3H 等就会使它具有亲水性；b. 具有适当的交换度，带有离子团的直链碳氢大分子溶解于水，若不溶于水，必须用交联剂进行交联，如制备聚苯乙烯树脂时，以二乙烯基苯为交联剂；c. 具有一定的稳定性，离子交换树脂的化学、机械和热稳定性与其结构有关，紧密的结构有利于抵抗机械磨损；离子交换树脂的热稳定性总是有限度的，一般阳离子交换剂的使用温度不宜超过 100℃，而强阴离子交换树脂的使用最高温度不应超过 60℃；d. 具有较高的交换容量，交换容量主要取决于官能团的数量。

② 树脂的分类　离子交换树脂的分类方法主要有四种：

按树脂骨架的主要成分分类　聚苯乙烯型树脂（001×7）、聚丙烯酸型树脂（112×4）、环氧氯丙烷型多烯多胺型树脂（330）、酚醛型树脂等；

按聚合反应分类　共聚型树脂（001×7）和缩聚型树脂（122）等；

按骨架的物理结构分类　凝胶型树脂或称微孔树脂（201×7）、大网络树脂或称大孔树脂（D201）等；

按活性基团分类　含酸性基团的阳离子交换树脂和含碱性基团的阴离子交换树脂。

有时也按活性基团的电离程度分为强酸性和弱酸性阳离子、强碱性和弱碱性阴离子交换树脂，以及中强酸性阳离子和中强碱性阴离子交换树脂。

离子交换树脂品种繁多，性能差异也较大，可根据需要和使用条件不同选择适当的树脂。

（2）离子交换树脂的性能参数

① 树脂含水量和密度　由于离子交换树脂具亲水性，而含一定的结合水，其含量与树脂官能团的性质及交联度有关，如高交联度的树脂，含水量低。常用的 001×14 树脂含 35％～45％水分，001×7 树脂含 46％～52％水分。干燥的树脂易破碎，商品树脂均以湿态密封包装。干燥树脂使用前，先用盐水浸润后再用水逐步稀释，防止暴胀破碎。

湿真密度，又称堆积密度，指单位体积树脂的质量，常用比重法测定。一般树脂的湿真密度为 1.1～1.4g/mL。活性基团愈多，其值愈大。

② 溶胀率　干树脂浸水后会溶胀，湿树脂在官能团离子转型或再生后水洗涤时亦有溶胀现象，原因是极性官能团强烈吸水或高分子骨架非极性部分吸附有机溶剂导致的体积

变化。

溶胀率常按干树脂所吸取水的体积分数示。可在实验室进行测定。

③ 交换容量 交换容量是表征树脂交换能力大小的重要性能参数，它有全交换容量和工作交换容量两种表示方法。

全交换容量指树脂可交换的全部离子的总量，干树脂用质量交换量（mmol/g）表示，湿树脂用体积交换量（mmol/L）表示。两者之间的关系为：

$$E_V = E_m \times (1 - 树脂的含水率) \times 湿密度 \qquad (5-35)$$

式中 E_V——单位体积树脂的全交换容量，mmol/L；

E_m——单位质量树脂的全交换容量，mmol/g。

工作交换容量是指实际操作条件下的交换容量，湿树脂以 mol/m³ 或 mmol/L 表示。应注意，树脂的工作交换容量与离子交换器的结构、树脂层的高度、流速、再生方式和再生剂的用量等有关。若树脂失效后经再生方能重新使用，再生剂用量对工作交换容量影响很大，在指定的再生剂用量条件下的交换容量称再生交换容量。一般情况下，全交换容量、工作交换容量和再生交换容量三者的关系为：再生交换容量＝0.5～1.0 倍全交换容量；工作交换容量＝0.3～0.9 倍再生交换容量。

工作交换容量与再生交换容量之比称为离子交换树脂利用率。

2. 离子交换过程

活性基团为酸性，对阳离子具有交换能力的树脂称为阳离子交换树脂。活性基团为碱性，对阴离子具有交换能力的树脂称为阴离子交换树脂。离子交换树脂示意图及其构造模型和交换过程如图 5-31、图 5-32 所示。

（1）阳离子交换树脂 按酸性强弱可以分为三类。

① 强酸性阳离子交换树脂 活性基团有磺酸基团（—SO₃H）和次甲基磺酸基团（—CH₂SO₃H）。这些强酸性基团的电离程度大而不受溶液 pH 变化的影响，当 pH 在

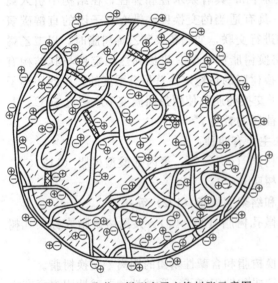

图 5-31 聚苯乙烯型离子交换树脂示意图

⊖固定阴离子交换基 SO_3^{2-} 等；⊕可交换离子 Na^+ 等；

～～苯乙烯链；▨▨二乙烯苯交联；░░水合水

1～14 范围内时，能进行离子交换反应。以 001×7 树脂为例，交换反应为：

中和 $\qquad RSO_3^- H^+ + Na^+ OH^- \rightleftharpoons RSO_3^- Na^+ + H_2O$

中性盐分解 $\qquad RSO_3^- H^+ + Na^+ Cl^- \rightleftharpoons RSO_3^- Na^+ + H^+ Cl^-$

复分解 $\qquad RSO_3^- Na^+ + K^+ Cl^- \rightleftharpoons RSO_3^- K^+ + Na^+ Cl^-$

由复分解反应的原理，可将青霉素钾盐转成青霉素钠盐，反应如下：

$$R—SO_3^- Na^+ + Pen^- K^+ \longrightarrow R—SO_3^- K^+ + Pen^- Na^+$$

青霉素钾盐 $\qquad\qquad\qquad$ 青霉素钠盐

强酸树脂与 H^+ 结合力弱，再生生成氢型时比较困难。

② 弱酸性阳离子交换树脂 主要是羧酸型树脂和酚型树脂，其羧酸基因—COOH、氧-

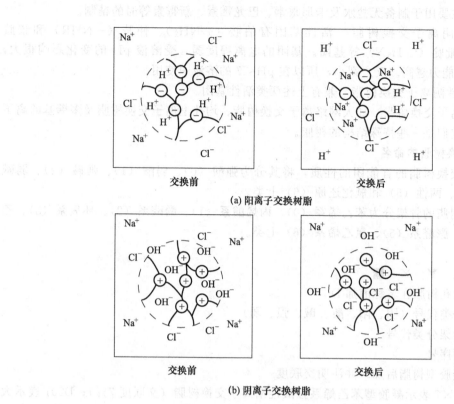

(a) 阳离子交换树脂

(b) 阴离子交换树脂

图 5-32 离子交换树脂的结构及其交换过程

酸基团—OCH_2COOH、酚羟基团 C_6H_5OH 及 β-双酮基团—$COCH_2COCH_3$ 等，都是弱酸性基团。其电离程度受溶液 pH 的变化影响很大，其交换能力随溶液 pH 的下降而减小、升高而递增。

如羧酸阳离子树脂在 pH>7 的溶液中才能正常工作，而酚羟基树脂，只有在 pH>9 的溶液中才能进行反应。交换反应为：

中和
$$RCOO^-H^+ + Na^+OH^- \Longrightarrow RCOO^-Na^+ + H_2O$$

$RCOO^-Na^+$ 在水中不稳定，遇水易水解成 $RCOO^-H^+$，同时生成 NaOH，所以钠型羧酸树脂不宜洗涤到中性，一般洗到出口 pH=9～9.5 即可。

复分解
$$RCOO^-Na^+ + K^+Cl^- \Longrightarrow RCOO^-K^+ + Na^+Cl^-$$

如 110-Na 型树脂，提取链霉素[●] (Str) 的反应：

$$R(COO^-Na^+)_3 + Str \cdot 3H^+Cl^- \Longrightarrow R(COO^-)_3Str \cdot 3H^+ + 3NaCl$$

H^+ 和弱酸性阳离子交换树脂的结合力很强。容易再生成氢型，耗酸量亦少。

③ 中强酸性阳离子交换树脂 其酸度介于强、弱酸性之间，如含磷酸基团—$PO(OH)_2$ 和次磷酸基团—$PHO(OH)$ 的树脂。

(2) 阴离子交换树脂 根据官能团的种类不同也可分为三类。

① 强碱性阴离子交换树脂 活性基是季铵基团，如三甲胺基团 $RN^+(CH_3)_3OH^-$（Ⅰ型）和二甲基-β-羟基乙基胺基团 $RN^+(CH_3)_3(C_2H_4OH)OH^-$（Ⅱ型）。其 N 活性基团电离程度较强，不受溶液 pH 变化的影响，pH=1～14 范围内都可使用。

[●] 链霉素 (streptomycin) 是一种氨基葡萄糖型抗生素，分子式：$C_{21}H_{39}N_7O_{12}$。

这类树脂主要用于制备无盐水及卡那霉素、巴龙霉素、新霉素等时的精制。

② 弱碱性阴离子交换树脂 活性基团有伯胺（—NH₂）、仲胺（—NHR）和叔胺（—NR₂）以及吡啶（C₅H₅N）等基团。基团的电离程度弱，受溶液 pH 的变化影响很大，pH 越低，交换能力越高。反之则小，所以在 pH<7 的溶液中使用。

③ 中强碱性阴离子交换树脂 兼有上述两类活性基团。

（3）新型离子交换树脂 如大网络离子交换树脂、均孔型离子交换树脂及多糖基的离子交换树脂等，它们是一些特殊结构的树脂。

3. 离子交换树脂的命名

根据离子交换树脂的官能团的性质，将其分为强酸（0）、弱酸（1）、强碱（2）、弱碱（3）、螯合（4）、两性（5）和氧化还原（6）七类。

离子交换树脂的骨架分为苯乙烯系（0）、丙烯酸系（1）、酚醛系（2）、环氧系（3）、乙烯吡啶系（4）、脲醛系（5）、氯乙烯系（6）七类。

命名方法：

D ¤ △ ▼ × ■

D 大孔树脂在名称前加 D

¤ 分类代号（阴、阳、酸、碱、强、弱）

△ 骨架分类代号

▼ 顺序号

■ 凝胶型树脂后加×并注明交联度

举例：001×7 表示凝胶型苯乙烯系强酸性阳离子交换树脂（交联度 7%）；D201 表示大孔性苯乙烯季铵 I 型强碱性离子交换树脂。

二、离子交换过程的工业应用 (industrial applications of ion exchange process)

离子交换剂以有机离子交换树脂为主，包括吸附树脂、离子交换膜、离子交换纤维、液体离子交换剂及无机离子交换剂等一类新型功能高分子材料。随着离子交换技术的发展，离子交换过程已广泛应用于工业生产的很多领域，成为化工生产的重要过程。

离子交换剂是现代工业、农业、国防和科学技术等领域不可缺少的物质材料。利用离子交换剂的独特选择性，可以达到浓缩、分离、提纯、脱色、净化、催化及医药生产等目的。在水处理、电力工业、金属冶炼、糖类精制、食品加工、原子能科学技术、化学及生物药剂提纯制备、化工生产、医药卫生、天然有机物分离与提取、分析化学、环境保护及科学研究等领域均有广泛应用。采用离子交换过程可增加新产品、提高产品质量、优化工艺、简化流程、降低成本和改善劳动条件等。

三、离子交换过程的基本原理 (fundamental principle of ion exchange process)

1. 离子交换平衡

平衡常数（选择性系数） 在不需要分离的溶质存在时，离子交换剂表面的离子基团或可离子化的基团 R（R⁺ 或 R⁻）一直被反离子覆盖，液相中的反离子浓度为常数。

离子交换树脂的选择性，指某种树脂对不同离子交换亲和能力的差别。树脂活性基和某离子的亲和力越强，说明树脂对其选择性越强。离子交换树脂的选择性集中地反映在离子交换平衡常数 K 值上，也叫选择性系数。

对交换反应 $RA + B \rightleftharpoons RB + A$

平衡常数表达式为：
$$K_A^B = \frac{c_{RB}\, c_{A_S}}{c_{RA}\, c_{B_S}} \tag{5-36}$$

式中　c_{RA}、c_{RB}——表示结合在树脂上的 A 离子和 B 离子的浓度；

　　　　c_{A_S}、c_{B_S}——表示溶液中 A 离子和 B 离子的浓度。

式（5-32）可改写成：

$$K_A^B = \frac{c_{RB}/c_{RA}}{c_{B_S}/c_{A_S}} \qquad (5-37)$$

式中，K_A^B 是树脂上 A、B 离子浓度比与溶液中 A、B 离子浓度比的比值。$K_A^B > 1$，表示树脂上 B 离子与 A 离子之间相对含量比在溶液中高，即 B 离子对树脂的亲和力大于 A 离子，选择性系数 K_A^B 值越大，B 离子越易交换 A 离子。

K_A^B 随测定方法和具体条件不同而异，应用时需具体比较和分析。对相对分子质量较大的有机离子的交换，由于有空间位阻的影响，平衡公式要进行调整，计算复杂。生产上一般用小试测得的数据来选择树脂。

2. 离子交换原理

将离子交换剂固定在交换柱中，被处理的溶液或水不断地流经交换柱（exchange column），溶液中只有一种可交换的离子 A 与交换剂中反离子 B 不断进行交换，而达到交换分离的目的。固定床离子交换装置如图 5-33 所示。

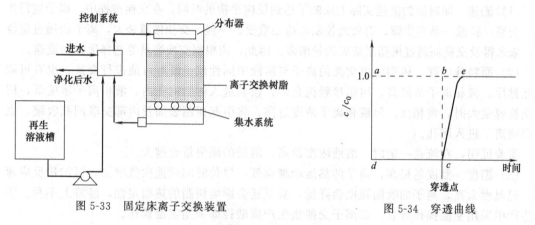

图 5-33　固定床离子交换装置　　　　　　　图 5-34　穿透曲线

在固定床交换柱中，随着交换过程的进行，逐渐形成"交换区"、"饱和区"（或耗竭区）和"未交换区"三个区，其变化情况可用一条"穿透曲线"来进行描述。见图 5-34。

（1）交换区　溶液中可交换离子 A 与交换剂中反离子 B 进行交换的区域。在该区，交换液首先接触到上层新鲜交换剂，交换剂中 B 离子逐渐被溶液中 A 离子交换。

（2）饱和区（或耗竭区）　离子交换柱中交换剂被溶液中 A 离子完全饱和区域。

（3）未交换区　离子交换柱中交换剂未被交换的区域。

离子交换过程中，交换区和耗竭区的位置逐渐往下移动，当交换区移动到交换柱的下端时，在流出液中出现 A 离子（交换达到"穿透点"），随后 A 离子的浓度不断增加，直至与原溶液中 A 离子浓度完全相同。

（4）穿透曲线　用流出时间与浓度比（c_A/c_0）来描述流出液浓度变化过程的曲线。出口处溶液中 A 离子开始出现的点称为穿透点，达到穿透点所需的时间称为穿透时间。一般穿透时间很难测定，习惯将出口溶液中 A 离子浓度达到 5%~10% 的时间称为穿透时间。

当交换达到"穿透点"（breakthrough point）时，在交换柱下层的交换剂并未完全交换为 A 型，交换到达穿透点时的交换容量称为"透过容量"（即图 5-34 中 *abcd* 面积），相当于交换柱上的操作交换容量的累积量，它低于总交换容量（相当于 *aecd* 面积），又取决于交换

过程的特性和操作条件，也决定了交换柱的利用率 η

$$\eta = \frac{Q_A}{G} \tag{5-38}$$

式中 　Q_A——交换柱的透过容量；

　　　G——交换柱总交换容量。

例：称取 1.5g H-型阳离子交换树脂做成交换柱，净化后用氯化钠溶液冲洗，至甲基橙呈橙色为止。收集流出液，用甲基橙为指示剂，以 0.1000mol/L NaOH 标准溶液滴定，用去 24.51mL，计算该树脂的交换容量（mmol/g）。

解：

$$交换容量 = \frac{0.1000 \times 24.51}{1.5} = 1.6 \, (mmol/g)$$

3. 影响离子交换的因素

除溶液的离子性质及树脂性能以外，工艺条件也是影响交换过程的重要因素。当树脂类型选定后，对一定的工艺流程，影响交换的主要因素有流速、原料液浓度、温度等。

（1）流速　原料液的流速实际上反映了达到反应平衡的时间，在交换过程中，离子进行扩散—交换—扩散一系列步骤，有效地控制流速很重要。一般，交换液流速大，离子的透过量就高，未来得及交换而通过树脂层流失的量增多。因此，应根据交换容量等选择适宜的流速。

（2）原料液浓度　树脂中可交换的离子与溶液中同性离子既有可能进行交换，也有可能相互排斥。液相离子浓度高，树脂接触机会多，较易进入树脂网孔内，液相离子浓度低，树脂交换容量大时，则相反。但液相离子浓度过高，将引起树脂表面及内部交联网孔收缩，也会影响离子进入网孔。

实验证明，在流速一定时，溶液浓度越高，溶质的流失量也越大。

（3）温度　温度越提高，离子的热运动越剧烈，单位时间碰撞次数增加，可加快反应速率。但温度太高，离子的吸附强度会降低，甚至还会影响树脂的热稳定性，经济上不利。实际生产中采用室温操作较宜，如离子交换法生产碳酸钾即采用室温操作。

4. 离子交换过程的操作

（1）树脂的选择　主要依据欲交换物的性质和目的来选择。如主要杂质的解离特性、相对分子质量、浓度、稳定性以及欲交换离子的性质、生产要求等。

当目的物具有较强的碱性和酸性时，宜选用弱酸性、弱碱性树脂。这样有利于提高选择性，并便于洗脱。若目的物是弱酸或弱碱性的小分子物质，则往往选用强碱性、强酸性树脂。

（2）树脂的处理和再生

① 树脂的预处理　是将树脂在使用前利用物理、化学的方法，除去杂质，经酸或碱及水洗、转型后备用。

② 树脂的再生、转型、毒化　树脂的再生是将使用过的树脂重新获得使用性能的处理过程。一般，离子交换树脂可以反复使用。对使用后的树脂首先要除去游离杂质，然后再用酸碱处理除去与官能团结合的杂质，使其恢复交换能力。转型是为了发挥树脂的交换性能，按照使用要求赋予平衡离子的过程。对于弱酸或弱碱性树脂需用碱（NaOH）或酸（HCl）转型。对于强酸或强碱性树脂除使用碱、酸外，还可以用相应的盐酸溶液转型。毒化是树脂失去交换性能不能用一般再生手段重获交换能力的现象。如大分子有机物或沉淀物严重堵塞

孔隙、活性基团脱落而生成不可逆化合物等。对已毒化的树脂在用常规方法处理后，再用酸、碱加热（40～50℃）、浸泡，以求溶出难溶杂质。

（3）基本操作

① 操作方式　有静态和动态操作两种。静态交换是将树脂与交换溶液混合，在一定的容器中搅拌进行，其操作简单、设备要求低，分批进行，交换不完全，故应用受到限制；动态法是先将树脂装柱，交换溶液以平流方式通过柱床进行交换，该法不需搅拌，交换安全，操作连续，因此应用较广泛。

② 洗脱方式　离子交换完成后，将树脂所吸附的物质释放出来重新转入溶液的过程称洗脱。洗脱方式也分静态与动态两种。通常，动态交换也称动态洗脱，静态交换也称静态洗脱。洗脱液分酸、碱、盐、溶剂等类。酸、碱洗脱液主要是改变吸附物的电荷或改变树脂活性基团的解离状态，消除静结合力，使目的物释放出来；盐类洗脱是通过高浓度的带同种电荷的离子与目的物竞争树脂上的活性基团，并取而代之，使吸附物游离。为提高目的物收率，静态洗脱可多次反复洗脱。

动态洗脱在离子交换柱中进行。洗脱液的 pH 值和离子强度可以始终不变，也可以按要求人为地分阶段改变其 pH 值或离子强度，进行阶段洗脱。这种洗脱液的改变也可以通过仪器（如梯度混合仪）来完成，使洗脱条件的改变连续化，特别适用于高分辨率的分析目的。

③ 再生方式　分再生液自上而下流动的顺流再生和再生液自下而上流动的逆流再生两种。顺流再生与逆流再生过程的比较如图 5-35 所示。

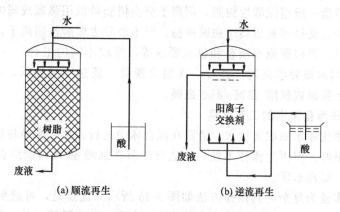

图 5-35　顺流再生与逆流再生过程的比较

逆流再生时，再生剂从单元的底部分布器进入，均匀地通过树脂床向上流动，经废液收集器而流出，淋洗水从喷洒器喷入，经树脂床往下流动，再从下部引出，与再生废液一齐排出。随着再生剂的通入再生程度不断提高，达到一定值后，再要提高，再生剂耗量增加，很不经济，所以，再生率不需要百分之百。

四、离子交换法制备软水和无盐水的过程（Ion exchange technique in the preparation of soft water and deionized water）

普通井水、自来水等都含有 Ca^{2+}、Mg^{2+}，常称为硬水，硬水用于洗涤纺织品时会造成纺织品污点，影响美观与强度。用硬水加工食品，会造成蛋白质沉淀，较难煮熟。在酿酒中，水的硬度超过 4° 时，酒浑浊，酒味不好。硬水对农药也有影响，它会与乳化剂生成沉淀，降低药效，甚至产生药害。因此很多生产用水，必须进行软化。

水的硬度通常用度（H°）表示，1° 指 1kg 水中含有相当于 10mgCaO 的硬度；而纯度是指 1t 水中所含有的总硬度。

1. 软水和无盐水的制备原理

工业上一般利用钠型磺酸树脂制备软水（soft water），而利用氢型阳离子交换树脂和羟型阴离子交换树脂制备无盐水（deionized water）。

（1）软水制备原理 在一定条件下利用钠型磺酸树脂除去水中的 Ca^{2+}、Mg^{2+} 等碱金属制备软水，其化学反应式为：

$$2RSO_3Na + Ca^{2+}(HCO_3)_2 \rightleftharpoons (RSO_3)_2Ca^{2+} + 2NaHCO_3$$

$$2RSO_3Na + Mg^{2+}(HCO_3)_2 \rightleftharpoons (RSO_3)_2Mg^{2+} + 2NaHCO_3$$

失效后的树脂，用 10%～15% 工业盐水再生成 Na 型即可重复使用。

（2）无盐水制备原理 无盐水制备是利用氢型阳离子交换树脂和羟型阴离子交换树脂除去水中所有的离子，其反应式如下：

$$RSO_3H + Me^+X \rightleftharpoons RSO_3Me^+ + HX$$

$$R'OH + HX \rightleftharpoons R'X + H_2O$$

式中，Me^+ 代表金属离子；X^- 代表阴离子。

阳离子交换树脂一般用强酸性树脂，阴离子交换树脂可以用强碱或弱碱合成树脂。弱碱树脂再生剂用量少，交换容量也高于强碱树脂，但不能除去弱酸性阴离子，如硅酸根、碳酸根等。实际应用时，可根据原水质量和供水要求等，采取不同的组合。一般用强酸-弱碱或强酸-强碱树脂。对水质要求高时，经过一次组合脱盐，还达不到要求，可采用两次组合，如强酸-弱碱-强酸-强碱或强酸-强碱-强酸-强碱。

2. 离子交换法净化原水的工艺过程

离子交换法净化原水制取无盐水，通常在混合床中进行。混合床是将阳、阴两种树脂混合而成，脱盐效果好。但再生操作不便，故适宜于装在强酸-强碱树脂组合的后面，以除去残留的少量盐分，提高水质。

混合床的操作较为复杂，其操作方法如图 5-36 所示。优点是，可避免在脱盐过程中溶液酸碱度的变化。经过第一柱（阳树脂）时，溶液变酸，而经过第二柱（阴树脂）时，溶液又变碱，这种酸碱度变化对于抗生素等不稳定物质的影响很大。

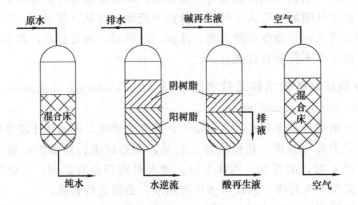

图 5-36 混合床的操作

顺流再生时，未再生树脂层在交换塔下部，无盐水的质量主要取决于离开交换塔时（即交换塔下部）的树脂层，故出来的水质较差；相反，逆流再生时，交换塔下部的树脂层再生的程度最好，故水质较好。顺流再生与逆流再生时水质的比较见图 5-37。逆流再生时，切忌树脂乱层。防止乱层的方法很多，现举两例，如图 5-38 所示的逆流再生操作方式。在图 5-38（a）中，当再生剂自下而上流动时，同时有水自上而下流动，两种溶液自塔上部的集液装置排出；图 5-38（b）中，再生剂同时自塔的上部和下部通入，而从塔中部的集液装置排出，也有采用塔上部通入 29～49kPa 空气来压住树脂，出水的水质较好，再生剂耗量为顺流再生的 1/2～7/10。

五、离子交换过程的技术进展（technical progress of ion exchange process）

离子交换过程在工业应用各领域都有新的发展，介绍如下。

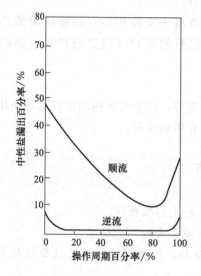

图 5-37　顺流与逆流再生水质的比较

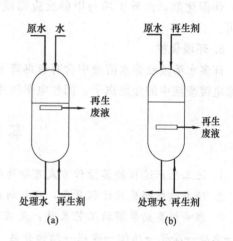

图 5-38　逆流再生操作方式

1. 水处理

水处理（water treatment）领域离子交换树脂的需求量很大，约占离子交换树脂产量的 90%，用于水中的各种阴阳离子的去除。目前，离子交换树脂的最大消耗量是用在火力发电厂的纯水处理上，其次是原子能、半导体、电子工业等。

如用离子交换去除饮用水中有机物就是随着各种大孔离子交换树脂和磁性离子交换树脂（MIEX）的出现而发展起来的，前者孔较大，对有机物质吸附可逆性好，抗有机物污染能力也较强；后者是在树脂颗粒结构中包含磁性成分，交换了水中溶解有机物（dissolved organic carbon，DOC）的 MIEX 可被收集起来并被多次利用。

2. 食品工业

离子交换树脂可用于制糖、味精、酒的精制、生物制品等工业装置上。离子交换树脂在食品工业（food industry）中的消耗量仅次于水处理。最近研究表明用大孔强碱离子交换树脂（Amberlite IRA-900）、弱碱离子交换树脂（IRA-93）可降低白葡萄酒中的酒石酸、柠檬酸、水杨酸等含量，既能调节酒的味道，又能增加其稳定性。

3. 制药行业

制药工业（pharmaceutical industry）离子交换树脂对发展新一代的抗生素及对原有抗

生素的质量改良具有重要作用。链霉素的开发成功即是突出的例子。近年还在中药提成等方面有所研究。

新近的离子交换技术用于制备口服药物——树脂液体控释系统，以离子交换树脂为载体，其原理是将药物与树脂反应，生成药物树脂复合物，然后用浸渍剂处理该复合物，最后用具水不溶性但水可渗透的包衣膜对其进行微囊化包衣，形成微囊后分散于一定的介质中，最终达到缓控释给药。目前，已有美沙芬、可待因-扑尔敏（氯苯那敏）等药物树脂控释混悬剂上市。

4. 合成化学和石油化学工业

在有机合成中常用酸和碱作催化剂进行酯化、水解、酯交换、水合等反应。用离子交换树脂代替无机酸、碱同样可进行上述反应，且优点更多。如树脂可反复使用，产品容易分离，反应器不会被腐蚀，不污染环境，反应容易控制等。

甲基叔丁基醚（MTBE）的制备，就是用大孔型离子交换树脂（如磺化聚苯乙烯树脂）作催化剂，由异丁烯与甲醇反应而成，代替了原有的可对环境造成严重污染的四乙基铅。

5. 环境保护

许多水溶液或非水溶液中含有有毒离子或非离子物质，这些可用树脂进行回收使用。如去除电镀废液中的金属离子、回收电影制片废液里的有用物质等。

本章小结

1. 化工生产过程按其操作方式可分为间歇、连续和半间歇操作。

2. 烃类热裂解反应过程复杂，可归纳为经历了一次反应和二次反应。

3. 影响烃类热裂解的工艺条件：反应温度、烃分压、停留时间。工艺过程概括为：裂解→急冷→净化→压缩→冷冻→精馏分离。

4. 烃类的氧化分为完全氧化和部分氧化（即选择氧化），反应过程要严格控制温度，防止反应器"飞温"。

5. 羰基合成：在催化剂存在下，有机化合物分子中引入羰基（$\diagdown C = O$）的反应。加快羰基化反应的研究与技术开发，对发展我国煤制化工产品的模式，更合理地利用我国资源将具有重大的现实与战略意义。

6. 聚合反应：由低分子单体合成聚合物的反应，可分为加聚反应和缩聚反应。

7. 芳烃的来源：①石油——催化重整、烃的裂解、液化石油气芳构化、重芳烃的轻质化；②煤炭——焦化。

8. 催化重整工艺：固定床半再生重整，移动床连续重整。芳烃抽提工艺：液液萃取法分离苯系芳烃与相近碳原子数的非芳烃。

9. 芳烃的歧化与烷基转移工艺：工业上应用于使 C_7、C_9 芳烃转变成 C_8 芳烃。芳烃的脱烷基化工艺：工业应用于甲苯脱甲基制苯、甲基萘脱甲基制萘。芳烃的烷基化工艺：工业上用来生产乙苯、异丙苯和十二烷基苯等。

10. 离子交换过程：带有可交换离子（阳离子或阴离子）的不溶性固体与溶液中带有同种电荷的离子之间的交换过程。水处理领域对离子交换树脂的需求量最大。

综合练习

根据阅读材料，选择表5-14、表5-15中你感兴趣的一家企业，完成一篇企业简报。

一、PX 行业

据预测今后世界 PX 需求增长大于能力增长，2010 年世界 PX 消费需求 3040 万吨，年均递增 5.8%，生产能力 3360 万吨，年均增加 5.2%，2010 年世界 PX 用于 PTA 生产的消费比例将增加到 93%，世界新增 PX 生产装置主要在亚洲及中东地区，北美仍是 PX 的主要出口地区，中东成为大量出口 PX 的新兴地区。出口量均在 100 万吨以上。

2006 年我国发改委公布了《对二甲苯（PX）"十一五"建设项目布局规划》。该规划是我国"十一五"时期（2006～2010 年）PX 项目建设的指导性文件，也是核准审批有关项目的依据。该规划提出的项目建设安排原则是：①符合产业政策要求，规模经济合理，技术先进适用；②优先考虑依托老厂挖潜改造和扩建，提高竞争力；③鼓励采用国内开发的技术和国产设备建设；④原料主要来自炼厂和乙烯装置，且副产较多；优先安排与大型炼厂配套建设的项目，无大型炼厂做依托的项目暂不考虑；⑤产品主要用于 PTA 生产，PX 装置建设应尽量与 PTA 企业的分布相匹配；⑥鼓励投资多元化，支持国有与民营企业合资合作。根据这一原则，"十一五"期间，安排天津石化、扬子石化、上海石化、乌鲁木齐石化等 4 个改扩建项目，新增产能 183 万吨/年；安排金陵石化、茂名石化、福建炼化一体化项目、大化集团搬迁配套项目、中海油海南炼油项目、厦门腾龙芳烃（漳州）等 6 个新增项目，新增产能 415 万吨/年。预计到 2010 年，全国 PX 产能将达到 867 万吨/年，新增产能 598 万吨/年，可满足国内需求量的 85% 以上。

表 5-14　2010 年国内 PX 生产企业能力情况/（万吨/年）

（我国发改委 PX "十一五" 建设项目布局规划）

序号	生产企业	归属	地区	2005 年	2006 年	2007 年	2008 年	2009 年	2010 年
	全国合计			269	360	512	642	787	867
	一、老厂改扩建			269	300	392	452	452	452
1	中石油辽阳石油化纤公司	中石油	东北	70	70	70	70	70	70
2	中石化天津石油化工公司	中石化	华北	33	39	39	39	39	39
3	中石化洛阳石油化工总厂	中石化	华中	21	21	21	21	21	21
4	中石化镇海炼化股份公司	中石化	华东	52	52	52	52	52	52
5	中石化扬子石化股份公司	中石化	华东	55	80	80	80	80	80
6	中石化上海石化股份公司	中石化	华东	23.5	23.5	23.5	83.5	83.5	83.5
7	中石化齐鲁石化股份公司	中石化	华东	6.5	6.5	6.5	6.5	6.5	6.5
8	中石油乌鲁木齐石油化工公司	中石油	西北	8	8	100	100	100	100
	二、新建项目				60	120	190	335	415
9	金陵石化分公司	中石化	华东		60	60	60	60	60
10	茂名石化分公司	中石化	华南				60	60	60
11	福建炼化一体化项目	中石化	华东				70	70	70
12	大化集团搬迁配套项目	地方国有	东北					45	45
13	中海油南海炼油项目	中海油	华南						100
14	腾龙芳烃（漳州）有限公司	台资	华东						80

我国 PX 装置一般都与炼油厂紧密相连，我国现有 PX 生产企业 8 家共 10 套装置，全部在中石油、中石化两大集团内，按上下游一体化配套建设，外供量很少。现有装置技术来源基本上是 UOP 公司成套技术，只有镇海炼化用了 IFP 的吸附分离技术。

二、PTA 行业

目前世界最大和最具竞争力的 PTA 生产商是 BP 公司，其生产能力达约 800 万吨/年，美国杜邦、日本三菱化学、三井化学和韩国高丽石化等公司的独资及合资的 PTA 工厂遍布世界各地。目前亚洲是世界 PTA 最主要的生产基地，亚洲地区 PTA 的高速发展主要来自中国大陆、中国台湾和韩国的增长，世界上目前 PTA 的消费也主要集中在亚洲、北美及西欧地区。2007 年全球产能达到 4342 万吨，预计 2010 年将达到 4920 万吨。

我国从 20 世纪 70 年代末开始成套引进 PTA 生产装置，2002 年修订我国外商投资产业指导目录时将 PTA 由外商限制类改为鼓励类。目前 PTA 装置由国内两大石油、石化集团垄断的局面已打破，随着新批 PTA 项目建设和投产，将有外资、民营和其他国有等多种所有制成分进入这一领域，近几年形成了建设热潮，相继投产了多套 PTA 装置。

我国聚酯生产能力主要集中在华东地区，2005 年约占全国总能力的 76%，相应 PTA 生产、消费也集中在华东地区，其中江、浙、沪、闽的总生产能力已占全国的 73%。

目前我国 PTA 几乎全部用于生产聚酯。聚酯在我国主要用于生产涤纶纤维（92% 以上），非纤用量不足 8%。我国聚酯 2010 年需求预测值基本在 1800 万～2000 万吨之间。2010 年 PTA 需求将达到 1480 万～1650 万吨，考虑到国内外原料条件的限制，按国内 80% 满足率、90% 开工率，相应需要配套 PTA 生产能力 1320 万～1470 万吨，预计到 2010 年，中国将成为世界最大的 PTA 生产基地及消费地区。

表 5-15　国内已建 PTA 装置能力分布（截至 2008 底）

序号	企业名称	设计能力/万吨	生产能力/万吨	专利商	备注
1	中石化北京燕山石化股份有限公司	3.6		阿莫科	1982
2	中石化上海石化股份公司	22.5	40	三井油化	1984
3	中石化扬子石化股份公司	45.0	70	阿莫科	1984
4	济南化纤总公司	7.5	8.2	三井油化	1991
5	中石油乌鲁木齐石油化工公司	7.5	8.0	杜邦	1995
6	中石化仪征化纤股份公司	25.0	35.0	阿莫科	1995
7	中石油辽阳石油化纤公司	22.5	27.0	杜邦	1996
8	中石化天津石油化工公司	25.0	32.0	三井油化	2000
9	中石化洛阳石油化工总厂	25.0	32.5	阿莫科	2000
10	翔鹭石化企业有限公司	90.0	150.0	泽阳、日立	2002
11	广东珠海 BP 公司	35.0	45.0	英国石油	2003
12	中石化仪征化纤股份公司	45.0	62.0	英威达	2003
13	浙江逸盛石化公司	45.0	68.0	杜邦	2005
14	浙江华联三鑫石化公司	45.0	60.0	伊士曼	2005
15	浙江华联三鑫石化公司	45.0	60.0	英威达	2006
16	亚东石化上海有限公司	45.0	60.0	英威达	2006
17	中石化扬子石化股份有限公司	45.0	60.0	英威达	2006
18	浙江逸盛石化公司	53.0	60.0	英威达	2006
19	浙江华联三鑫石化公司	53.0	60.0	英威达	2007
20	宁波台湾化纤公司	60.0	60.0	三菱技术	2007

续表

序号	企业名称	设计能力/万吨	生产能力/万吨	专利商	备注
21	中石油辽阳石化分公司	53	53	英威达	2007
22	宁波三菱	60.0	60.0	三菱技术	2007
23	珠海碧辟化工公司(二期)	90	100	阿莫科	2008
24	大连逸盛大化石化公司	120	150	英威达	2008
	合计	1067.6	1360.7		

复习思考题

1. 何为化工生产过程,化工单元反应和化工单元操作的含义是什么?

2. 化工生产的操作方式有哪些? 简述各自的特点和使用场合。

3. 石油烃为什么要进行热裂解? 简述其原理。

4. 烃类热裂解的一次反应和二次反应的含义是什么?

5. 烷烃裂解的一次反应有何规律性?

6. 丙烷裂解的主要产物是什么? 为什么?

7. 裂解原料氢含量、族组成与获得产物乙烯收率有何关系?

8. 裂解过程对温度、时间、烃分压有何要求? 要满足其要求,工艺上应采取何措施?

9. 综合热力学和动力学分析,压力及水蒸气对裂解增产乙烯有何影响?

10. 了解我国"十一五"规划内在建的8套乙烯装置分别建设在哪里? 规模多大?

11. 氧化过程的主要特点是什么? 主要反应有哪几类?

12. 简述氧化过程的工业应用方向。

13. 何为催化自氧化反应? 催化自氧化反应主要得到那些产品?

14. 非均相催化氧化反应与均相催化氧化反应相比有哪些主要特点?

15. 乙烯环氧化制环氧乙烷催化剂的活性物质、载体、助剂、抑制剂分别是什么? 各起什么作用?

16. 为什么说乙烯环氧化制环氧乙烷反应的最大选择性是 6/7,即 85.7%?

17. 试分析反应温度和空速对乙烯环氧化反应的影响。

18. 何为羰基化过程? 羰基化反应主要包括哪些类型?

19. 甲醇低压羰基化法制醋酸有何特点? 试根据其流程示意图进行简要分析。

20. 在羰基化反应过程中,烯烃的结构对反应速率和正/异构醛比例有何影响?

21. 高压法羰基合成生产丁醛工艺有哪几个主要步骤? 试述各步的作用。

22. 试写出以丙烯为原料合成丁、辛醇的化学反应式。

23. 加快羰基化反应的研究与技术开发,对于合理地利用我国资源将有哪些重大的现实与战略意义?

24. 何为聚合过程,聚合过程有哪些主要特点?

25. 自由基聚合的实施方法主要有哪些,各自有何特点?

26. 如何选择聚合方法,聚氯乙烯的生产采用何种方法比较合理,为什么?

27. 想一想: 常用聚氯乙烯相对分子质量为 5 万~15 万,其重复单元数的相对分子质量为 62.5,重复单元数 n 为多少?

28. 简述聚乙烯的生产方法,扼要归纳各自的特点。

29. 芳烃的主要产品有哪些? 各有何用途?

30. 简述苯、甲苯和各种二甲苯单体的主要生产过程,并说明各自的特点。

31. 要把液体混合物——分开,精馏是利用各物质沸点的差异,结晶是利用冷冻后各物质的熔点的不同，吸附法是利用各物质在吸附剂上的吸附能力有异。查一查日本三菱公司发明的一种从 C_8 芳烃中分离间二甲苯的方法，是利用了混合物的哪种性质差异进行分离提纯的？

32. 根据本章相关工艺描述，画出甲苯加氢热脱甲基制苯工艺流程简图。

33. 根据图 5-25 你能看出几种生产对二甲苯（PX）的工艺路线？

34. 何为离子交换过程，简述其主要应用领域。

35. 试分析影响离子交换过程的因素。

36. 离子交换能否用于海水淡化工程，谈谈您认为行或不行的理由。

第六章 化工生产工艺流程
Technological Process of Chemical Production

知识目标

了解氨合成的工艺流程、聚氯乙烯生产工艺流程的特点；
理解工艺流程配置方法及评价原则。

能力目标

能掌握化工工艺流程的组成；
能对生产工艺流程进行主要单元操作和设备的配置；
能应用工艺流程评价原则和方法对工艺流程进行简单分析，并进行流程的改进。

素质目标

能分析解释社会生活中与化工生产相关的有关事件、现象，具备辩证唯物的思考能力。

一个特定的化工产品，从原料到制成目的产物，要经过一系列物理和化学加工处理步骤，这个生产过程称为"化工过程"（chemical process）。

化工产品数以万计，其生产过程也各式各样。例如，由氮和氢合成氨，反应式为：

$$N_2 + 3H_2 \longrightarrow 2NH_3$$

工业生产中，要制得产品氨，必须包括下列步骤：合格氢氮气的制备；氢氮气进行化学反应合成氨；生成的产品氨从混合气中分离出来，并将未反应的氢氮气循环利用。

再如工业中硫酸的生产。其反应式为：$2SO_2 + O_2 \longrightarrow 2SO_3$

$$nSO_3 + H_2O \longrightarrow H_2SO_4 + (n-1)SO_3$$

生产过程包括：合格原料气二氧化硫的制备；二氧化硫催化转化为三氧化硫；三氧化硫用水（或硫酸）吸收生成硫酸。

第一节　概　述
Introduction

一、工艺流程的组成（consists of technological process）

化工产品的生产过程基本包括三个步骤，即原料的预处理、化学反应、产物的分离及精制。

由于化工生产是以化学反应占主体的加工过程，故化工过程都是以化学反应过程为中心。为了更好地满足化学反应过程的需要，往往先要对原料进行预处理，如固体原料的粉碎、分级、混合、溶解；气体原料的净化、加压、加热；液体原料的蒸发、过滤等。由于化学反应过程中原料一般难以全部转化为目的产物，反应产物中会有若干未反应的原料和副产物。为了得到所需纯度的产品，还必须进行后处理和分离提纯，如固体产品的结晶、干燥；气体产品的冷却、吸收；液体产品的精馏、萃取等。有时，为了经济上合理，未反应的物料还须分离回收，并循环使用。

由于化工反应类型不相同，有吸热反应和放热反应；有可逆反应和不可逆反应；有的反应需要在高温高压下进行，有的需要在催化剂作用下才能反应，还有气相反应、液相反应及多相反应等。根据反应的特点和工艺条件的不同，可供选择的反应器类型与结构也多种多样。再加上构成原料预处理和产品分离系统的单元操作及设备极其复杂，使得化工过程千变万化。这些千变万化的化工过程，其相同之处是，都由为数不多的一些化学处理过程（如氧化、还原、加氢、脱氢、硝化、卤化等）和物理处理过程（如加热、冷却、蒸馏、过滤等）组成；其不同之处在于：组成各过程的单元过程和单元操作不同，而且这些单元组合的次序和方式，以及设备的类型与结构也各不相同。

从原料开始，物料流经一系列由管道连结的设备，经过包括物质和能量转换的加工，最后得到预期的产品，将实施这些转换所需要的一系列功能单元和设备有机组合的次序和方式，便称为工艺过程或工艺流程（technological process）。

化工生产工艺流程反映了原料转化为产品所采取的化学和物理的全部措施，是原料转化为产品所需单元反应和化工单元操作的有机组合。工艺流程的基本组成如图 6-1 所示，它仅包含了化工过程的主要阶段。

化工生产中的工艺流程是多种多样的，不同产品的生产工艺流程不同；同一产品采用不同的原料来生产，其工艺流程也大不相同；有时即使采用的原料相同，产品也相同，若采用的加工方法或工艺路线不同，在流程上也有区别。因此有的工艺流程除了图6-1所示出的各主要单元外，常见的还有冷却介质、加热介质、辅助材料（如吸收剂）处理、惰性气体制备及三废处理等阶段。在某些产品的工艺流程中上述各单元都可以重复。

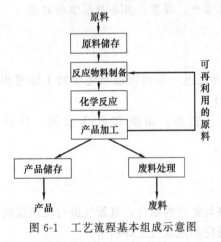

图 6-1　工艺流程基本组成示意图

二、工艺流程图（process flowsheet）

一种工艺流程，既可以用文字表述，也可以用图来描述；而且只要有公认的规范、代号和图例，用图来表述要比文字更方便、直观和简洁。这种用图来表述的工艺流程称为工艺流程图（process flowsheet）。

由于流程图能形象直观地用较小篇幅传递较多的信息，故无论是化工生产和管理、化工过程开发和技术革新设计，还是查阅资料或参观工厂，常常要用到流程图，因此学会阅读、配置和绘制流程图具有重要的现实意义。

工艺流程有多种，根据其用途，繁简程度差别很大。一般，最简单也最粗略的一种流程图是方框流程图（block flowsheet）。该图以方框表示单元操作过程或设备，方框之间用带箭头的直线连结，箭头的方向表示物料流动的方向，并辅以文字说明。如果用来描述一个化工厂，一个方框可以代表一个车间或装置；如果描述一个车间或装置，一个方框可代表一个加工处理单元或设备。方框之间用带箭头的直线连结，代表车间或设备之间的管线连结，箭头的方向表示物料流动的方向。画流程图时，一般按照原料转化为产品的顺序，采用由左向右、自上而下展开，车间或设备的名称可以表示在方框中，也可在近旁标出，次要车间或设备可以忽略。流程管线也可加注必要的文字说明，如原料从哪里来，产品、中间产物、废物去哪里等。图 6-2 为醋酸乙烯酯合成工序工艺流程方框图。

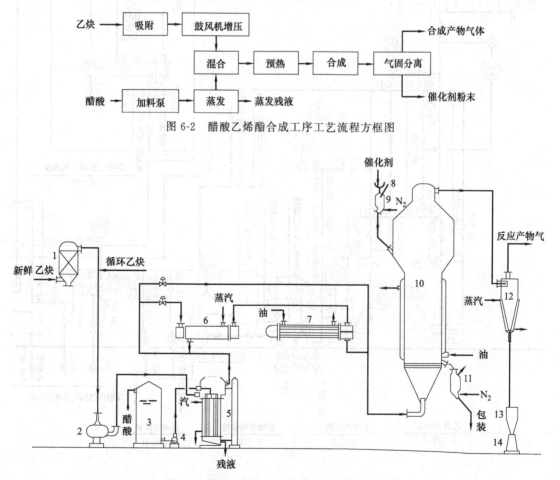

图 6-2 醋酸乙烯酯合成工序工艺流程方框图

图 6-3 醋酸乙烯酯合成工序工艺流程示意图

1—吸附槽；2—乙炔鼓风机；3—醋酸储槽；4—醋酸加料泵；5—醋酸蒸发器；6—第一预热器；
7—第二预热器；8—催化剂加入器；9—催化剂加入槽；10—流化床合成器；11—催化剂取出槽；
12—粉末分离器；13—粉末受槽；14—粉末取出槽

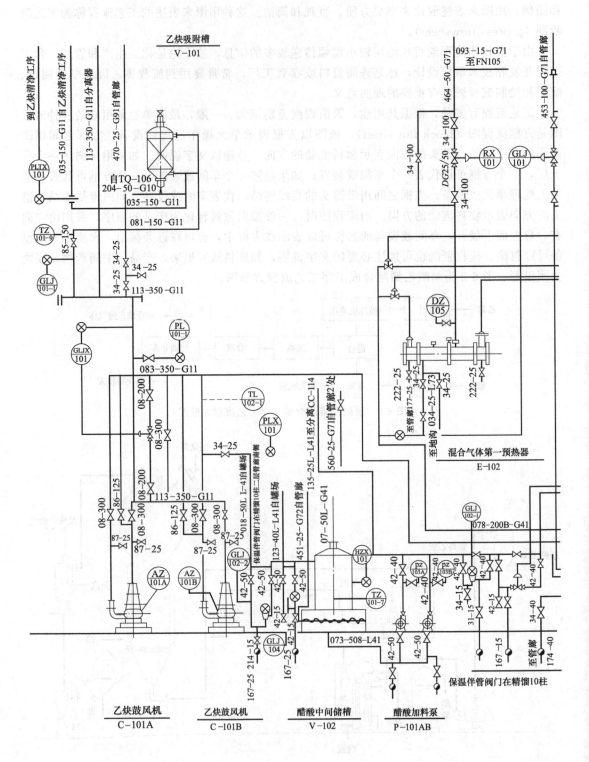

图 6-4 带控制点的醋酸乙

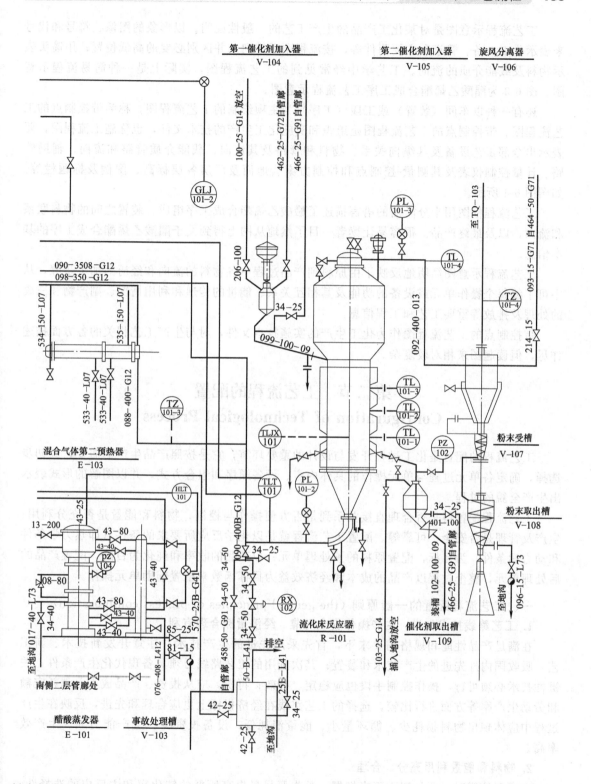

烯酯合成工序工艺流程图

工艺流程示意图是对某化工产品的生产工艺的一般性说明。以形象的图像、符号和代号来表示化工设备、管道和主要附件等，按流程顺序排列，并区别必要的高低位置；用箭头表示物料及载能介质的流向。工艺学中经常见到的工艺流程图，实际上是一种简易流程示意图。图6-3为醋酸乙烯酯合成工序工艺流程示意图。

还有一种以车间（装置）或工段（工序）为主项绘制的工艺流程图，称为带控制点的工艺流程图。带控制点的工艺流程图是组织和实施化工生产的技术文件，也称施工流程图，要表示出全部工艺设备及其纵向关系、物料和管路及其流向、载能介质管路和流向、辅助管路、计量控制仪表及其测量-控制点和控制方案、地面及厂房各层标高、图例及标题栏等。如图图6-4所示。

工艺流程框图用十分简洁的语言描述了醋酸乙烯酯合成工序组成、装置之间的物料联系和流向，以及最终产品。很容易让读者一目了然地从图上得到关于醋酸乙烯酯合成工序的基本信息。

工艺流程示意图简明地反映了由原料到产品过程中各物料的流向和经历的加工步骤，从中可了解每个操作单元或设备的功能及其相互关系、能量的传递和利用情况、副产物和三废的处理及排放等重要工艺和工程信息。

带控制点的工艺流程图作为化工生产的实施技术文件，对与生产工艺相关的各方面描述详尽，但读起图来相对较复杂。

第二节　工艺流程的配置
Configuration of Technological Process

工艺流程的配置是化工过程开发与设计的重要环节，它是按照产品生产的需要，经初步选择，确定各单元过程与单元操作的具体内容、设备顺序和组合方式，并以图解的形式表示出生产全貌的过程。

工艺流程配置得是否合理直接关系到是否方便操作与控制；物料和能量是否充分利用；生产及管理是否安全、可靠等。配置工艺流程就是以化学反应所要求的条件（即热力学条件和动力学条件）为目标，配置原料的预处理单元；以产品的收率和纯化为目的，配置产品的后处理单元，整个过程以产品的成本和经济效益为目标函数来配置辅助单元操作。

一、工艺流程配置的一般原则（the general principles of process configuration）

1. 工艺路线技术先进、生产操作安全可靠、经济指标合理有利

在满足产品性能和规格的要求下，首先采用先进的生产技术，注意开发新技术、新工艺，吸收国内外先进的生产技术和装置；其次选用的工艺路线必须具备现代化生产条件，关键性技术必须可行，操作控制手段也应稳定、有效；再次，应从投资、产品成本、消耗定额和劳动生产率等方面进行比较，选择的工艺路线在经济指标上更应合理和先进，反映在生产过程中应体现出物料损耗少、循环量小、能量消耗低，设备投资少、生产能力大、生产效率高。

2. 物料和能量利用充分、合理

在配置流程时，要从四方面来把握：首先要尽量提高原料的转化率和主反应的选择性，这就要求采用先进的技术、合理的单元、有效的设备，选用最适宜的工艺条件和高效的催化剂；其次要充分利用分离、回收等措施，循环使用未反应物料，以提高总转化率，反应副产物也应加工成副产品；第三，在流程配置中要对冷热物流合理匹配，充分利用自身热能和冷量，减少外部供热或供冷，以达到节能的目的；第四，要尽力构筑物质和能量的闭路循环，尽力实现绿色生产过程。

3. 单元操作适宜，设备选型合理

要根据单元反应过程的需要，正确选择适宜的单元操作，确定每一个单元操作中的流程方案及所需设备的型式，合理配置各项操作与设备的先后顺序。同时，还要考虑整个工艺流程的操作弹性和各个设备的利用率，并通过调查研究和生产实践来确定操作弹性的适应幅度，尽可能使各台设备的生产能力相匹配，以免造成不必要的浪费。

4. 工艺流程连续化和自动化

对大规模的生产，工艺流程应采用连续化操作，尽量使设备大型化和控制智能化，以提高生产效率，降低生产成本。对小规模的化工产品的生产，工艺流程应有一定的灵活性、多功能性，以便调整产量和更换产品品种，提高其对市场的应变能力，此时可选用间歇操作。

5. 安全措施得当，三废治理有效

对一些因原料组成或反应特性等因素潜在着易燃、易爆等危险的单元过程或工序，在流程配置时要采取必要的安全措施，如在设备结构上或恰当的管路上设置安全防爆装置，增设防火器，保安氮气等；根据反应要求，工艺条件也要作相应的严格规定，一般还应安装自动报警及联锁装置以确保安全生产。

副产物要加工成副产品，对采用的溶剂、助剂等也应设回收系统，冷却水要循环使用；还要减少废物的产生和排放，对过程中产生的废气、废液和废渣要设法回收利用或者进行综合治理，以免造成环境污染。

6. 工艺流程的整体性优化

一个生产系统由许多过程或子系统构成，既庞大又复杂。在流程配置时，注意工艺流程的整体性优化，使各子系统之间应协调地、有条不紊地工作。子系统必须在整个生产系统的约束条件下进行自身优化，以实现全系统的最优化。因为子系统局部最优的简单加和不等于整体系统最优；而整体系统最优时，其组成的各子系统必定是最优的。

总之，配置工艺流程的原则和规律，就是要在技术上可行、安全上有保障的前提下，通过各个单元操作和单元过程的合理安排与组合，达到成本最低或利润最大的目的。

二、工艺流程配置的方法（methods of technological process configuration）

工艺流程的配置需要有化工生产的理论基础及工程知识，要结合生产实践，借鉴前人的经验，同时，要运用推论分析，从"目标"出发，寻找实现此目标的"前提"，将具有不同功能的单元进行逻辑组合，形成一个具有整体功能的系统；运用功能分析来研究每个单元的基本功能和基本属性，组成几个可以比较的具有相同整体功能的流程方案以供选择；运用形态分析对每种方案进行精确的技术经济分析和评价，择优汰劣，确定最优方案。

上述流程配置的原则主要是针对产品生产全过程而言，也适用于对某一工序的配置。实际上，工艺学中经常碰到的主要是后者，具体流程配置时，应在遵循一般性原则的基础上，按每一化工生产过程所包括的三大系统（即原料的预处理系统、化学反应系统和反应产物的精制或分离系统）来进行，并充分考虑节能、环保和效益问题。

1. 原料预处理系统

原料是化工生产的物质基础，直接关系到化工生产的成本。原料除了直接影响到工艺合成路线外，原料的品位（纯度、杂质的种类和含量）和稳定性，不仅直接影响到消耗定额而且对产品质量有很大影响。

① 为了降低成本，在能满足产品的质量要求的前提下，应尽可能选用价廉易得的原料。

② 原料预处理系统的基本功能是将原始原料转化为反应所需要的状态和规格。

一般有如下三种情况：一是仅涉及原料的净制，除去有害杂质；这时主要涉及分离设备和操作；二是为了满足反应的要求，使原料达到所需的温度、压力，当反应采用高温时，需要有换热器、加热器或加热炉等；当反应采用高压时，气态反应物需要压缩机，液态反应物需要高压泵；三是需要改变原料的形状或相态，以及使其充分混合，以有利于加速反应速率和扩散速率，进行的预处理主要是扩大物料的表面积，其具体可采取的方法见表 6-1。

表 6-1　扩大物料的表面积的原料预处理设备及方法

要　　求	设备及方法
固体外形尺寸减少	粉碎、锤磨、研磨，液压法、电击法、热击法等
造粒	加压造粒、热熔造粒、滚动造粒等
气-气混合	鼓风设备、混合器、喷射器
气-液混合	板式或填充床式气液接触设备、气动搅拌设备
气-固混合	将固体粉碎后分散在气流里
液-液混合	机械搅拌、发射器、乳化器、离心法、超声波法
液-固混合	搅拌，多尔混拌器、外循环器
固-固混合	研磨混合器、气动混合器、螺杆推进混合器、滚筒混合器等

通常原料预处理系统要采用简便可靠的预处理工艺，而且要注意充分利用反应和分离过程的余热及能量，尽量不要产生新的污染，不造成损失，所选用的设备要简化，使其投资少且维护简便。

原料预处理的具体过程及设备需视所使用的原料规格和反应过程的要求而定。

2. 反应系统

反应系统是生产过程的关键。反应过程进行的条件对原料预处理提出了一定的要求，反应进行的结果决定了反应产物的分离与提纯任务和未反应物的回收利用。一个产品的反应过程的改变将会引起整个生产流程的改变。

（1）反应路线　对于一个化工产品可通过多种不同的反应途径来制得。进行流程配置时要对反应途径进行归纳与分析，充分考虑技术、经济及环境因素，筛选确定出最佳的反应路线。

（2）单元操作　根据所确定的反应路线，正确选择合适的单元操作，确定每一个单元操作中的流程方案及所需的设备的形式，合理安排各单元操作与设备的先后顺序，并考虑全流程的操作弹性和设备的利用率。

例如精馏流程配置，除了考虑精馏塔的类型以及精馏过程的序列安排外，尚需对下面一些辅助过程及设备作出规划配置：为了避免前列工序的暂时性故障而影响精馏过程的连续稳定操作，精馏塔的进料需配置储槽；根据储槽的位置以及进料方式，确定进料液是否需要用泵输送和采用预热器；确定塔顶蒸汽的冷凝过程和回流分布以及冷却-冷凝过程的设备，为了避免过程的暂时性故障而影响塔顶回流和精馏塔的正常操作，塔顶冷凝液需配置回流储槽，并确定是否需要回流泵；确定塔釜再沸器的类型和供热方式以及塔底料液的排出和储存设备等。

确定各类设备规格的主要工艺参数如下：

① 泵——流量、扬程和轴功率，其中流量由物料衡算确定，扬程与轴功率由能量衡算

确定；

② 压缩机——流量、进出口压力、轴功率，其中流量由物料衡算确定，进出口压力一般由工艺条件确定，轴功率由能量衡算确定；

③ 热交换器——换热面积，可通过公式 $F = Q/(K\Delta T)$ 求得，其中，热负荷 Q 由热量衡算确定，传热系数 K 可以通过查手册、取实际生产数据或理论计算确定，平均温度差 ΔT 由工艺条件确定；

④ 工业炉——热负荷，由热量衡算确定；

⑤ 储槽——容积，由物料衡算确定；

⑥ 反应器——设备尺寸、结构特性，其中反应器的尺寸可以用两种方法确定，一种是经验估算法，由物料的空速或停留时间确定；另一种是理论计算法，由联立求解物料衡算式、热量衡算式、动力学方程式等确定；结构特性由工艺要求确定；

⑦ 塔器——塔板数、直径、高、结构特性，其中塔板数可以用简捷计算法或逐板计算法确定，塔直径由塔内蒸气速率确定，塔高由塔板数和板间距确定，结构特性由工艺要求确定。

（3）反应器　反应器是进行化学反应的场所，工艺流程的核心设备。

反应器要有足够的反应体积，以保证反应物在反应器中有充分的反应时间，达到规定的转化率和产品的质量指标；反应器的结构要能使反应物之间，反应物和催化剂之间良好接触；同时反应器还要保证能及时有效地输入或引出热量，以使反应过程在最适宜的温度下进行；反应器要有足够的机械强度和耐腐蚀能力，以保证反应过程安全可靠；反应器要尽量做到易操作、易控制、易安装、易维护检修。

一般情况下，应从以下几方面的工艺要求来选择反应器。

① 反应动力学要求　主要体现在保证原料经化学反应要达到一定的转化率并有最适宜的停留时间。因此可根据应达到的生产能力来确定反应器的容积和工艺尺寸。此外动力学要求还对设备的选型、操作方式的确定和设备的台数等有重大影响。

② 热量传递的要求　化学反应过程都伴有热效应，为了保证反应过程的正常进行，就必须及时移出反应热或供给反应所需的热量。为此，必须有换热装置和合理的传热方式，并辅以可靠的计量、测试和控制系统，以便对反应温度实施有效的检测和控制。

③ 质量传递与流体动力学过程的要求　为使反应和传热正常进行，反应系统的物料流动需满足流动形态（如湍动）等既定要求。管式反应器，物料的引入要采用加料泵来调节流量和流速；釜式反应器内要配置搅拌器；一些气（液）体物料进入设备要设置气（液）体分布器等。

④ 工艺控制的要求　为使生产稳定、可靠、安全地进行，反应器除了应有必要的物料进出口接管外，还要有临时接管、人孔、手孔或视镜灯、备用接管口、液位计等，以便于操作和检修。为了避免因偶然的操作失误或意外的故障而导致重大损失，在反应器的设计与制造时，必须重视和考虑安全操作和尽可能采用自动控制方案。例如在反应器上设置防爆膜、安全阀、自动排料阀，在反应器外设置阻火器，为快速终止反应而设置必要的事故处理用工艺管线、氮气保压管以及一些辅助设施（如流化床反应器更换催化剂的加入、卸出槽）等。同时还要尽量采用 DCS 自动控制。

⑤ 机械工程的要求　一是在结构型式上要保证反应器在操作条件下有足够的强度和传热面积，还要便于制造；二是在材质上要求对反应介质具有稳定性，不参与反应，耐腐蚀，价廉易得，立足国内。

⑥ 技术经济管理要求　经济效果的好坏与反应器有很大关系，为此，反应器结构要简单、便于安装和检修，有利于工艺条件的控制。既要保证整个生产优质、高产、低耗，又要节省投资。

综上所述，选择反应器要从满足工艺要求出发，并结合各类反应器的性能和特点来确定。

常见反应器型式与特征如表 6-2 所示。

表 6-2　反应器型式与特征

反应器型式	特　征	适用的反应类型
管式	返混小，温度易控制，管内可加附件	气相、液相、气液相
釜式	混合均匀，温度均匀且易控制，可间歇或连续操作	液相
空塔	返混与高径比有关，轴相温差较大，结构简单	液相
板式塔	返混小，气液界面大，可在板内加换热器	气液相
填料塔	返混小，气液界面大，床层内不能控制温度	气液相
鼓泡塔	气相返混小，液相返混大，气液界面小，可设换热管，温度易控制	气液相、气液固相
绝热固定床	返混小，床层内不易控制温度，结构简单，费用低	气固相、液固相
流化床	返混较大，传热好，温度易控制，操作费用高	气固相、液固相
移动床	返混小，床内温度均匀，但调节困难，操作费用大	气固相、液固相
喷射反应器	返混较大，直接传热速率快，但操作条件严格，缺乏调节手段	气相、液相

对化学反应过程，除了考虑化学反应的热力学和动力学外，还必须考虑流体动力学、传热和传质以及这些宏观动力学因素对反应造成的影响。只有综合考虑这些因素，才能对反应过程及设备作出合理的选择。

3. 反应产物的分离系统

离开反应器的反应产物往往是由产物、副产物以及未反应的原料组成的多组分混合物。分离系统的任务就是将反应生成的产物从反应系统中分离出来，进行精制、提纯，从而得到目的产品，并将未反应的原料、溶剂以及反应物带出的催化剂、反应副产物等分离出来，尽可能实现原料、溶剂等物料的循环使用。

反应产物分离系统的配置要选择合适的分离方法和分离设备，以及分离顺序和分离操作条件。一般工业常使用的分离方法见表 6-3。

表 6-3　常用的分离方法

分离方法	进料状态	分离介质	分离原理
精馏	液相、气液相	热量传递	挥发度的不同
共沸精馏	液相、气液相	热量传递和液体共沸剂	挥发度的不同
萃取精馏	液相、气液相	热量传递和液体溶剂	挥发度的不同
平衡闪蒸	液相、气液相	热量传递或降低压力	挥发度的不同
吸收	气相	液体吸收剂	溶解度的不同
吸附	气相、液相	固体吸附剂	吸收能力的不同
萃取	液相	液体溶剂	溶解度的不同
结晶	液相	热量传递	溶解度的不同
膜分离	气相、液相	膜	渗透压或溶解度的不同
凝聚	气相	冷量传递	选择性的凝聚
干燥	固相、液固相	热量传递和气体	挥发度的不同

当反应产物中含有酸性杂质或其他腐蚀性杂质时，一般采用中和设备，先将产物中的腐蚀性杂质除去，以降低产物对后续设备的腐蚀；对于气固相催化反应，需要配置过滤分离设备；气体产物温度高且在高温下容易发生深度的副反应时，则应配置急冷器，以急速降温；

当气体产物温度较高，但化学性质较稳定时，则宜经过废热锅炉副产蒸汽回收热量或经过换热器预热反应物料，使能量得到合理的回收和综合利用。气态反应产物经过上述处理后，需要配置冷却、冷凝设备，得到液态产物。未冷凝的气体产物需配置吸收和解吸设备进一步回收；液态产物需要经过精馏（有时还有萃取等分离设备）得到合格产品，同时得到副产品；当反应物转化率较低时，未反应的反应物需要经过输送设备返回反应系统循环利用，以提高原料利用率。生产过程产生的废气、废液、废渣要尽量回收，综合利用。对于暂时无法回收利用的需要进行妥善处理，处理后的剩余物达到国家规定排放标准后方可排放。

总之，在整个产品生产过程中，反应过程起主导作用，而原料预处理过程和反应产物的分离过程起从属作用，即根据化学反应的条件和要求对原料组织预处理，根据化学反应的结果对反应产物组织分离。为了能量综合利用和稳定生产、保护环境及产品储运等还需配置相关辅助过程，包括能量回收、缓冲、中间储存、三废处理及产品包装与储运等。

4. 能量综合利用

众所周知，化工生产是耗能大户，如何节约和利用能量，具有十分重要的意义，因此在综合考虑上述三大系统优化配置的基础上，必须注重节能减排。

首先应认真研究换热流程和方案，最大限度地分级回收热能，如尽可能采用交叉换热、逆流换热，注意安排好换热顺序，提高传热速率等；其次要注意设备位置的相对高低，充分利用位能输送物料，如高压设备的物料可自动进入低压设备，减压设备可以靠负压自动吸入物料，高位塔与加压设备的顶部设置平衡管有利于进料等。

为了便于配置流程，下面根据对若干具体的、特殊的实际工艺流程的分析，概括和总结出工艺流程中一般包括的设备：

① 反应物输送设备　鼓风机、离心泵、输送带等；

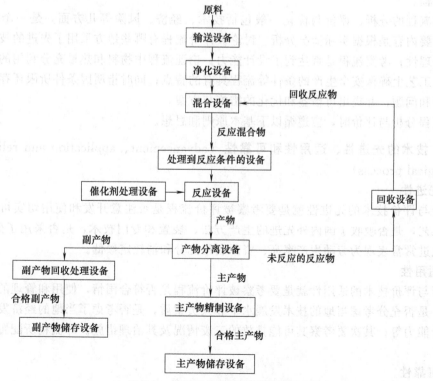

图 6-5　化工工艺流程配置示意图

② 反应物净化设备　除尘器、洗涤塔等；

③ 反应物的混合设备　混合器；

④ 将反应物预处理到反应条件的设备　预热器、压缩机、高压泵等；

⑤ 反应物进行反应的设备　反应器；

⑥ 反应产物的分离设备　冷凝器、分离器、蒸发器、蒸馏塔、吸收塔、解吸塔等；

⑦ 主反应产物的精制设备　精馏塔、萃取塔、干燥塔等；

⑧ 反应副产物回收处理设备；

⑨ 催化剂处理设备；

⑩ 反应物、主产物、副产物储存设备。

上述各类设备与物料的关系体现了工艺流程的配置原则，可简单表示为图 6-5。

总之，工艺流程的配置应从改善产品质量，合理利用资源，提高劳动生产率，降低物料和能量消耗指标，改善工作环境，保证生产安全，简化流程和操作，便于集中控制和实现机械化、自动化等方面综合考虑。

第三节　工艺流程的分析、评价与优化
Analysis、Evaluation and Optimization of Technological Process

对化工生产工艺流程评价的目的，是根据工艺流程配置的原则来衡量被评价工艺流程是否达到最佳效果。对现有化工生产流程进行分析与评价，可以掌握该流程具有哪些特点，存在哪些不合理、应改进的地方，与国内外相近流程比较，有哪些值得借鉴的措施和方案，使其得到不断优化。对新开发或设计的工艺流程进行评价，可以使其不断完善和优化，成为一个先进流程。

工艺流程的分析、评价与优化一般包括技术、经济、风险等几方面，是一个综合的过程。其主要内容是根据实际情况分析、讨论被评价流程有哪些地方采用了先进的技术并确认流程的合理性；考察流程是否达到了设计能力；论证流程中物料和热量充分利用的措施及其可行性；工艺上确保安全生产的条件等流程具有的特点；同时指明因条件所限还存在有待改进的方面和问题，并提出可借鉴和优化的措施与方案。

在流程分析与评价时，应遵循以下基本原则和思想。

一、技术的先进性、适用性和可靠性（advancement、application and reliability of technological process）

1. 先进性

分析与评价技术的先进性就是要考察被评价流程是否注意开发和使用切实可行的新技术、新工艺，是否吸收了国内外先进的生产方法、装置和专门技术，是否采用了先进设备。技术上先进常常表现为劳动生产率高、资源利用充分和消耗定额低。

2. 适用性

分析与评价技术的适用性就是要考察被评价流程是否符合国情，使用和管理的先进工艺与设备，是否充分考虑当地的技术发展水平和人员素质，是否考虑了当地的经济发展规划和经济承受能力等；其次要考察其可能排放的三废情况及其治理措施。即流程所配置的技术的可行性。

3. 可靠性

分析与评价技术的可靠性就是要首先考察被评价流程是否选择了能够满足产品性能要求

的生产方法；其次，要考察技术是否成熟，过程是否稳定；再次要考察流程中的关键性技术是否有突破，操作控制手段是否有效，对一些由于原料组成或反应特性潜在着易燃、易爆、有毒、对设备有较强的腐蚀性等危险因素，是否采取了必要的安全措施；最后，要考虑各项技术经济指标是否达到设计要求。技术的可靠性就是指生产装置开车连续正常运转，生产出符合质量要求的合格产品，各项技术经济指标达到设计要求。

二、经济合理性（economical rationality）

经济合理性是评价工艺流程最重要的判据之一。化工生产的高经济效益主要是通过提高生产效率来实现的，所以在考察流程经济性时，应主要从涉及提高生产效率的方面入手。

1. 原材料的优化

通常用原料利用率作为衡量的指标。在评价流程时，就是要考察原料利用是否合理，副产物和废物是否采取了合理的加工利用措施。

2. 能量的充分、有效、合理利用

对评价流程配置中能量的考察，以在满足工艺要求的前提下，降低过程能量的消耗作为依据。主要考察工艺过程中的各种能量是否在工艺系统自身中得到充分的利用，实现了按质用能，从而提高能量的有效利用程度，降低了能耗。

3. 设备的优化

通常用设备的生产强度作为衡量的指标，就是要考察被评价流程是否通过提高过程（传动、传热、传质、反应等）速率、改善设备结构等来提高设备的生产强度，从而实现了设备的优化。

4. 劳动生产率的提高

劳动生产率的提高除了通过提高原料利用率，降低能耗，提高设备的生产强度来实现外，还与机械化、自动化以及生产经验、管理水平和市场供需情况等因素有关，因此要考察这些因素对生产率的影响。

三、工业生产的科学性（scientificity of industrial production）

由于化工生产一般采用连续操作，因此在流程分析与评价时首先要考虑根据生产方法确定主要的化工过程及设备，然后根据连续稳定生产的工艺要求，进一步考察配合主要化工过程所需要的辅助过程及设备，以达到对流程科学性与合理性的评价。

四、操作控制的安全性（safety of operation and control）

评价流程时还必须考察在一些设备及连接各设备的管路上所需要的各种阀门、检测装置及自控仪表等。当这些装置的位置、类型及规格完全确定后，才能使工艺流程处于可控制状态。为了维修及生产上的安全，还需要考虑并分析必要的设备附件，如储液槽的排污管和阀门；在易燃液体储槽的蒸气孔管路上安装阻火器；压力容器配备安全阀等。

总之，在分析、评价和优化工艺流程时，既要考察技术效率及其经济效益，也要考虑社会效益。

第四节 典型工艺流程解析
Analysis of Typical Technological Process

一、氨合成工艺流程解析（analysis of ammonia synthesis process）

氨（ammonia）合成过程是整个合成氨生产的核心，其任务是将精制的氢氮气合成为

氨，再将生成的气态氨从混合气体中冷凝分离，获得液氨产品的生产过程。该过程的生产状况直接关系到合成氨的生产成本，是合成氨厂高产低耗的关键工段。

1. 反应原理

氨合成的反应式如下：

$$\frac{1}{2}N_2 + \frac{3}{2}H_2 \Longleftrightarrow NH_3 + 46.22\text{kJ/mol}$$

氢和氮在高温、高压和催化剂存在下合成氨。氨合成是可逆、放热、体积减小的反应，需要催化剂才能以较快的速率进行。

2. 工艺条件

工艺条件的选择要以氨合成反应的热力学和动力学分析为依据，并结合催化剂的性能而定。氨合成的工艺条件主要有压力、温度、入塔气体组成和空间速度等。

（1）压力　压力对氨的合成反应非常重要，由于氨合成反应是体积缩小的反应，从热力学分析可知，提高压力有利于增加平衡时的氨浓度。从动力学分析，提高压力也有利于反应速率的加快，而且，压力越高，单位氨产量所需催化剂用量越少，同时也有利于从反应后的气体混合物中分离氨，氨分离流程可以简化。但压力越高，设备投资和气体压缩功越大，从节能和降低成本出发，压力宜尽可能低一些。操作压力选择的主要依据是能量消耗（包括原料气压缩功、循环气压缩功和氨分离冷冻功）以及包括能量消耗、原料费用、设备投资在内的综合费用。总能量消耗在 15～30MPa 区间数值较小。采用往复式压缩机加压的合成氨厂一般以 30MPa 左右较为经济；采用离心式压缩机的合成氨厂，一般采用 15～20MPa。从发展方向看，大型合成氨装置采用 25～30MPa 的操作压力，在技术经济上仍是有利的。

（2）温度　由于该反应为可逆放热反应，因此存在最适宜反应温度，而且，对整个氨合成过程来说，最适宜温度 T_{op} 随气体中氨含量增大而降低，所以在生产过程中一边反应一边冷却降温使操作温度尽量接近最适宜温度。此外，操作温度还受催化剂活性温度范围的影响，应在催化剂活性温度范围（约 350～550℃）内，使床层进口温度不低于催化剂的活性起始温度，而床层内最高温度不得超过催化剂的耐热温度。使用铁催化剂的操作温度一般保持在 480～550℃。研制较低温度下具有较高活性的低温催化剂，是合成氨生产技术革新的重要方向。

（3）入塔气体组成

① 氢氮比　进入合成塔的气体，并不是单纯的新鲜气，而是循环气与新鲜气的混合气，其量约为新鲜气的 4～5 倍，成分也与新鲜气不同。从化学平衡分析，当氢氮比等于 3 时，氨的平衡含量最大；从动力学的角度分析，最佳氢氮比随氨含量的变化而变化，反应初期最佳氢氮比为 1，当反应趋于平衡时，最佳氢氮比接近 3。生产实践表明，当入塔气体的氢氮比为 2.8～2.9 时，虽然对平衡氨含量稍有影响，但总的反应速率最快。入塔气体的氢氮比，可通过调节新鲜气组成来实现。新鲜气中的氢氮比应等于 3，否则循环过程中将有多余的氢或氮积累起来，造成循环气中氢氮比失调。

② 惰性气体含量　惰性气体（主要成分 CH_4 和 Ar）来源于新鲜气，由于不参加反应，惰性气体的存在对化学平衡和反应速率都不利。由于惰性气体不参加反应，随着合成反应的进行，不断补充新鲜气体，惰性气体留在循环气中，含量就会越来越多，因此需排放一定量循环气以降低惰性气体含量。但欲维持入塔气过低的惰性气体含量，必须排放大量的循环

气，部分氢气和氮气也随之排出，使原料气的损失增大。因此必须在反应速率和原料利用率之间，根据经济分析加以权衡，维持入塔气中一定的惰性气体含量，一般 10%～15% 为宜。

③ 氨含量 新鲜气中不含氨，但因循环气中产品氨的分离不可能完全，故入塔气中必然含有一定的氨。入塔氨含量高，反应生成的净氨量将减少，使单位产品的循环气量增加，而降低入塔气的氨含量，又会增加分离所需的冷冻能耗，因而存在氨含量的适宜值。一般，操作压力为 30MPa 的合成氨系统，入塔气中适宜氨含量为 3%～4%；压力为 15MPa 的系统，由于合成塔出口的氨含量较低，故要求入塔氨含量 2%～2.5%。

（4）空间速度 空间速度是指单位时间内通过单位体积催化剂的气量，简称"空速"，单位为 h^{-1}。对可逆反应，空速越大，单位时间的产氨量越大，但空速越大，氨合成率越低，氨浓度越小，单位产量的气体处理量增加，氨分离器、循环压缩机等设备投资和运转费也增加，因此，空间速度应有适宜值，一般为 10000～30000h^{-1}。

3. 流程配置

按照流程配置的原则和方法，结合氨合成过程的特点和工艺条件，便可进行原则流程的配置。分析可知，实现氨合成的基本步骤应包括：新鲜氢氮气的补入及压缩，对未反应气体进行循环使用并压缩，氢氮混合气预热和氨的合成，反应热的回收，氨的分离及惰性气体排放等。流程配置的关键是上述步骤的合理组合，以便得到较好的技术经济效果，同时在生产上安全可靠。

（1）原料气的预处理 氨合成的原料气是氮气和氢气。在生产实际中，氨的合成率比较低，未反应的氮氢气必须循环使用，进入氨合成设备的气体物料包括新鲜氢氮气和循环气两部分。为使气体达到氨合成反应所要求的压力，就需要对原料气进行压缩，故应配置原料气压缩机；循环气经氨分离后返回系统，需要配置循环气压缩机。循环气压缩机还应尽可能配置在流程中气量较小，温度较低的部位，以降低功耗。

另外，为了提高压缩机的效率，经每段压缩后的气体，一般要进行冷却并分离除去其中夹带的油、水等物质，故还应设置冷却器和滤油器，而且新鲜气应在除油后再引入合成塔。如果采用离心式压缩机，便可从根本上解决气体带油问题，省去滤油器。

由于氢氮混合气需预热到接近反应温度后进入催化床层才能维持氨合成反应的正常操作，故配置入塔气预热设备；由于循环气通过氨冷器和分离器，温度较低，故也应设置预热器来预热循环气，以满足合成反应催化剂活性温度的要求。

（2）反应设备 为了提供氨合成反应的场所，应配置氨合成塔。氨合成塔是整个合成氨生产工艺中最主要的设备。它必须满足反应高温高压的操作要求，还要易于控制温度使其最接近最适宜温度。合成塔通常由外筒与内件两部分组成，进入合成塔的气体应先经过内件与外筒之间的环隙。在内件的外表面设置保温层，以减少向外筒散热，这样，外筒可只承受高压而不承受高温，可用普通低合金钢或优质低碳钢制成，而内件虽在高温下操作，但只承受环隙气流与内件气流的压差，一般仅为 1～3MPa，可用不锈钢制造，以免原料气中的氢在高温、高压下对钢材的强腐蚀。同时内件中应设置催化剂床、换热器和开工用的电加热器等。换热器的作用是使从催化剂床出来的高温（>400℃）气体与进塔的原料气（一般<140℃）进行热交换，提高进催化剂床层气体温度，降低出塔气体的温度。为使反应能在接近最适宜温度下进行，及时移出反应热，催化剂床中应设置内冷管，一般因冷管的形式和气流的方向不同，合成塔有不同类型。也有采用原料气冷激，或冷激式与冷管式结合的氨合成塔。为了及时测量反应温度，在合成塔催化剂床层不同部位设置热电偶。电加热器在开车时用来加热进催化剂床层的原料气，使其达到反应温度，当生产正常后，内部换热已足以使进

床层气体达到规定的温度，电加热器就可停用。

（3）氨的分离　合成反应后的气体中含有 10%～15% 的氨，需进行冷却使气氨冷凝为液氨，故应配置冷凝器和氨分离器。

（4）合成回路的设计　由于化学平衡的制约，氨合成率很低，合成反应后的气体中氨含量一般只有 10%～20%，大量的氢氮气未反应，因此必须加以回收利用。在产品氨充分分离后，未反应的气体需返回反应系统，再次进行氨合成。因而必须建立氨合成循环回路，以提高原料的利用率。

（5）能量的综合利用　由于合成气温度较高（约 280～350℃），含有大量的可利用热能，而氨的分离温度要求较低（约 −23～−5℃），为了节能降耗，应合理配置氨合成反应热的综合利用系统。回收余热的流程，随生产规模、工艺流程及采用合成塔的类型而有所不同。通常，在水冷器之前配置产生中、低压蒸汽的废热锅炉和锅炉给水加热器，回收合成塔出口气体的余热。大型氨厂则配置合成塔进、出口气体换热的进塔气预热器与锅炉给水加热器（或副产高压蒸汽的废热锅炉）串联的方式，综合利用全厂余热。即先将反应后的高温气体在合成塔内件的换热器中预热原料气，回收一部分热量，然后在塔外配置一锅炉给水预热器回收一部分热量，再配置一原料气塔外换热器（将进塔气体的温度提高到 130～140℃）回收热量。

为了节约冷冻量，可在氨冷器前配置冷交换器，将氨冷器的出口冷气体与进口热气体进行换热，以回收冷量，同时使冷气体被加热而提高入塔温度。

综上所述，氨合成流程原则上应由原料气的预处理、氨合成反应和氨的分离三大系统组成，根据工艺过程的特点，应配置未反应气体的循环系统。可以将配置的氨合成过程原则流程用图 6-6 所示。

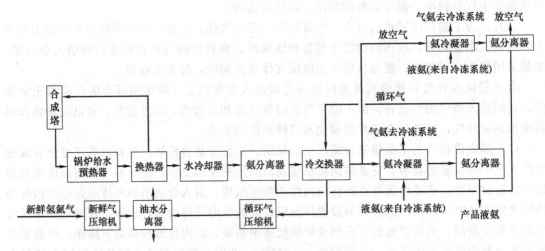

图 6-6　氨合成过程原则流程示意图

4. 流程分析与评价

传统的氨合成工艺流程为两次分离液氨产品的中型合成氨厂氨合成工艺流程如图 6-7 所示。

（1）流程简述　补充的新鲜气体与循环气汇合后经油分离器除去杂质，气体进入冷交换器的上部换热器管内，回收氨冷器出口循环气的冷量后，再经氨冷器冷却到 −10℃左右，使气体中绝大部分氨冷凝，并在冷交换器下部的氨分离器中分离出来。气体进入冷交换器上部

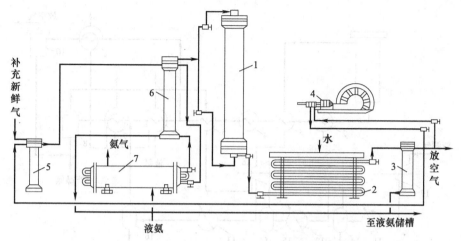

图 6-7 中型合成氨厂氨合成工艺流程示意图
1—氨合成塔；2—水冷器；3—氨分离器；4—循环压缩机；
5—油分离器；6—冷交换器；7—氨冷器

换热器管间预冷进氨冷器的气体，自身被加热到 10～30℃分两路进入氨合成塔。一路经主阀从塔顶进入，一路经副阀从塔底进入，来调节催化剂床层温度。合成塔出口气体经水冷器冷却至 25～50℃，其中部分气氨被冷凝，并在氨分离器中分离。为降低惰性气体含量，循环气在氨分离器后部分放空，大部分气体作为循环气循环使用。

（2）流程分析与评价 根据工艺流程的组织原则和评价标准来分析上述传统氨合成工艺流程，主要具有如下特点。

优点：①流程简单，投资低；②放空气位置设在氨分离器之后、新鲜气加入前，惰性气体含量最高而氨含量较低处，氨和原料气损失少；③循环压缩机位于水冷器和氨分离器之后，循环气温度较低，有利于降低压缩功；④新鲜气在油分离器中补入，经氨冷器后可进一步除去带入的油、二氧化碳和水。

缺点：①冷交换器管内阻力大，因为新鲜气中所含微量二氧化碳与循环气中的氨会形成氨基甲酸铵结晶，堵塞管口；②采用有油润滑的往复式压缩机，润滑油会导致氨合成催化剂中毒；③热能和放空气中的氢气未充分回收利用。

（3）流程改进 随着合成氨生产技术的发展，以上问题逐步得到解决。如图 6-7 所示的 Topsφe 氨合成工艺流程与前述中型合成氨厂氨合成工艺流程相比有了很大进步。该流程采用离心式压缩机和压缩机循环段，避免了油雾对气体的污染；将循环压缩机置于合成塔入口处，降低了循环功耗。

新鲜气经过二缸式离心压缩机加压，每缸后均有水冷却器及水分离器，然后，与经过第一氨冷器的循环气混合去第二氨冷器 7，温度降低到 0℃左右进入氨分离器 8 分离出液氨。从氨分离器出来的气体中约含氨 3.6%，通过冷热换热器（冷交换器）5 升温至 30℃，进入离心压缩机第三缸所带循环段补充升压，而后经预热器进入径向氨合成塔 1。出塔气体通过锅炉给水预热器 2 及各种换热器（3、4、5、6）温度降至 10℃左右与新鲜气混合，从而完成循环。

根据评价工艺流程的原则和标准来分析该流程，主要具有如下特点。

① 物料利用比较充分。放空气位置设在惰性气体含量最高而氨含量较低的部位，减少了氨和氢氮气的损失，提高了原料的利用率。

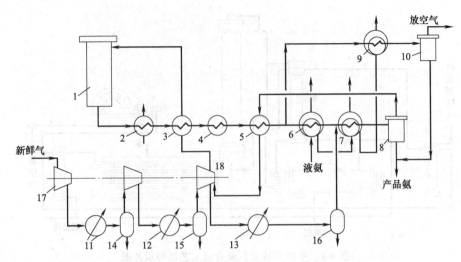

图 6-8　Topsφe 氨合成工艺流程示意图

1—氨合成塔；2—锅炉给水预热器；3—热热换热器；4,11~13—水冷却器；5—冷热换热器；
6—第一氨冷器；7—第二氨冷器；8,10—氨分离器；9—放空气氨冷器；
14~16—分离器；17—离心式压缩机；18—压缩机循环段

② 反应热利用充分，节能措施比较合理。离开合成塔的出塔气直接进入锅炉给水预热器，回收了出塔气高位热能，更充分地回收了反应热；在压缩机循环段前冷凝分离氨，循环功耗较低；因操作压力较高，仅采用二级氨冷，能量利用合理。

③ 采用径向合成塔，系统压力降小。

④ 由于压力较高，对离心压缩机的要求也相应提高。

二、氯乙烯悬浮法聚合生产聚氯乙烯工艺流程解析（analysis of the process of polyvinyl chloride by suspension polymerization）

1. 反应原理

氯乙烯（chloroethylene）聚合是在引发剂作用下的自由基聚合，聚合反应的基本过程包括链引发链增长、链终止。链引发是吸热反应，需要外界提供能量。链增长反应速率极快，放出大量的热量，其链终止反应非常复杂，有偶合终止、歧化终止以及大分子长链自由基与引发剂产生活性自由基之间的链终止。

2. 工艺条件

影响氯乙烯聚合反应的主要因素有原料纯度、引发剂用量、聚合温度和聚合压力。

（1）原料纯度　原料中的杂质主要是在合成、提纯、储存和运输过程中带入的。这些杂质主要是氧、铁及高沸物。氧的存在对聚合反应有缓聚和阻聚作用，同时氧与单体作用生成的过氧化高聚物易水解成酸类，破坏体系的 pH 值和产品稳定性。氧杂质的主要来源是由水带入的，解决的方法是加入水后采用真空抽气的措施来降低氧含量。铁的存在会延长反应的诱导期，加重黏釜现象，并降低产品的热性能和电性能。铁的主要来源是生产单体氯乙烯时由原料 HCl 带入的，因此要严格控制氯乙烯中铁的含量，也可加入铁离子螯合剂减轻铁的影响。体系中如果存在乙烯基乙炔、乙醛、二氯乙烷等高沸物，它们会在聚合反应中使增长中的分子链发生链转移而降低反应速率和聚合度。为了减少其影响，关键就是提高单体的纯度。

（2）引发剂用量　氯乙烯悬浮聚合基本上都使用不溶于水而溶于单体的引发剂，多采用有机过氧化物和偶氮类引发剂，如过氧化二碳酸二环己酯、偶氮二异丁腈等。它们可以单独使用，也可以复合使用。一般复合使用比单独使用的效果好。引发剂对聚合反应及产品质量均有很大的影响。引发剂种类不同对氯乙烯悬浮聚合过程及产品的性能产生不同的影响，如会对聚合时间、放热速率、聚氯乙烯（PVC）的热稳定性及"鱼眼"等产生影响。引发剂数量的多少对聚合反应也有着很大的影响。引发剂用量增多，单位时间内产生的自由基相应增加，反应速率加快，聚合时间短，可以提高设备利用率。但用量过多，则反应激烈，使热难于移出，造成爆炸性聚合的危险。反之，若引发剂加入量较少，反应速率太慢，聚合时间过长，设备利用率太低。

（3）聚合温度　当配料比一定时，高聚物的平均分子量主要取决于聚合温度。聚氯乙烯正常聚合温度在40～70℃内，在实际的生产中温度的波动范围应不大于±0.5℃，最好控制在±0.2℃范围内。氯乙烯的聚合热比较大，必须及时移出，才能维持恒定的聚合温度。在操作时，温度调要平稳，要有一定的降温手段，否则热量来不及移出，就会导致温度上升，使反应速率加快，致使放热更剧烈，这样将造成恶性循环，引起爆炸性聚合。

（4）聚合压力　聚合压力实际是聚合温度作用的结果。氯乙烯在50～60℃的聚合温度下饱和蒸气压相应达到0.81～1.02，当转化率达到70%时，反应速率增加，放热量大，聚合压力上升到1.02～1.12MPa。在氯乙烯聚合过程中，大部分时间聚合压力比较恒定，压力的降低标志着单体液体的消失。

3. 流程配置

根据工艺条件、反应特点及产物中欲分离的各种物料特性、分离目的，按流程配置的原则和方法进行配置。

（1）原料预处理

① 为了防止"鱼眼"的产生，设置引发剂配置釜，将引发剂、分散剂配置成溶液后再加入聚合体系。

② 配置原料过滤器，来除去原料中的杂质，保持其纯度。

（2）反应设备

① 配置聚合釜，给聚合反应提供场所。釜盖上设有物料管、排气管、平衡管、温度计套管、压力表管、人孔；为了安全，聚合釜上盖设安全阀，当聚合釜发生爆聚时可排泄压力；釜底设有出料管、泛水管；侧壁有加热蒸汽的和冷却水的进出管口。

② 配置搅拌装置　在氯乙烯悬浮聚合中搅拌可以使釜内的物料在轴向、径向流动并混合均匀，且各部分温度分布也比较均匀；搅拌叶旋转产生的剪切力，可使单体形成微小的液滴，使其均匀地分散并悬浮于水中；同时搅拌对聚氯乙烯颗粒形态及粒度分布也有很大的影响。聚合釜所用搅拌器桨叶的形式大致分为低黏度用和高黏度用两大类型。低黏度用桨叶有桨式、推进式、涡轮式、三叶后掠式等。高黏度用桨叶有锚式、框式、螺带式等。氯乙烯悬浮聚合采用低黏度桨叶形式。

搅拌效果与桨叶的形式、转速、桨叶尺寸及聚合釜的长径比有关，所以要根据实际情况结合聚合釜的形状，配置适宜的搅拌器桨叶形式、尺寸及转速等，以便达到良好的搅拌效果。

③ 为了加强搅拌效果，在聚合釜内配置挡板或导流板。

（3）产品的分离　聚合反应结束后，釜内存在未反应的氯乙烯气体以及聚合后形成的悬浮液。为得到PVC颗粒，配置相应分离流程。

① 配置泡沫捕集器将10%～15%未反应的氯乙烯单体回收后，送气柜。

② 配置碱处理釜将聚合悬浮液进行碱处理，除去悬浮液中的助剂及低聚物，为了防止树脂悬浮液的沉淀，槽内装有鼠笼式搅拌器。然后配置离心分离设备将PVC固体颗粒与母液分离。

③ 为得到含水量小于0.3%的聚氯乙烯颗粒，配置气流-沸腾干燥设备，进行两段式干燥。并配置旋风分离器将热风与PVC颗粒分离，最后配置振动筛，获得颗粒均匀的PVC成品。

4. 流程分析与评价

氯乙烯悬浮法聚合生产聚氯乙烯工艺流程如图6-9所示。

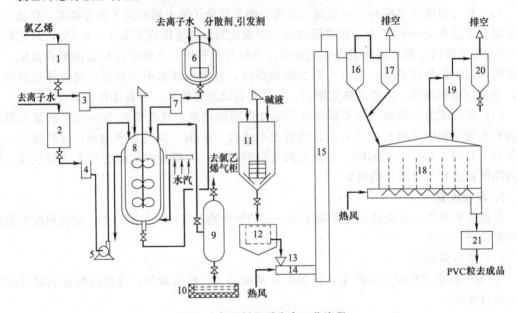

图6-9 氯乙烯悬浮聚合工艺流程

1—氯乙烯储槽；2—去离子水储槽；3,4,7—过滤器；5—水泵；6—配制釜；8—聚合釜；9—泡沫捕集器；
10—沉降池；11—碱处理釜；12—离心机；13—料斗；14—螺旋输送器；15—气流干燥管；
16,17,19,20—旋风分离器；18—沸腾床干燥器；21—振动筛

（1）流程简述 聚合的过程是先将无离子水用泵由储槽经过滤器打入聚合釜中，启动搅拌器，然后将配置好的分散剂、引发剂及其他助剂的溶液过滤后加入聚合釜中。对聚合釜进行试压，当20min后压力下降不大于0.01MPa，即认为合格。试压合格后用氮气置换釜内的空气。单体由氯乙烯储槽经过滤器加入釜内，再往夹套通蒸汽和热水，当釜内温度升至规定聚合温度（50~58℃）时，聚合反应开始。夹套改通冷却水，控制聚合温度在规定温度±0.5℃范围内。当转化率达到60%~70%范围时有自加速现象出现，反应加快，放热剧烈，此时应加大冷却水用量。当转化率达到80%~85%范围时，反应压力下降。当釜内压力由最高0.687~0.981MPa降至0.294~0.196MPa时使反应结束。然后可泄压出料，使聚合物膨胀。由于聚氯乙烯颗粒的疏松程度与泄压膨胀的压力有关，要根据对产物的不同要求控制泄压压力。

未反应的氯乙烯气体经泡沫捕集器过滤掉夹带的少量树脂后，排入氯乙烯气柜，循环使用。过滤下来的少量树脂流至沉降池中作为次品处理。

为了除去聚合物悬浮液中的助剂及低聚物，将聚合物悬浮液送至碱处理釜，用浓度为36%~42%NaOH溶液处理，加入量为悬浮液的0.05%~0.2%，用蒸汽加热至70~

80℃，维持 1.5~2h 后，用氮气进行吹气降温至 65℃以下。然后送至离心机，经离心分离脱出水分后的聚合物树脂含水量约为 20%~30%。将湿的树脂送至气流干燥管由鼓风机鼓入的热风加热到 160℃左右。热风与湿树脂并流沿干燥管上升，开始物料的干燥与运输。从干燥管顶部出来的物料进入旋风分离器，将半干物料和热风分离，尾气再经一旋风分离器捕集夹带的树脂后放空。

由旋风分离器下来的半干物料含水量小于 4%，加入到沸腾床干燥器中。由床底部鼓入的 120℃热空气将半干物料吹起呈"沸腾"状态，气固两相充分接触完成干燥，得到含水量小于 0.3% 的聚氯乙烯树脂，然后经过筛分除去大颗粒后的聚氯乙烯树脂包装入库。尾气经旋风分离器捕集夹带的树脂后放空。

（2）流程分析与评价　根据工艺流程的组织原则和评价工艺流程的标准来分析上述氯乙烯悬浮聚合生产聚氯乙烯的工艺流程，主要具有如下特点。

① 悬浮法生产聚氯乙烯操作简单，生产成本低，产品质量好，适用于大规模的工业生产。

② 采用二段式干燥方法，即将气流干燥管与沸腾床干燥器结合使用，得到含水量符合要求的树脂。气流干燥管脱除树脂表面的非结合水，沸腾床干燥器脱除树脂内部的结合水。

③ 物料的回收和综合利用充分、合理。未反应的单体氯乙烯和分离过程中带出的聚氯乙烯树脂在流程中均采取有效的分离措施回收使用，提高了物料的利用率；充分考虑了设备的位差，多处应用高位槽自动下料，减少了能耗。

④ 为防止聚合反应可能出现的爆聚现象以及由此带来的损失，流程中配置了应急处理及安全措施，在聚合釜上配置了防爆设施，降低了发生爆聚现象时设备损坏的可能性。

本 章 小 结

1. 化工生产工艺流程是单元反应和化工单元操作的有机组合。基本包括三个步骤，即原料的预处理、化学反应、产物的分离及精制。

2. 工艺流程图主要种类有工艺流程方框图、工艺流程示意图、带控制点的工艺流程图。

3. 化工生产工艺流程的配置总体原则：技术上可行，安全上有保障、成本最低。

4. 化工生产工艺流程的配置方法：按原料的预处理系统、化学反应系统和反应产物的精制或分离系统的顺序来进行，并充分考虑节能、环保和效益。

5. 工艺流程评价的标准：考察技术效率、经济效益及社会效益。

6. 氨合成流程的配置包括：新鲜氢氮气的补入及压缩，对未反应气体进行循环和压缩，氢氮混合气预热和氨的合成，反应热的回收，氨的分离及惰性气体排放等。

7. 氨合成塔结构：满足高温高压的操作要求，又要易于反应热的移出。

8. 聚氯乙烯工艺流程特点：聚合釜及分离干燥流程。

综合练习

1. 1984 年印度博帕尔的西维因（1-萘基-甲基氨基甲酸酯，氨基甲酸酯类杀虫剂）合成工厂发生甲基异氰酸酯的灾难性泄漏，导致数千人死亡。结合本事例比较评价下面两种合成西维因的反应路线哪一条较好？为什么？

第一种：

$$CH_3NH_2 + COCl_2 \longrightarrow CH_3—N=C=O + 2HCl$$

甲胺　　光气　　　　甲基异氰酸酯

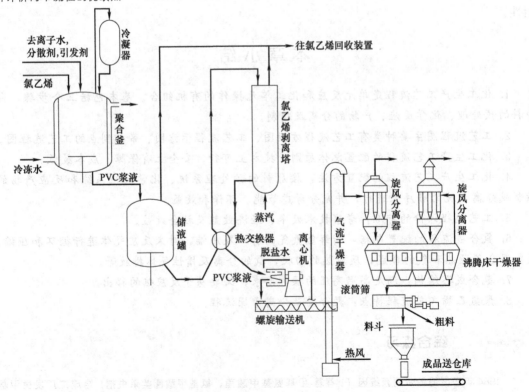

1-萘酚　　　　　　　　　　　　西维因(1-萘基-甲基氨基甲酸酯)

第二种：

1-萘氯甲酸酯

西维因

2. 图 6-10 为聚氯乙烯的一种生产流程示意图，仔细读图，试用文字描述该流程。并与图 6-9 比较，分析评价两个流程的优缺点

图 6-10　聚氯乙烯生产流程示意图

复习思考题

1. 什么是工艺流程和工艺流程图？
2. 化工过程中物理加工处理和化学加工处理各指的是什么操作？
3. 化工生产工艺流程一般由哪些环节组成？各环节应具有什么功能？
4. 工艺流程方框图（图 6-2）、示意图（图 6-3）和带控制点的流程图（图 6-4）各有什么特点？
5. 化工生产工艺流程的配置原则是什么？如何配置原则流程？
6. 固体、液体、气体原料的常用的净化方法及设备？
7. 在配置工艺流程时，应根据哪些要求来选择化学反应器等主要设备？
8. 对工艺流程进行评价的标准是什么？
9. 氨合成反应具有什么特点？氨合成原则工艺流程是怎样配置的？
10. 试分析影响氨合成反应的因素？
11. 传统氨合成工艺流程有何特点？
12. 试分析和评价 Topsøe 氨合成工艺流程？
13. 试分析 Topsøe 氨合成工艺流程与传统氨合成工艺流程在热能回收利用上的不同。
14. 试分析引发剂用量、聚合时间、聚合反应温度等因素对氯乙烯悬浮聚合法生产聚氯乙烯有何影响？
15. 根据本章内容画出聚氯乙烯生产工艺的原则流程？
16. 试分析氯乙烯悬浮聚合法生产聚氯乙烯的工艺流程有哪些特点？
17. 气流干燥器和沸腾干燥器的优缺点？
18. α-戊基桂醛是一种应用很广的香料。其原料合成路线有两种，一种是正戊醛与肉桂醛缩合路线，另一种是庚醛与苯甲醛缩合路线。试评价分析两条合成线的优缺点。工业生产中应选择哪一条路线？

第七章 化工安全及"三废"处理
Chemical Engineering Safety and Three Wastes Treatment

知识目标

了解化工生产中常见的有关燃烧、爆炸、压力容器、工业毒物、化学灼伤、噪声、辐射、三废等相关基本概念；

理解火灾、爆炸、中毒、化学灼伤、噪声、辐射危害以及化工企业的预防手段；

理解三废处理基本过程原理。

能力目标

能使用常见消防器材，能清楚准确表述所发生的灾害情况，并提出初步解决方案；

能分析辨识实习企业或模拟岗位现场的危险源；

能对安全隐患及三废处理提出合理化的意见。

素质目标

养成具有"安全生产"的从业态度和环境和谐意识。

第一节 化工生产防火防爆技术
Prevention of Fire and Explosion in Chemical Industry

随着化工生产大型化和高温、高压设备日益增多，尽管各种安全措施更趋完善，但火灾事故还是时有发生。就一个企业来讲，在各类大的事故中，以火灾、爆炸事故的发生率为最高，造成的损失也最大。轻则单台设备损坏而造成停产，重则关键设备损坏或一套装置被破坏。事故发生后，不仅恢复生产需要加倍紧张工作，而且给社会增加了不安定因素。因此，必须对火灾爆炸事故加以研究，严防事故的发生。

一、燃烧与爆炸（combustion and explosion）

1. 物质的燃烧

（1）燃烧及燃烧条件 燃烧（combustion）是一种复杂的物理化学过程。同时伴有发光、发热激烈的氧化反应。其特征是发光、发热、生成新物质。例如：铜与稀硝酸反应，虽然属于氧化反应，有新物质生成，但没有产生光和热，不能称它为燃烧；灯泡中灯丝通电后虽发光、发热，但不是氧化反应，也不能称它为燃烧。

燃烧必须具备以下三个条件。

① 可燃物（combustible matter） 凡能与空气、氧气或其他氧化剂发生剧烈氧化反应的物质，都可称为可燃物。化工生产中使用的原料、生产的中间体和产品很多都是可燃物。物质的可燃性是随着条件的变化而发生变化的。木刨花比整块的原木容易燃烧，木粉甚至能爆炸；大块的铝、镁可看作是不易燃的，可是铝粉、镁粉不但能燃烧，而且能爆炸；甘油在常温下是不容易着火的，但遇高锰酸钾则能剧烈燃烧。

可燃物数量不足，燃烧就不会发生。如：在室温（20℃）的同样条件下用火柴去点汽油和柴油时，汽油会立刻燃烧，柴油则不燃，这是因为柴油在室温下蒸气浓度（数量）不足，还没有达到燃烧的浓度。虽有可燃物，但其挥发的气体或蒸气量不足够，即使有空气和着火源的接触，也不会发生燃烧。

② 助燃物（supporter of combustion） 凡是具有较强的氧化能力、能与可燃物发生化学反应并引起燃烧的物质均称为助燃物。例如空气、氧气、氯气、氟和溴等物质。要使可燃物燃烧，必须供给足够的助燃物，否则，燃烧就会逐渐减弱，直至熄灭。如：点燃的蜡烛用玻璃罩罩起来，不使空气进入，短时间内，蜡烛就会熄灭。通过对玻璃罩内气体的分析，发现其中还含有 16％的氧气。这说明，一般可燃物在空气中的氧含量低于 16％时，就不能发生燃烧。

③ 着火源（ignition source） 凡能引起可燃物燃烧的能源均可称为着火源（点火源）。常见的着火源有明火、电火花、炽热物体、静电等。

要发生燃烧，着火源必须有一定的温度和足够的能量，否则燃烧就不能发生。例如，从烟囱冒出来的火星，温度约有 600℃，已超过了一般可燃物的燃点，如果这些火星落在易燃的柴草或刨花上，就能引起燃烧，这说明这种火星所具有的温度和热量能引起这些物质的燃烧；如果这些火星落在大块木料上，就会很快熄灭，不能引起燃烧，这就说明这种火星虽有相当高的温度，但缺乏足够的热量，因此不能引起大块木料的燃烧。

可燃物、助燃物和着火源是导致燃烧的三要素，缺一不可。上述**"三要素"**同时存在，燃烧能否实现，还要看是否满足数值上的要求。在燃烧过程中，当"三要素"的数值发生改变时，会使燃烧速度改变甚至停止燃烧。

（2）燃烧类型

① 闪燃（flashover） 可燃液体的蒸气（包括可升华固体的蒸气）与空气混合后，遇到明火而引起瞬间（延续时间少于 5s）燃烧，称为闪燃。液体能发生闪燃的最低温度，称为该液体的**闪点**。闪燃往往是着火先兆，可燃液体的闪点越低，越易着火，火灾危险性越大。一般称闪点小于或等于 45℃的液体为易燃液体，闪点大于 45℃的液体为可燃液体。几种易燃、可燃液体的闪点见表 7-1。

可燃液体之所以会发生一闪即灭的闪燃现象，是因为它在闪点的温度下蒸发速度较慢，所蒸发出来的蒸气仅能维持短时间的燃烧，来不及提供足够的蒸气补充维护稳定的燃烧。除

表 7-1 几种易燃、可燃液体的闪点

溶 剂	沸 点/℃	闪 点/℃	挥发速度
环己酮	156.7	47	7
二丙酮醇	160	53	9~14
松香水	150~190	73.3	18
正丁醇	117.8	37	45
二甲苯	138.4~144.1	10	68
醋酸丁酯	126	24	100
甲苯	110.63	-9.5	195
乙醇	78.4	14	203
异丙醇	82.3	12	203
纯苯	82.1	-13.3	500

注：溶剂的挥发速度是指相对醋酸丁酯（1.0 或 100）的挥发速度。

了可燃液体外，某些能蒸发出蒸气的固体，如石蜡、樟脑、萘等，其表面上所产生的蒸气达到一定的浓度，与空气混合而成为可燃气体混合物，若与明火接触，也能出现闪燃现象。

② 着火（catch fire） 可燃物在空气充足的条件下，达到一定温度与火源接触即为着火，移去火源后仍能持续燃烧达 5min 以上，这种现象称为点燃。点燃的最低温度称为**燃点**（burning point）**或着火点**（kindling point）。物质的燃点越低，越容易着火。某些可燃物的燃点见表 7-2。液体的闪点低于它的燃点，易燃液体的燃点约高于其闪点 1~5℃。

表 7-2 几种可燃物质的燃点

物质名称	燃点/℃	物质名称	燃点/℃
黄磷	34~60	纸张	130
松节油	53	漆布	165
樟脑	70	蜡烛	190
灯油	86	硫	207
赛璐珞	100	涤纶纤维	390
橡胶	120		

可燃液体的闪点与燃点的区别：在燃点时燃烧的不仅是蒸气，而且有液体（即液体已达到燃烧的温度，可提供保持稳定燃烧的蒸气）；在闪点时移去火源后闪燃即熄灭，而在燃点时则能继续燃烧。

③ 自燃（spontaneous combustion） 物质的自燃现象可分为受热自燃和自热自燃。可燃物没有受到火焰、电火花等火源的直接作用，在空气或氧气中被加热而引起燃烧的最低温度称为该物质的**自燃点**（spontaneous ignition temperature）。常见化学品的自燃点见表 7-3。

表 7-3 常见化学品的自燃点

物质名称	分子式	自燃点/℃ 空气中	自燃点/℃ 氧气中	物质名称	分子式	自燃点/℃ 空气中	自燃点/℃ 氧气中
氢	H_2	572	560	丙烯	C_3H_6	458	—
一氧化碳	CO	609	588	丁烯	C_4H_8	443	—
氨	NH_3	651	—	乙炔	C_2H_2	305	296
二硫化碳	CS_2	120	107	苯	C_6H_6	580	566
硫化氢	H_2S	292	220	甲醇	CH_3OH	470	461
氢氰酸	HCN	538	—	乙醇	C_2H_5OH	392	
甲烷	CH_4	632	556	乙醚	$C_4H_{10}O$	193	183
乙烷	C_2H_6	472	—	丙酮	C_3H_6O	561	485
丙烷	C_3H_8	493	468	石脑油	—	277	
丁烷	C_4H_{10}	408	283	汽油	—	280	
乙烯	C_2H_4	490	485	煤油	—	254	

　　a. 受热自燃　可燃物虽然未与明火接触，但在外部热源的作用下使温度达到其自燃点而发生着火燃烧的现象称作受热自燃。在石油化工生产中，由于可燃物靠近高温设备管道，加热或烘烤过度，或者可燃物料泄漏到未保温的高温设备管道等原因，均可导致可燃物自燃着火。

　　b. 自热自燃　某些物质在没有外来热源的作用下，由于物质内部所发生的化学或生化的过程而产生热量，这些热量在适当的条件下会逐渐积聚，使物质温度上升，达到自燃点而燃烧。这种现象称为自热自燃。自热自燃的物质常见的有：自燃点低的物质，如磷、磷化氢；遇空气、氧气发热自燃的物质，如油脂类、锌粉、铝粉、金属硫化物、活性炭；自然分解发热的物质，如硝化棉；易产生聚合热或发酵热的物质，如湿木屑等。

　　由于易燃液体的燃点与闪点很接近，所以在估计这类液体的火灾危险性时，只考虑闪点就可以了。

2. 物质的爆炸

　　爆炸（explosion）是物质在瞬间以机械功的形式释放出大量气体和能量的现象。

　　爆炸常伴随发热、发光、高压、真空、电离等现象，并且具有很大的破坏作用。爆炸力的冲击波最初使气压上升，随后气压下降使空气振动产生局部真空，呈现出所谓的吸收作用。由于爆炸的冲击波呈升降交替的波状气压向四周扩散，从而造成附近建筑物的破坏。化工装置、机械设备、容器等爆炸后，变成碎片飞散出去会在相当大的范围内造成危害。化工生产中属于爆炸碎片造成的伤亡占很大比例。

　　爆炸碎片的飞散距离一般可达 100~500m。

　　爆炸气体扩散通常在爆炸的瞬间完成，对一般可燃物不致造成火灾，而且爆炸冲击波有时能起灭火作用。但是爆炸的余热或余火，会点燃从破损设备中不断流出的可燃液体蒸气而造成火灾。爆炸所形成的危害性严重，损失也较大。

　　(1) 爆炸的分类

　　① 物理爆炸（physical explosion）　指由物理因素（如温度、体积、压力）变化而引起的爆炸现象。例如蒸汽锅炉、压缩气体、液化气体过压等引起的爆炸，都属于物理爆炸。物质的化学成分和化学性质在物理爆炸后均不发生变化。

　　② 化学爆炸（chemical explosion）　是指使物质在短时间内完成化学反应，同时产生大量气体和能量而引起的爆炸现象。化学爆炸是在具备了可燃物、助燃剂、引燃引爆能量三个条件下发生的。它的爆炸威力大。爆炸能量远远大于物理爆炸所释放的能量。根据可燃气体的成分和含量不同，爆炸能量可达物理爆炸时的 4~90 倍；爆炸时发出火光，引起可燃物燃烧。爆炸后的残片中一般留有炭黑。

　　在化工生产中，可燃气体或蒸气从工艺装置、设备管线泄漏到厂房中，或空气渗入装有可燃气体的设备中，都可以形成爆炸性混合物，遇到火种，便会造成爆炸事故。化工生产中所发生的爆炸事故，大都是爆炸性混合物的爆炸事故。

　　(2) 爆炸极限

　　可燃性气体、蒸气或粉尘与空气组成的混合物，并不是在任何浓度下都会发生爆炸，而是必须在一定的浓度比例范围内才能发生燃烧和爆炸。这种可燃物在空气中形成爆炸混合物的最低浓度叫爆炸下限，最高浓度叫爆炸上限。可燃物浓度在爆炸上限和爆炸下限之间都能发生爆炸，这个浓度范围称为该物质的爆炸极限（explosion limit）。如果可燃气体在空气中的浓度低于下限，因含有过量空气，即使遇到着火源也不会爆炸燃烧；同样，可燃气体在空气中的浓度高于上限，因空气非常不足，所以也不会爆炸，但重新接触空气还能燃烧爆炸，这是因为重新接触空气后，将可燃气体的浓度稀释进入了燃烧爆炸范围。可燃性混合物的爆炸下限越低，爆炸极限范围越宽，其爆炸的危险性越大。

爆炸极限通常用可燃气体在空气中的体积分数（%）来表示（见表7-4）。可燃粉尘则以毫克/升（mg/L）表示。

表7-4 几种气体和液体的爆炸极限

名称	爆炸极限/%		名称	爆炸极限/%	
	上限	下限		上限	下限
酒精	18	3.3	苯	9.5	1.5
甲苯	7	1.5	甲烷	15	5.0
松节油	62	0.8	乙烷	15.5	3.0
车用汽油	7.2	1.7	丙烷	9.5	2.1
灯用汽油	7.5	1.4	汽油	7.6	1.4
乙醚	40	1.85	液化石油气	10	2

二、防火防爆措施（prevention of fire and explosion）

根据物质燃烧爆炸的发生条件，防火防爆基本措施应该放在限制和消除燃烧爆炸危险物、助燃物、着火源三者之间的相互作用上，防止燃烧"三要素"的同时出现。不同的化工生产过程，其火灾爆炸危险程度是有差别的，为了使防火防爆措施更合理、可靠，首先应该了解火灾的分类以及生产过程的火灾爆炸危险性分类。

1. 火灾的分类

A类火灾　指固体物质火灾。这种物质往往具有有机物性质，一般在燃烧时能产生灼热的余烬。如木材、棉、毛、麻、纸张火灾等。

B类火灾　指液体火灾和可熔化的固体火灾。如汽油、煤油、原油、甲醇、乙醇、沥青、石蜡火灾等。

C类火灾　指气体火灾。如煤气、天然气、甲烷、乙烷、丙烷、氢气火灾等。

D类火灾　指金属火灾。如钾、钠、镁、钛、锆、锂、铝镁合金火灾等。

2. 生产的火灾危险性分类

为防止火灾和爆炸事故，首先必须了解生产或储存的物质的火灾危险性、发生火灾爆炸事故后火势蔓延扩大的条件等，这是采取行之有效的防火、防爆措施的重要依据。为了更好地进行安全管理，对生产中火灾爆炸危险性进行分类，以便采取有效的防火防爆措施。目前我国将化工生产中的火灾爆炸危险性分为五类（见表7-5）。

表7-5 化工生产中的火灾爆炸危险性分类

类别	特　征
甲	1. 闪点<28℃的易燃液体 2. 爆炸下限<10%的可燃气体 3. 常温下能自行分解或在空气中氧化即能导致迅速自燃或爆炸的物质 4. 常温下受到水或空气中水蒸气的作用，能产生可燃气体并能引起燃烧或爆炸的物质 5. 遇酸、受热、撞击、摩擦以及遇有机物或硫黄等易燃无机物，极易引起燃烧或爆炸的物质 6. 受到撞击摩擦或与氧化剂有机物接触时能引起燃烧或爆炸的物质 7. 在压力容器内物质本身温度超过自燃点的生产
乙	1. 28℃≤闪点<60℃ 2. 爆炸下限≤10%的可燃气体 3. 助燃气体和不属于甲类的氧化剂 4. 不属于甲类的化学易燃危险固体 5. 排出浮游状态的可燃纤维或粉尘，并能与空气形成爆炸性混合物

续表

类别	特 征
丙	1. 闪点≥60℃的可燃液体 2. 可燃固体
丁	1. 对非燃烧物质进行加工,并在高热或熔化状态下经常产生辐射热、火花、火焰的生产 2. 利用气体、液体、固体作为燃料或将气体、液体进行燃烧作其他用的各种生产 3. 常温下使用或加工难燃烧物质的生产
戊	常温下使用或加工非燃烧物质的生产

生产的火灾危险性分类是确定建(构)筑物的耐火等级、布置工艺装置、选择电气设备类型以及采取防火防爆措施的重要依据。

3. 爆炸和火灾危险场所的区域划分(见表7-6)

表 7-6 爆炸和火灾危险场所的区域划分

类别	特征	分级	特 征
1	爆炸性气体环境	0区	正常情况下,能形成爆炸混合物的场所
		1区	正常情况下不能形成,而且在不正常情况下才能形成爆炸混合物的场所
		2区	不正常情况下整个空间形成爆炸混合物可能性较小的场所
2	爆炸性粉尘环境	10区	正常情况下,能形成爆炸性混合物的场所
		11区	仅在不正常情况下才能形成爆炸混合物的场所
3	火灾危险环境	21区	在生产过程中,生产、使用、储存和运输闪点高于环境温度的可燃液体的数量和配置上能引起火灾危险的场所
		22区	指具有悬浮状、堆积状的可燃粉尘或可燃纤维,虽不可能形成爆炸性混合物,但在数量和配置上能引起火灾危险的环境
		23区	指具有固体状可燃物,在数量和配置上能引起火灾的环境

4. 根据化工生产工艺特点采取防火防爆措施

(1) 要保证原材料和成品的质量 有的原材料或成品含有某种杂质时,就会给以后的生产或储运过程留下事故隐患,所以,领发料要有专人负责,要有制度,配料时应取样化验分析,对品名、对成分、对数量,除去有害杂质,以保证原料的纯净。

(2) 要严格掌握原料的配比 催化剂对化学反应的速率影响很大,如果配比失误,多加了催化剂,就可能发生危险。可燃、易燃物与氧化剂进行反应的生产,应严格控制氧化剂的投料量。在某一配比条件下能够形成爆炸性混合物的生产,应尽量控制在爆炸极限范围以外,或添加水蒸气、氮气等惰性气体进行稀释,以减少生产过程中的火灾爆炸危险程度。

(3) 防止加料过快过多 在化学反应中,投料要控制一定的速度和数量,不然,可能引起剧烈的化学反应,造成跑、冒物料,甚至发生火灾爆炸。对于放热反应过程,则会造成发热量过大,当冷却能力不足时,可能发生危险。一次投料的生产,如果投料过量,物料升温后体积膨胀,可能造成设备或容器爆裂。因此,液化气体和易燃液体应按设备容积的80%装料,过量则有发生设备或容器爆裂的危险。

(4) 注意物料的投料顺序 石油、化工生产,必须严格按照一定的投料顺序进行操作。例如,氯化氢合成应先投氢后投氯;三氯化磷生产应先投磷后投氯;硫磷酯与一甲胺反应时,应先投硫磷酯,再滴加一甲胺,不然,有发生燃烧爆炸的危险。

(5) 防止跑、冒、滴、漏 生产设备、储存容器和输送管线等都要尽量密闭,否则,漏出大量易燃液体、可燃气体，随时都有发生火灾爆炸的危险。

（6）严格控制温度　反应物料都是在适当的温度下进行反应，如果超温，反应物就有可能分解着火或发生爆炸。化学反应在升温过快、过高或冷却降温设施发生故障时，可能引起剧烈反应而发生冲料或爆炸。有时化学反应由于温度下降而造成反应速率减慢或停滞，当反应温度恢复正常时，由于未反应的物料过多发生剧烈反应而爆炸。有时由于温度下降使物料冻结，堵塞管道甚至造成设备、管道破裂，跑、漏易燃易爆物料而发生火灾爆炸。因此，必须按照操作规程进行，严格控制温度。

（7）严格控制压力　生产用的反应器和设备只能承受一定的压力，如果压力过高，可能造成设备、管道爆裂或化学反应剧烈而发生爆炸。正压生产的设备、管道等如果形成负压，把空气吸入设备、管道内，与易燃易爆物质形成爆炸性混合物，有发生火灾爆炸的危险。负压生产的设备、管道，如果出现正压情况，易跑、漏易燃易爆物料而发生危险。在各种不同压力下生产的设备和管道，要防止高压系统的压力窜入低压系统造成设备、管道爆裂。高压设备、管道和容器应有足够的耐压强度，定期进行耐压试验，并安装安全阀、压力计等安全装置。

（8）防止搅拌中断　有的生产过程如果中断搅拌可能造成散热不良或局部反应剧烈而发生危险。因此，为防止中断搅拌，应考虑安装二路电源或采取其他安全措施（如人工搅拌等）。

（9）严守操作规程　操作人员要熟悉生产工艺流程，了解原材料性质和设备特点，出现险情时善于迅速处理。

（10）做好抽样探伤　由于石油化工设备及受压容器，在温度应力、交变应力、介质强烈腐蚀等恶劣条件的作用下，容易出现泄漏，造成火灾爆炸事故。所以，每年都要做抽样探伤，必要时，还要做100％的检查。

三、消防灭火技术 (fire fighting technique)

消防灭火的重点应放在确定熄灭火的临界条件上，而不是放在熄灭火的时间上。比如对爆燃或扩散火焰的熄火可以用多种方法实现，其中包括让火焰通过一个小直径的管子（火焰阻止器的一种设计原理）；从系统中除去主要反应物（对扩散火焰尤其适用）；加入足够的能减慢燃烧的物质（如水或化学的火焰灭火剂）；通过引射高速气体的方法把火焰从反应混合物上移开。

1. 消防装置

（1）防火安全装置　有：阻火设备，如安全液封、水封井、阻火器、单向阀、阻火阀等，其作用是防止火焰闯入设备、管道或阻止火焰在其间扩展；防爆泄压设备，如安全阀、爆破片（防爆片）、放空管等，安装于压力容器、管道等生产设备上，起降压防爆作用；火星熄灭器，安装于产生火星的设备和装置，防止火星飞出引燃可燃物；自动探测器，用于检测可燃气体浓度、温度、烟雾等，当超过一定值（浓度）时自动报警，启动联锁装置自动停车并启动自动灭火设施，及时运作，快速灭火。

① 阻火器 (fire arrestor)　阻火器一般安装在易产生燃烧、爆炸的设备，燃烧室，高温氧化炉，反应器与输送可燃气体、易燃液体蒸气的管道之间，以及易燃液体、可燃气体的容器、管道、设备的排气管上。阻火器有金属网阻火器、波纹金属片阻火器等。阻火器的灭火作用是当火焰通过狭小空隙时，由于冷却作用使热损失突然增大而中止燃烧。影响阻火器性能的因素有阻火层厚度及其空隙或通道的大小。对于甲烷，阻火孔的临界直径为 $0.4 \sim 0.5 \text{mm}$，氢及乙炔的为 $0.1 \sim 0.2 \text{mm}$，汽油及天然气的为 $0.1 \sim 0.2 \text{mm}$。

② 安全液封 (liquid seal)　安全液封属于阻火器的一种，但其填料为水，一般用在气体管道与生产设备之间，或设置在污水管道之间，用以防止外部火焰窜入有着火危险的设备或管道，或阻止火焰在设备和管道之间扩散。其结构分敞开式与封闭式，均用于低压系统阻火，主要靠一段封闭液柱高度分隔系统达到阻火目的。在实际应用中封闭液柱高度应为实验高度的 2 倍。使用中注意检查水位不使其减低，冬季可以通入蒸汽防止结冻，或用水与乙二醇混合液以及三甲酚磷酸酯等作为防冻液。

③ 可燃气体探测器 (combustible gas detector)　探测器的核心部件是传感器，按传感器划分有催化燃烧式传感器、电化学传感器、半导体传感器、红外传感器和光离子传感器。其中常用的催化燃烧式传感器属于高温传感器，其工作原理是气敏材料（如铂电热丝等）在通电状态下，可燃性气体氧化燃烧或者在催化剂作用下氧化燃烧，电热丝由于燃烧而升温，从而使其电阻值发生变化。其检测的实现是有条件的，必须保证检测环境中包含足够的氧气，在无氧的环境下这种检测方式可能无法检测任何可燃性气体。某些含铅化合物（尤其是四乙基铅）、硫化合物、硅类、磷化合物、硫化氢和卤代烃可能会使传感器中毒或抑制，如果被检测的环境含有上述物质应选用抗上述物质的传感器类型。

(2) 灭火设备　是直接将火灾扑灭的设备，有喷射粉末、泡沫等的灭火器，喷射水雾、不燃性气体、挥发性液体（液态卤烃等）等的灭火器，喷水器、消火栓等。

① 灭火器 (fire extinguisher)　由于结构简单、操作方便、轻便灵活、使用广泛，是扑救各类初起火灾的重要消防器材。主要有泡沫灭火器、干粉灭火器、卤代烷灭火器、二氧化碳灭火器、酸碱灭火器、清水灭火器等。

② 消火栓 (hydrant)　为固定消防设施之一，它是消防供水的主要设施，它分为室外消火栓和室内消火栓。室外消火栓按其安装形式分为两种，安装在地面上的称为地上消火栓，适用于气温较高的地区；安装在地面以下的称为地下消火栓，适用于寒冷地区。

室内消火栓是设在公共建筑物、厂房、仓库和轮船等室内的消防供水设备，一般用来扑灭室内初起火灾。它一般安装在楼梯间、走廊和室内的墙壁上，通常设置在专用箱内，箱内备有水枪和水带。

③ 消防水炮 (fire water monitor)　如图 7-1 所示。其灭火水量上具有流量大、射程远的特点。在《石油化工企业设计防火规范》中，推荐单只水炮选用流量为 30~40L/s，实际上目前国内的生产厂商提供的水炮供水可达 50~60L/s。根据消防水炮的工作压力和水炮仰角不同，其射程可达 45~70m。与传统的消火栓系统相比，当火场需要 40L/s 流量的消防用水时，如采用消火栓系统，则需要 5L/s 流量的水枪 8 只，即使灭火时每人操作一只水枪，也需要 8 个人来完成。但如果使用消防水炮

图 7-1　消防水炮

向火场供水，则一系列操作仅由一个人即可完成，且灭火距离更远。因此消防水炮具有更大的灭火范围，对消防人员免遭遇火场辐射热伤害的防护更可靠。

2. 灭火的基本原则

(1) 报警早，损失小　由于火灾的发展很快，当发现初起火时，在积极组织扑救的同时，应尽快用火灾报警装置、电话等向消防队报警。同时指派人员到消防车可能来到的路口接应，并主动介绍燃烧物的性质和火场内部情况，以便迅速组织扑救。

(2) 边报警，边扑救　在报警的同时要及时扑灭初起火。在火灾的初起阶段，由于燃烧

面积小，燃烧强度弱，辐射热量小，是扑救的最有利时机。这种初起火一经发现，只要不错过时机，可以用少量灭火器材扑灭。因此，就地取材，不失时机地扑灭初起火是极其重要的。

（3）先控制，后灭火　在扑救可燃气体、液体火灾时，应首先切断可燃物的来源，在可燃物来源未切断之前，扑救应以冷却保护为主，积极设法切断可燃物来源，然后集中力量争取灭火一次成功。

（4）先救人，后救物　在发生火灾时，如果人员受到火灾威胁时，应首先组织力量把人员抢救出来，再疏散物资。当化工生产装置发生火灾，当火势还未完全封住抢救通道，救援被困人员还有一线希望时，救人和切断可燃物来源应同时进行；当火势把救援通道完全封住，抢救人员强行进入会造成更大伤亡时，则应先切断或控制可燃物来源，当火势减弱到有可能进行抢救时，就要极早把被困人员抢救出来。

（5）防中毒，防窒息　许多化学物品燃烧时会产生有毒烟雾，扑救人员如不注意，很容易发生中毒。大量烟雾或使用二氧化碳、氮气等窒息法灭火时，火场附近空气中氧含量降低可能引起窒息。因此，在扑救有毒物品时要正确选用灭火剂；在扑救时人应尽可能站在上风向；必要时要佩戴防毒面具，以防发生中毒或窒息。

（6）听指挥，莫惊慌　发生火灾时一定要保持镇静，迅速采取正确措施扑灭初起火。这就要求平时要加强防火灭火知识学习，积极参加消防训练，才能做到一旦发生火灾时不会惊慌失措。同时，发生火灾时必须听从火场指挥员的指挥，互相配合，积极主动完成扑救任务。

3. 生产装置初起火灾的扑救基本措施

① 迅速查清着火部位、燃烧物质及物料的来源，在灭火的同时，及时关闭阀门，切断物料。

② 采取多种方法，消除爆炸危险。带压设备泄漏着火时，应根据具体情况，及时采取防爆措施。如关闭管道或设备上的阀门；疏散或冷却设备容器；打开反应器上的放空阀或驱散可燃蒸气或气体等。

③ 准确使用灭火剂。根据不同的燃烧对象、燃烧状态选用相应的灭火剂，对反应器、釜等设备的火灾除从外部喷射灭火剂外，还可以采取向设备、管道、容器内部输入蒸气、氮气等灭火措施。

④ 当消防队赶到火场扑救时，生产装置负责人或岗位人员，应主动向消防指挥员介绍情况，讲明着火部位、燃烧介质、温度、压力等生产装置的危险状况和已经采取的灭火措施，供专职消防队迅速做出灭火战术决策。

⑤ 消灭外围火焰，控制火势发展。扑救生产装置火灾时，一般是首先扑灭外围或附近建筑的燃烧，保护受火势威胁的设备、车间。对重点设备加强保护，防止火势扩大蔓延。然后逐步缩小燃烧范围，最后扑灭火灾。

⑥ 利用生产装置设置的固定灭火装置冷却、灭火。石油化工生产装置在设计时考虑到火灾危险性的大小，在生产区域设置高架水枪、水炮、水幕、固定喷淋等灭火设备，应根据现场情况利用固定或半固定冷却或灭火装置冷却或灭火。

⑦ 根据生产装置的火灾危险性及火灾危害程度，及时采取必要的工艺灭火措施，如对火势较大，关键设备破坏严重，一时难以扑灭的火灾，可采取局部停止进料，开阀导罐、紧急放空、紧急停车等工艺紧急措施，为有效扑灭火灾，最大限度降低灾害创造条件。

4. 储罐初起火灾的扑救

石油化工企业用储存的物料大多数密度小、沸程低、爆炸范围大、闪点低、燃烧速度快、热值高、具有火灾危险性大、扑救困难的特点。

① 易燃可燃液体储罐发生火灾，现场人员可利用岗位配备的干粉灭火器或泡沫灭火器进行灭火，同时组织人力利用消火栓、消防水炮进行储罐罐壁冷却，降低物料可燃蒸气的挥发速度，保护储罐强度，控制火势发展。冷却过程中一般不应将水直接打入罐内，防止液面过高造成冒罐或油品沸溢，扩大燃烧面积，造成扑救困难。设有固定泡沫灭火装置的，应迅速启动泡沫灭火设施，选择正确的泡沫灭火剂和供给强度及混合比例，打开着火罐控制阀，输送泡沫灭火。

② 浮顶式易燃可燃液体油罐着火，在喷射泡沫和冷却罐壁的同时，应组织人员上罐灭火。同时可用干粉灭火器扑灭围堰内的残火。地下式、半地下式易燃可燃液体储罐着火，可用干粉推车或泡沫推车进行灭火。灭火时应注意风向和热辐射。

③ 卧式、球式易燃可燃气体储罐着火，应迅速打开储罐上设置的消防喷淋装置进行冷却，冷却时应集中保护着火罐，同时对周围储罐进行冷却保护。防止罐内压力急剧上升，造成爆炸。操作人员应密切注意储罐温度和压力变化，必要时应打开紧急放空阀，将物料排放火炬或安全地点进行泄压。

④ 扑救易燃可燃液体储罐火灾，也可在储罐没有破坏的情况下，充填氮气等惰性气体窒息灭火。储罐火灾及时扑灭后，应冷却保护一段时间，降低物料温度，防止温度过高引起复燃。

5. 人身起火的扑救

在化工企业生产环境中，人身起火燃烧，轻者留有伤残，重者直至危及生命。正确扑救人身着火，可大大降低伤害程度。当人身着火时，一般采取就地打滚的方式，将着火部分压灭。同时应保持清醒头脑，切不可跑动，否则风助火势，烧伤更加严重；衣服局部着火，可采取脱衣，局部裹压的方法灭火。明火扑灭后，应及时清理棉毛织物阴火，防止复燃。当易燃可燃液体大面积泄漏引起人身着火，发生突然，燃烧面积大，受害人无法进行自救。此时，在场人员应迅速采取措施：如将受害人拖离现场，用湿衣服、毛毡等物品压盖灭火；或使用灭火器压制火势，转移受害人后，再采取人身灭火方法。火灾扑灭后，应特别注意烧伤患者的保护，对烧伤部位应用绷带或干净的床单进行简单的包扎后，尽快送医院治疗。

第二节 压力容器的安全技术
Safety Technique of Pressure Vessel

化工压力容器一般指在化工生产中用于完成反应、传质、传热、分离和储存等生产工艺过程，并能承受压力的密闭容器。压力容器作为机械制造产品，它是在各种介质和环境十分苛刻的条件下进行操作的，如高温、高压且具有易燃、易爆、剧毒和腐蚀等。压力容器在设计、制造、安装、运行和维护等各个环节中都会产生缺陷，但不管来源于哪个环节，都将影响其安全使用。

一、压力容器的定义与分类 (definition and classification of pressure vessel)

同时满足下列三个条件的容器，才称为压力容器 (pressure vessel)：a. 最高工作压力 $\geqslant 0.1\mathrm{MPa}$；b. 内直径 $\geqslant 0.15\mathrm{m}$，且容积 $\geqslant 0.025\mathrm{m}^3$；c. 介质为气体、液化气体或最高工作温度高于标准沸点的液体。

1. 按工作压力分类

低压（代号 L）容器：$0.1MPa \leqslant p < 1.6MPa$；

中压（代号 M）容器：$1.6MPa \leqslant p < 10MPa$；

高压（代号 H）容器：$10MPa \leqslant p < 100MPa$；

超高压（代号 U）容器：$p \geqslant 100MPa$

2. 按用途分类

（1）反应容器　主要用来完成工作介质的物理、化学反应的容器称为反应容器。如：反应器、发生器、聚合釜、合成塔、变换炉等。

（2）换热容器　主要用来完成介质的热量交换的容器称为换热容器。如：热交换器、冷却器、加热器等。

（3）分离容器　主要用来完成介质的流体压力平衡、气体净化、分离等的容器称为分离容器。如：分离器、过滤器、集油器、缓冲器、洗涤塔等。

（4）储运容器　主要用来盛装生产和生活用的原料气体、液体、液化气体的容器称为储运容器。如：储槽、储罐、槽车等。

3. 按危险性和危害性分类

根据我国《压力容器安全技术监察规程》采用既考虑容器压力与容积乘积大小，又考虑介质危险性以及容器在生产过程中的作用的综合分类方法，以有利于安全技术监督和管理，把压力容器分为三类。

（1）第三类压力容器　具有下列情况之一的，为第三类压力容器：

高压容器；

中压容器（仅限毒性程度为极度和高度危害介质）；

中压储存容器（仅限易燃或毒性程度为中度危害介质，且 pV 乘积大于等于 $10MPa \cdot m^3$）；

中压反应容器（仅限易燃或毒性程度为中度危害介质，且 pV 乘积大于等于 $0.5Pa \cdot m^3$）；

低压容器（仅限毒性程度为极度和高度危害介质，且 pV 乘积大于等于 $0.2MPa \cdot m^3$）；

高压、中压管壳式余热锅炉；

中压搪玻璃压力容器；

使用强度级别较高（指相应标准中抗拉强度规定值下限大于等于 $540MPa$）的材料制造的压力容器；

移动式压力容器，包括铁路罐车（介质为液化气体、低温液体）、罐式汽车［液化气体运输（半挂）车、低温液体运输（半挂）车、永久气体运输（半挂）车］和罐式集装箱（介质为液化气体、低温液体）等；

球形储罐（容积大于等于 $50m^3$）；

低温液体储存容器（容积大于 $5m^3$）。

（2）第二类压力容器　具有下列情况之一的，为第二类压力容器：

中压容器；

低压容器（仅限毒性程度为极度和高度危害介质）；

低压反应容器和低压储存容器（仅限易燃介质或毒性程度为中度危害介质）；

低压管壳式余热锅炉；

低压搪玻璃压力容器。

（3）第一类压力容器　除上述规定以外的低压容器为第一类压力容器。

可见，国内压力容器分类方法综合考虑了设计压力、几何容积、材料强度、应用场合和介质危害程度等影响因素。

二、压力容器的设计、制造及安装（design, manufacture, installation of pressure vessel）

为了确保压力容器制造质量，国家规定凡压力容器设计单位要具有特种设备（压力容器）设计许可证；制造和现场组焊压力容器的单位必须持有劳动部颁发的制造许可证。压力容器质量的优劣主要取决于材料质量、焊接质量和检验质量三方面。压力容器的制造质量除钢材本身质量外，主要取决于焊接质量。为保证焊接质量，必须做好焊工的培训考试工作，保证良好的焊接环境，认真进行焊接工艺评定，严格焊前预热和焊后热处理。压力容器制成后必须进行压力试验。包括耐压试验和气密性试验。耐压试验包括液压试验和气压试验。

压力容器的专业安装单位必须经劳动部门审核批准才可以从事承压设备的安装工作。安装作业必须执行国家有关安装的规范。安装过程中应对安装质量实行分段验收和总体验收。验收由使用单位和安装单位共同进行。总体验收时，应有上级主管部门参加。压力容器安装竣工后，施工单位应将竣工图、安装及复验记录等技术资料及安装质量证明书等移交给使用单位。

三、化工压力容器的安全问题（safety problem of pressure vessel for chemical industry）

① 钢材内部局部区域的组织损伤，或者材料在使用过程中劣化引起的钢材内部组织变化，都会导致钢材性能损害，从而影响压力容器使用的安全可靠性。

② 中、高强度钢制化工压力容器在制造中容易产生焊接裂纹，如果再加上疲劳和介质腐蚀等恶劣的操作条件，就会使这些原始裂纹扩展，最终导致压力容器疲劳破坏。

③ 化工压力容器的腐蚀问题比较复杂，影响因素比较多，其中包括氢腐蚀、应力腐蚀、局部腐蚀（点腐蚀及缝隙腐蚀）以及均匀腐蚀，并且经常出现几种腐蚀共存的现象，腐蚀对化工压力容器的危害很大，腐蚀会使压力容器发生早期失效或突然损坏，造成停车事故；腐蚀会使压力容器发生穿孔泄漏，造成介质流失，污染环境，甚至会使易燃介质发生爆炸或使有毒介质泄漏引起中毒事故；腐蚀会使压力容器壁厚减薄，致使壳体不能满足强度要求，最后导致容器破裂失效。

④ 化工压力容器容纳压缩气体或饱和液体，容器一旦破裂，介质卸压膨胀，瞬间所发生的能量不但会使容器发生爆炸，还会产生冲击波破坏周围设备和建筑；并且由于内部介质外泄，引起二次爆炸、着火燃烧或毒气弥散导致厂毁人亡的恶性事故。

⑤ 化工压力容器除承受介质压力外，常伴随着高温、低温或介质腐蚀的联合作用；温度、压力的波动或短期超载又常常不可避免。若遇频繁开停车或温度、压力波动，则会使压力容器发生疲劳破坏，引发安全事故。化工压力容器上某些局部区域的应力状态复杂而恶劣，其使用条件和制造要求苛刻。如容器的开孔、接管处和某些结构不连续处的受力状态恶劣，应力水平较高，这些部位常常容易产生疲劳裂纹，成为脆性破坏的发源地。

四、化工压力容器安全装置的设置（install safety device of pressure vessel for chemical industry）

1. 设置安全泄压装置

在用于制造高分子聚合的高压釜（聚合釜）的使用中，有时会因原料或催化剂使用不当或操作失误，使物料发生爆聚（即本来应缓慢聚合的反应在瞬时内快速聚合的全过程）释放大量热能，而冷却装置又无法迅速导热，因而发生超压而酿成严重爆炸事故。

为了确保压力容器安全运行，防止设备由于过量超压而发生事故，除了从根本上采取措施消除或减少可能引起压力容器超压的各种因素以外，装设安全泄压装置是一个关键措施。安全泄压装置是为保证压力容器安全运行，防止它超压的一种器具。它具有如下功能：当容器在正常工作压力下运行时，保持严密不漏，若容器内压力一旦超过规定，则能自动地、迅速地排泄出器内的介质，使设备的压力始终保持在许用压力范围以内。一般情况下，安全泄压装置除了具有自动泄压这一主要功能外，还有自动报警的作用。因为当它启动排放气体时，由于介质以高速喷出，常常发出较大的响声，这就相当于发出了设备压力过高的报警音响讯号。常见的安全泄压装置（relief safety feature）有安全阀（pressure relief valve）、爆破片和防爆帽。

但安全泄压装置只是防止容器过量超压的最后一个关口，而且也常有失灵现象发生，所以首先应在操作上严加控制，以防止容器超压。另外对每批投用的原料和催化剂等从质量到数量都要严格控制，对冷却装置等应经常检查其是否处于良好的工作状态。

2. 装设液位计

对固定式液化气体储罐和槽车等容器一定要装设灵敏可靠的液位计（liquid indicator），严格按规定充装量进行充装，并防止容器意外受热。因为储装液化气体的容器常因装量过多或意外受热、温度升高而发生超压。而容器内一旦充满液体，则每升高 10℃ 就会增大十几个大气压。

3. 装设联锁装置

对于压力来自外压力源（如气体压缩机、蒸汽锅炉）的压力容器，超压多是误操作所致。例如，未切断压力源而误将容器的出口阀关闭，使容器内气体密度增大，压力升高；减压装置失灵造成超压；或将其他介质投入容器内产生化学反应而使容器内压力升高；或误开启应关闭的阀门而送入较高压力的气体于容器内等。预防操作失误最可靠的方法是装设联锁装置（interlocking device）。

五、化工压力容器安全装置操作要点（the key points of operating safety device of pressure vessel for chemical industry）

1. 平稳操作压力容器

运行中应该避免容器壁温度的突然变化，以免产生较大的温度应力。高温容器或工作壁温在零度以下的容器，加热或冷却也应缓慢进行，以减小壳体的温度梯度。压力容器开始加压时，速度不宜过快，尤其要防止压力突然升高，因为过高的加载速度会降低材料的断裂韧性，可能使存有微小缺陷的容器在压力的冲击下发生脆性断裂。运行中压力频繁地或大幅度地波动，对压力容器的抗疲劳破坏是极为不利的，应尽量避免压力波动，保持操作压力平稳。

2. 对安全装置与设备的经常性检查

对安全装置与设备要经常性地检查，在安全装置方面，主要检查容器的安全装置，包括弹簧式安全阀的弹簧是否有锈蚀、被油垢粘满等情况，杠杆式安全阀的重锤是否有移动的迹象，压力表的取压管有无泄漏和堵塞现象，与安全有关的计量器具（例如温度计、投料或液化气体充装计量用的磅秤等）是否保持完好状态，以及冬季气温过低时，装设在室外露天的安全阀有无冻结的可能等；这些装置和器具是否在规定的允许使用期限内。在设备状况方面，主要检查容器及其管道有无振动、磨损；容器有无塑性变形、腐蚀以及其他缺陷或可疑迹象；容器各连接部位有无泄漏、渗漏等现象。

3. 操作人员的操作规则

压力容器运行环节时间最长，工况条件变化最多，操作人员的操作技能水平、应变能力、系统工况的变化都会影响正常操作，因此压力容器的精心操作是积极避免和减少操作中压力容器事故的有效措施，操作人员要严格遵守工艺纪律和安全操作规程；要制定合理的工艺操作记录卡片，并认真作好记录。压力容器的部分宏观检查要列入操作人员的巡回检查制度中，及早发现异常，防止突发性的事故。

4. 压力容器的紧急停止运行

容器停止运行包括泄放容器内的气体和其他物料，使容器内压力下降，并停止向容器内输入气体或其他反应物料，对于系统中连续性生产的压力容器，紧急停止运行时必须作好与其他有关岗位的联系工作，容器的停止运行操作虽然简单，但仍应认真操作，若有疏忽也会酿成事故。

第三节 工业毒物的危害及防护
Occupational Hazards and Protection Measures of Industrial Toxicant

石油石化企业生产工艺复杂、环境恶劣、过程连续，且大多数物料是易燃易爆、有毒有害的危险化学品，在石油石化生产、加工、储存、运输和使用过程中，往往会伴随着有毒有害物质的产生，由此引发的中毒事故也时有发生。加强对有毒有害物质的管理和防护对预防中毒事故有着十分重要的现实意义。

一、工业毒物主要存在的形式（the main form of industrial toxicant）
在实际生产过程中，生产性毒物主要以气体、蒸气、雾、烟尘或粉尘的形式污染环境。

1. 气体
指在常温、常压下呈气态的物质。

2. 蒸气
是由液体蒸发或固体升华而形成。

3. 雾
是指混悬在空气中的液滴，多为蒸汽冷凝液或液体喷散所形成。

4. 烟尘
是指悬浮在空气中的烟状固体颗粒，直径往往小于 $0.1\mu m$。

5. 粉尘
是能在较长时间飘浮于空气中的固体颗粒，直径多为 $0.1\sim10\mu m$。

二、工业毒物的毒性指标与分级（toxicity index and classification of industrial toxicant）
一般常使用致死剂量（或浓度）作为衡量各类毒物毒性的指标。致死剂量（或浓度）用下面符号表示。

1. LD_{100} 或 LC_{100}
表示绝对致死剂量或浓度，即能引起一组实验动物全部死亡的最小剂量或浓度。

2. LD_0 或 LC_0
表示最大耐受量或浓度，即不能引起实验动物死亡的最大剂量或浓度。

3. MLD 或 MLC
表示最小致死剂量或浓度，即比最大耐受量稍大，能引起实验组动物中个别动物死亡的剂量或浓度。

4. LD_{50} 或 LC_{50}
表示半数致死剂量或浓度，即能引起实验组动物的 50% 死亡的剂量或浓度。其中半数致死剂量常用来反映毒物毒性的大小，一般将毒物分为极度危害、高度危害、中度危害和轻度危害四级，见表7-7。同时可将毒物分成六级，见表7-8。

表 7-7 职业性接触毒物危害程度分级依据

指　标		分　级			
		I （极度危害）	II （高度危害）	III （中度危害）	IV （轻度危害）
急性毒性	吸入 LC_{50}/(mg/m³)	<200	200～2000	2000～20000	>20000
	经皮 LD_{50}/(mg/kg)	<100	100～500	500～2500	>2500
	经口 LD_{50}/(mg/kg)	<25	25～500	500～5000	>5000
急性中毒发病状况		生产中易发生中毒，后果严重	生产中可发生中毒，预后良好	偶可发生中毒	迄今未见急性中毒，但有急性影响
慢性中毒患病状况		患病率高（≥5%）	患病率较高（<5%）或症状发生率高（≥20%）	偶有中毒病例发生或病状发生率较高（≥10%）	无慢性中毒而有慢性影响
慢性中毒后果		脱离接触后，继续进展或不能治愈	脱离接触后，可基本治愈	脱离接触后，可恢复不致严重后果	脱离接触后，自动恢复，无不良后果
致癌性		人体致癌物	可疑人体致癌物	实验动物致癌物	无致癌物
最高容许浓度/(mg/m³)		<0.1	0.1～1.0	1.0～10	>10

表 7-8 毒物毒性分级

毒性分级	大鼠经口 LD_{50}(mg/kg)	大鼠吸入 4h 死亡 1/5～2/3 的浓度/×10⁻⁶	对人可能致死剂量/g
剧毒	1 或 <1	<10	0.06
高毒	1～50	10～100	4
中等毒	50～500	100～1000	30
低毒	500～5000	1000～10000	250
微毒	5000～15000	10000～100000	1200
基本无毒	15000 以上	>100000	≥1200

三、工业毒物侵入人体的途径（the ways of industrial toxicant invaded into human body）

毒物进入人体的途径有三种：呼吸道、皮肤和消化道。在生产过程中，最主要的是经呼吸道进入，其次是皮肤，而经消化道进入的较少。

1. 经呼吸道进入

这是生产性毒物进入人体最主要的途径。大多数职业中毒均由此而引起。如人体吸进了大量的氰化氢、一氧化碳或苯等，在数分钟内就可以中毒昏倒。另外，由呼吸道进入的毒物被肺泡吸收后不经肝脏解毒就直接进入血液循环而分布到全身，所以有更大危险性。

2. 经皮肤进入

这也是职业中毒较为常见的途径。经皮肤吸收的毒物不经肝脏而直接随血液循环分布于全身。

3. 经消化道进入

在生产环境中，毒物单纯从消化道吸收而引起中毒的情况比较少见。偶见不遵守操作规程或在车间进食，吸烟以及误服等情况。

四、具体中毒危险物分析（toxicological analysis）

石油化工企业生产过程中存在的有毒有害物质种类多、分布广。生产中存在的有毒有害物质主要有：硫化氢、氯气、一氧化碳、氨、苯等（见表 7-9）。

1. 硫化氢

硫化氢（sulfureted hydrogen）为无色气体，相对密度 1.19（空气＝1），熔点 −82.9℃，沸点 −61.8℃。易溶于水，易溶于甲醇类、石油溶剂和原油中。可燃上限为 45.5％，下限为 4.3％，燃点 292℃。硫化氢经黏膜吸收快，皮肤吸收甚慢。人吸入 70～150mg/m³ 硫化氢，就会出现呼吸道及眼刺激症状。吸入 760～1000mg/m³ 硫化氢，数秒钟后人体就会中毒。

近年来随着原油种类的变化，原油中硫含量升高，其生产工艺介质中硫化氢的含量也越来越高，硫化氢中毒的危险性也越来越大。

例如在炼化企业，硫化氢会出现在装置的干气、瓦斯气、酸性气、含硫污水、粗汽油、柴油、液化气、渣油、凝缩油等介质中，容易发生泄漏的部位有脱水器、采样口、排凝口、放空口、计量仪表接口等。

2. 氯气

氯气（chlorine）可溶于水和碱溶液，易溶于二硫化碳和四氯化碳等有机溶剂。氯气遇水后生成次氯酸和盐酸，再分解为新生态氧。氯气有强烈的腐蚀性，设备及容器极易被腐蚀而导致氯气泄漏。

氯气的毒性：氯气主要通过呼吸道侵入人体，氯气对上呼吸道黏膜会造成损害，它会溶解在黏膜所含的水分里，生成次氯酸和盐酸，次氯酸使组织受到强烈氧化，盐酸刺激黏膜发生炎性肿胀，使呼吸道黏膜浮肿，大量分泌黏液，造成呼吸困难，所以氯气中毒的明显症状是发生剧烈的咳嗽。1L 空气里最多可以允许含氯气 0.001mg，超过这个含量就会引起人体中毒。

工业上接触氯的机会有：氯的制造或使用过程中若设备管道密闭不严均可接触到氯。液氯灌注、运输和储存时，若钢瓶密封不良或有故障，亦可发生大量氯气逸散。主要见于电解食盐、制造各种含氯化合物、造纸、印染及自来水消毒等工业。

3. 一氧化碳

凡含碳的物质燃烧不完全时，都可产生一氧化碳（carbon monoxide），因此一氧化碳的来源十分广泛。工业生产中接触一氧化碳的作业则不下 70 种，如冶金工业中炼焦、炼铁、锻冶、铸造和热处理的生产；化学工业中合成氨、丙酮、光气、甲醇的生产；矿井放炮、煤矿瓦斯爆炸事故；碳素石墨电极制造；内燃机试车；生产使用含一氧化碳的可燃气体（如水煤气含一氧化碳达 40％，高炉与发生炉煤气中含一氧化碳 30％，煤气含一氧化碳 5％～15％）；炸药或火药爆炸后的气体含一氧化碳约 30％～60％；使用柴油、汽油的内燃机废气中也含一氧化碳约 1％～8％。在石油石化生产中，一氧化碳主要存在于锅炉、加热炉、燃烧室、烟气中。

上述工业生产过程中都有接触一氧化碳的机会，但职业性急性一氧化碳中毒多发生于一氧化碳泄漏同时通风不良的情况下。由于一氧化碳无色无臭，泄漏后不易及时发觉，急性一氧化碳中毒是我国发病和死亡人数最多的急性职业中毒。

4. 氨

在石油石化生产中，氨（ammonia）主要存在于污水汽提装置、氨储存罐区、化纤污水处理装置、轻烃站制冷装置等。

5. 苯

苯（benzene）是一种无色具有芳香气味的液体，属于易燃液体，该品为致癌物，对环境有害，对水可造成污染，可通过吸入、食入、经皮肤吸收侵入人体。苯是重要的化工原料。在石化工业中，苯蒸气主要存在于催化重整装置、芳烃抽提装置及储存罐区等。

表 7-9　常见有毒有害物质危险特性

序号	介质名称	爆炸极限/%	危害程度分极	最高容许浓度/(mg/m³)	时间加板平均容许浓度/(mg/m³)	短时间接触容许浓度/(mg/m³)
1	硫化氢	4.0～46.0	Ⅱ	10	—	—
2	氯气		Ⅱ	1	—	—
3	一氧化碳	12.5～74.2	Ⅱ	—	20	30
4	氨	15.7～27.4	Ⅳ	—	20	20
5	苯	1.2～8.0	Ⅰ	—	6	10
6	甲苯	1.2～7.0	Ⅲ	—	50	100
7	对二甲苯	1.1～7.0	Ⅲ	—	50	100

案例　某单位以苯、甲苯、异丙醇等为原料，主要生产解毒剂、互溶剂、缓蚀剂、消防蜡剂、破乳剂等化工产品。厂房、设备简陋，产品加工、制作均通过敞开式搅拌罐混合配制完成，生产操作过程由人工完成。有 3 名工人在该厂从事化工配制作业。经体检，这 3 名职工被诊断为"慢性轻度苯系化合物中毒"。

事故原因分析：

（1）生产设施简陋，生产工艺落后，操作方式为敞开式搅拌，苯等有毒物质的挥发气造成操作人员长时间通过呼吸吸入和皮肤吸收有毒气体及有毒物质，是导致事故发生的直接原因。

（2）工业安全、卫生设施差，车间内无机械通风装置，有毒气体不能及时从工作间排出；职工个人劳动防护用品配备不当，只配备了普通纱布口罩而不是专用防毒口罩，未起到防护作用，这是导致事故发生的主要原因。

（3）该厂管理者忽视职业卫生管理，对有毒有害作业场所、设备未进行及时的治理和改造，造成职工长期工作在有毒的作业环境中，是导致事故发生的重要原因。

五、化学性中毒患者处理原则（principle of management of chemical poisoning）

1. 脱离接触、洗消

远离危害源区域，尽快疏散到空气清新处。诊治区域要设在非污染区。在现场洗消区进行洗消，脱去病人被污染的衣物，用流动清水及时冲洗污染的皮肤，对于可能引起化学性烧伤或能经皮肤吸收的毒物更要充分冲洗，时间一般不少于 20min，并考虑选择适当中和剂中和处理；眼睛有毒物溅入或引起灼伤时要优先迅速冲洗。

2. 检伤

医务人员根据病人病情迅速将病员检伤分类，做出相应的标志，并按照检伤结果将病人送往不同区域内急救。

3. 应用特效解毒治疗

特效治疗主要有特定毒物的特效解毒剂、氧疗法等，对气体中毒者尽量送有高压氧条件的医疗机构。

4. 对症和支持治疗

保护重要器官功能，维持酸碱平衡，防止水电解质紊乱，防止继发感染以及并发症和后遗症等。

六、防范措施（precautionary measure）

1. 加强HSE（health, safety, environment，健康、安全、环境）教育培训，提高全员防护意识

① 掌握危险辨识和控制（包括防险、避险及排险）的技能，进行有效的危险源辨识和风险评价，识别出本单位、本岗位、操作过程中存在的各种有毒有害因素及应采取的防护措施。

② 学习有关标准、规章制度、操作规程和典型事故案例，树立遵章守法、按规操作意识，克服低标准、老毛病、坏习惯，避免违章指挥、违章作业和违反劳动纪律现象的发生。吸取事故教训，查改存在的各类隐患。

③ 开展演练活动，提高全员防范意识和自我保护技能，掌握预防中毒的措施和中毒急救方法，熟练正确使用各类防护用具（如正压式空气呼吸器），确保在应急状态下能自救和救护他人。

2. 加强安全管理，堵塞管理漏洞

① 对有毒有害气体物质的分布情况进行调查，绘制分布图，确定危险点源，进行重点防范。

② 加强对直接作业环节的管理，严格落实作业许可制度。对涉及有毒有害气体的动火、进入受限空间、检（维）修作业等，都要由专人使用专门仪器进行化验分析，制定 HSE 实施方案，采取防范措施，落实监护人，办理作业许可证。

③ 对接触有毒有害物质的岗位和现场，按规定配备使用防护用具、设施和应急药品，如过滤式防毒面具、防毒口罩、空气呼吸器、防化服、洗眼器、冲淋器、中和池以及风向标等，并做好检查、维护和管理，确保处于完好备用状态。

④ 在易泄漏有毒有害物质的危险点，按规范要求安装固定式有毒气体检测报警器，随时检测有毒有害气体的浓度并能够超标报警。要按规范要求定期由有检测资质的部门对检测仪器进行校验。

3. 加强"三同时"（three simultaneousness）管理，抓好本质安全

① 新、改、扩建项目有毒有害物质防护设施与主体工程同时设计、同时施工、同时投入生产和使用，从源头上消除中毒隐患。

② 根据不同物料性质，优化生产工艺方案，完善工艺措施，控制或降低有毒有害物产生量，严格工艺操作，避免超温、超压、超负荷。

③ 改进生产工艺技术，实现生产过程密闭和环境的通风，做到密闭采样、密闭脱水、密闭搅拌，从根本上减少有毒有害物的产生和排放。

④ 对于高温、高压、易腐蚀、易泄漏的设备、管线及阀门、阀件，要加强监测和维护，杜绝跑、冒、滴、漏现象。

4. 制定事故应急救援预案

当有毒有害物质发生泄漏时，及时准确地抢险和救护往往能减小和控制有毒有害物质泄漏量，并能减少中毒的人数、减轻中毒的后果，降低灾害程度。这就要事先做出符合实际的泄漏和中毒事故应急救援预案，并熟练掌握。按照法律法规和制度的要求，结合危险源识别和风险评价的结果，制定出硫化氢、氯气、氨等有毒有害物泄漏中毒事故应急预案，明确各方职责、应急程序及注意事项，组织定期演练。根据演练过程中暴露的问题和不足对预案进行及时修订和完善，使之更加切合实际，更具有可操作性。

第四节 劳动保护技术常识
General Technical Knowledge on Labor Protection

一、化学灼伤及其防护（chemical burns and protection）

在日常工作及生活中，能引起人体损害的化学物质有 25000 多种，随着现代化工的迅猛发展，化学灼伤的发生率有逐年增多的趋势。

1. 化学灼伤的特点

① 化学灼伤（chemical burns）的损害程度与化学物质的种类、浓度、剂量、作用方式、接触时间、化学物质所处的物理状态（固态、气态、液态）、与人体接触面积的大小、是否有合并中毒以及伤后现场急救措施等有关。

② 化学灼伤比单纯的热力烧伤复杂，由于化学物质本身特性的不同，所以对皮肤损害的机理很复杂，可有氧化作用、还原作用、腐蚀作用、毒性作用、脱水作用、起疱作用等。

③ 化学灼伤多呈进行性损害，伤后如不及时清除皮肤表面的致伤物，化学物可继续在皮肤表面、水疱下或深部组织发挥其作用，使创面损伤加深，直至损伤皮下脂肪及肌肉等。

④ 化学灼伤创面的深浅判断较难掌握，多呈外轻内重的特点，即外表像浅度灼伤，而实际上损伤已达深部组织。这主要是由于不同化学物引起皮肤不同颜色的变化。如硫酸灼伤后皮肤先呈黄色，后转为棕褐色或黑色痂皮；硝酸灼伤后皮肤呈黄褐色；盐酸灼伤后皮肤先呈黄蓝色，后转为灰棕色等。

⑤ 有的化学灼伤刚开始时，疼痛不明显，容易被人忽视，但随着时间进展，疼痛会逐渐加重，直至难以忍受，如氢氟酸。

⑥ 有些化学物灼伤皮肤后，经皮肤吸收会引起中毒，如苯酚、黄磷等；而有些化学物在皮肤灼伤的同时，可经呼吸道吸入合并引起中毒，如氨水、硫酸二甲酯等。

2. 化学灼伤的急救

化学灼伤一旦发生后，现场处理极为重要，不同处理方法会导致完全不同的结果。

（1）现场急救处理原则　立即脱离事故现场，并尽快脱去被化学物污染的衣裤、手套、鞋袜等。立即用大量流动清水彻底冲洗被污染的皮肤。冲洗时间应考虑当时气温及病人耐受程度，一般要求 20～30min，至少不低于 15min。碱性物质灼伤后冲洗时间应延长。冲洗后可再用中和剂处理。酸性化学物灼伤可用 2％～5％碳酸氢钠溶液冲洗或湿敷；碱性化学物灼伤可用 2％～3％硼酸溶液冲洗或湿敷。冲洗后创面不要任意涂搽油膏或紫药水，可用清洁（纱）布覆盖，然后再送专科医院治疗。

（2）现场急救注意事项　伤者脱离事故现场后，在脱去被化学物污染的衣裤、手套、鞋袜时，应注意保护自己的双手不再被化学物污染。被油性化学物灼伤后，在冲洗前最好先用（纱）布将油性化学物擦去，然后再用大量流动清水或自来水冲洗。

磷烧伤后，应立即扑灭火焰，脱去污染的衣服，创面用大量清水冲洗或浸泡于水中，并仔细清除创面上的磷颗粒，避免与空气接触。然后可用 1％硫酸铜清洗，形成黑色磷化铜，便于清除，最后再用清水冲洗（大面积磷烧伤时，不宜用 1％硫酸铜清洗）。沥青烧伤时切忌用汽油擦洗，应立即将创面置于冷水中使其降温，然后再用麻油或医用石蜡油清除创面上的沥青。

化学灼伤后创面冲洗时间，应根据不同情况随时掌握。一般酸或碱的灼伤在病人能耐受情况下，应冲洗到创面 pH 值中性为止。在气温较冷的季节冲洗躯干部位时，不必过分强调冲洗时间，有条件的可用略温的水冲洗，以防病人休克。

对氢氟酸灼伤，虽强调冲洗时间要延长，但如灼伤面积大于 2%（两个手掌大小），特别是脸面部灼伤时，应立即边冲洗边静脉注射 10% 葡萄糖酸钙，无条件者应立即送医院治疗。

案例　某化工厂一男性工人，在维修管道时，因管道内氢氟酸突然外溅，致患者被氢氟酸灼伤面积约 8% 左右，当时患者仅作简单清洗后，即由单位派车急送医院，经路上近两小时奔波，患者到医院后经检查，心跳、呼吸已停止。

氢氟酸灼伤是一种严重的特殊类型的化学灼伤，灼伤面积大于 2% 时，可能会因低钙血症引起心跳、呼吸骤停。因此，灼伤后如能及时补充钙剂，就不会造成如此重大的损害。

3. 化学灼伤的预防

大多数化学灼伤都是由于在工作中违章操作后引发的事故。因此，如何加强自身安全防护意识，树立"安全第一"的观念，是杜绝化学灼伤事故发生的关键。

① 建立健全各项有关安全生产的规章制度，由专人负责定期对生产设备进行保养和维修，防止管道跑、冒、滴、漏，将各种隐患消灭在萌芽状态。

② 对易燃、易爆化学品加强管理，此类化学品应予密闭并有明显的警示标记；应置于阴凉通风处，远离明火、热源及氧化剂。

③ 在有可能发生化学灼伤的作业场所，应根据场地大小设置一些冲淋设备（包括冲眼装置），以便在化学灼伤后能在最短时间内得到冲洗。

④ 加强上岗前培训，工作人员应熟悉本岗位接触的化学品对人体的危害，掌握化学灼伤后的现场自救方法。

⑤ 所有操作人员在工作中必须严格遵守各项操作规程，根据要求佩戴必要的防护用品，如安全帽、手套、眼罩等，以防化学灼伤的发生。

二、噪声的危害与预防（noise nuisance and prevention）

1. 噪声的危害

噪声是影响较为广泛的一种环境污染，它的危害主要表现在以下几方面。

① 造成人的听力损伤　在 90dB（A）条件下，有 20% 的人可能产生噪声性耳聋；在 85dB（A）时，还会有 10% 的人可能产生噪声性耳聋；只有在 80dB（A）以下，才能保证人们长期工作而不致耳聋。

② 对人体生理机能的影响　统计资料表明，大量心脏病的发展恶化与噪声有着密切的关系，同时，噪声还会引起消化系统、内分泌系统、神经系统等方面的疾病。

③ 造成工作效率低下　对企业而言，由于噪声容易使人疲劳，往往会造成精力不集中和工作效率低下；同时，由于噪声的隐蔽效应，往往使人不易觉察一些危险信号，从而容易造成工伤事故。美国通过对不同工种工人医疗和事故报告研究发现，吵闹的工厂比安静的工厂事故发生率要高得多。

2. 化工企业噪声污染的特点

（1）噪声污染源多　化工企业噪声污染源点多面广，污染源设备噪声级多为 90~100dB（A），尤其是高压排气放空声级很高，近处有时达到 110dB（A）以上，严重影响作业区和厂区环境。噪声污染源性质以机械噪声和空气动力学噪声为主。化工企业内高压蒸汽管线分布很广，它们的排空或泄漏引起的噪声大都在 90dB（A）以上，污染面广且具有不确定性。

（2）有条件做到有效措施　现今大多大型化工企业由于普遍采取了防护措施，操作工人受噪声影响程度较轻。噪声污染严重的场所多数设置了隔声工作间，且隔声效果良好，可使噪声级下降 20dB（A）以上。但也有部分污染最严重的场所，比如电石破碎、电石炉、化肥 4 大机组等，因条件特殊，防噪降噪困难，操作工人所受影响较大。

（3）噪声扩散范围较小　化工企业的噪声污染基本局限于厂内，对厂外影响甚微，大型企业的各厂厂界噪声均能小于国家标准（昼间）。

3. 对策与预防

（1）对重点污染设备采取防噪措施　对化工企业中常用的高压泵和鼓风机的箱式电机进排口应装消声器，排气放空口也应全部安装消声器，这两类重点噪声污染源得到控制，则化工企业噪声污染状况会明显改善。

（2）改变噪声传播方向　对指向性较强的噪声源，可通过改变传播方向，取得降噪效果。如企业的高压容器、高压锅炉等的排气放空产生强大的高频噪声，若将其出口朝向上空或野外，对厂区会有较大的降噪效果；对于蒸汽泄漏引起的噪声，则应采取隔声包扎、防止蒸汽跑冒等办法，彻底消灭这类噪声源。

（3）设置隔声控制室　对噪声污染严重的车间应进一步完善或增设隔声间（控制室），让工人在隔声间内进行仪表控制或休息。作为一种辅助办法，企业组织管理上可采取轮换作业，以缩短工人在高噪声环境下的工作时间。

（4）佩带防噪用品　对必须暴露在强噪声级下工作的工人，应对其进行个人防护，如可在耳道内塞防声棉、戴防声耳塞或配带耳罩、头盔等防噪用品，使感受声级降到允许水平。

（5）选择低噪声设备　在新建项目中选择低噪声设备，提高设备安装技术，使发声体变为不发声体，降低发声体辐射的声功率，这是从根本上解决噪声污染的有效措施。事实上，电动机，鼓风机等机械设备，转动过程中噪声越低，表明它们的机械动态性能越优、质量越好。

（6）加强绿化　在噪声污染严重的车间四周种植一定密度和宽度的树丛和草坪，利用树林的散射吸声作用，以及地面的吸声功能，也能起到一定的降噪作用。需要强调的是，只有种植灌丛或多层林带，才能起到降噪效果。常见的观赏遮阳树林，降噪效果不很明显。

三、辐射的危害与防护（occupational hazards and prevention by radiation）

辐射（radiation）可分为电离辐射和非电离辐射。电磁辐射不足以引起生物体电离的，称为非电离辐射，如紫外线、可见光线、红外线、射频及激光等。凡作用于物质能使其发生电离现象的辐射，称电离辐射。X 射线、γ 射线和宇宙射线是由不带电荷的光子组成，具有波的特性和穿透能力；而 α 射线、β 射线、中子、质子等属于能引起物质电离的粒子型电离辐射。电离辐射来自自然界的宇宙射线及地壳岩石层的放射性元素铀、钍、镭等，也可来自各种人工辐射源。

化工企业射线主要分布在以下几个方面：一是放射性同位素仪表，用来测料位、液位和密度等；二是工业 X 射线、γ 射线探伤机，用于对塔、球罐、容器及各种管道的焊缝进行检测，同时还定期对各种设备的腐蚀程度进行检测；三是 X 射线衍射仪、荧光仪，分别分布于石化企业科研机构。

1. 射线对人体的危害

X 射线和 γ 射线都属于电磁波，不带电荷，直接作用于人体的电离作用很弱，它主要是与体内分子或原子产生次级电离作用，引起损伤效应。另外，X 射线、γ 射线穿透力很强，一定量的照射可引起皮肤和深层组织的损伤。接触射线的时间愈长，距离愈近，对身体的损伤越严重。相同的照射剂量，集中一次照射比多次照射要严重。人体对射线比较敏感的器官是甲状腺、性腺、眼晶状体和血液系统。儿童比成人、女性比男性对射线更敏感。

一次小剂量的意外照射，可引起乏力、心悸、头痛、头晕、多汗、食欲减退、恶心、呕吐、腹泻、腹胀等症状。实验室检查，可发现白细胞一过性升高后又降低。如果一次大剂量照射，除上述症状加重外，白细胞严重降低，病人出现发烧、感染、出血症状，局部受照皮肤出现溃疡面，周围皮肤呈褐色。严重时，病人精神萎靡，直至身体衰竭。

如果长期接受超过国家规定剂量限值的照射，可引起疲乏、无力、头晕、头痛、记忆力减退、心悸、多汗和睡眠障碍等，眼晶体可出现混浊，皮肤干燥、脱屑、脱毛发、手足多汗，继之发展为无汗等改变。实验室检查白细胞减少，染色体畸变率增高。此外，电离辐射还能引起远后效应，如致癌效应、遗传效应等。

2. 射线防护

射线看不见、摸不着，需要用专业仪器来测量，并把它控制在国家要求的剂量范围内。屏蔽射线的防护材料有铁、铅、砖块、混凝土等。

(1) 放射性同位素（radioactive isotope）仪表的防护　放射源安装在生产现场，正常生产中，职工一般不需接触，在巡检时短时间路过放射源附近，接受剂量非常微小，几乎可以忽略不计，职工不用担心。巡检时，尽量不要在放射源附近长时间逗留。生产现场安装的放射源都经过铅罐、铅箱等防护，经放射防护部门监测合格，而且放射源旁都有"三叶形"国际通用放射性警告标志，很容易知道放射源的位置，平时只要"敬而远之"，就不会受到伤害。

放射源防护的重点在以下两点：a. 装置检修时，拆下来的放射源要妥善保管，防止被盗、丢失和超剂量照射事故发生；拆放射源时，要有放射防护专业人员现场监督，拆下来的放射源，要立即存到源库，不准在检修现场乱放或过夜；检修完毕，立即将源安上，监测合格后，厂方签字确认有效；b. 如果生产装置上不需要放射源了，或生产装置长期停产，放射源要立即拆下，退回原厂家或存到源库，不能扔到一般的仓库中或长期滞留在装置上，这样很容易发生被盗、丢失放射源事故。

(2) 工业探伤机的防护

① 工业 X 射线探伤　其工作方式分固定探伤和流动探伤两种。固定探伤，其探伤室基本都符合要求，只要严格按照安全操作规程去做，一般不会发生问题。流动探伤，由于作业场所不固定，环境复杂多变，特别是检修时，人多、工作量大、时间紧，稍一疏忽，容易造成超剂量误照事故，所以应重点防护。流动探伤时间一般应选择在晚上，施工队伍撤走后。探伤前，先用仪器划分出控制区和监督区，并悬挂相应标志牌。无法划分时，现场要有流动铅房进行防护。操作人员要经过放射防护知识培训，正确熟练使用 X 射线探伤机。另外，操作人员还要佩带个人剂量计，定期监测，以保护自身健康。

② 工业 γ 射线探伤　由于使用放射源活度比较大，探伤时，除严格做到 X 射线探伤防护要求外，更应注意以下几点：a. 防止放射源脱落丢失，让不明真相的人捡去；b. 放射源在输源管中容易卡住，如果卡住了，要注意由专业人员排除故障，并注意做好个人防护；c. 放射源活度比较大，如果不充分利用防护设备，或违反安全操作规程，容易造成超剂量照射。

第五节　化工"三废"的污染与治理
Treat Waste Water, Gas and Solid in Chemical Factory

化工生产"三废"主要指废气、废水和废渣。随着化学工业的发展和人们生活水平的提高,环境保护意识逐渐增强,"三废"处理过程越来越受到全社会的高度重视,采取了一系列卓有成效的措施。首先,对污染进行有效的治理,实现达标排放;其次,通过工艺改造尽可能地在正常运行条件下把污染消化在企业内部,如循环利用生产废水,在非事故条件下的最小排放;第三,用洁净的绿色化学工艺逐步代替有污染的工艺,即在产品源头和生产过程中预防污染,而不是在污染产生之后再去治理,从而实现清洁生产。

一、化工"三废"的来源、分类和排放标准(source,classification and discharge standard of the three wastes)

化工过程"三废"的主要来源如图 7-2 所示。

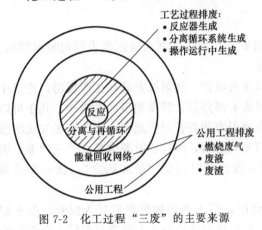

图 7-2 化工过程"三废"的主要来源

1. 废气来源、分类和排放标准

(1)污染源及其分类 化工过程气态污染物的主要污染源如表 7-10 所示。

表中污染物大致由三方面形成:①化学反应不完全或副反应所产生;②物理分离过程中产生;③非正常情况的短期放空。若按其形成过程可分为一次污染物和二次污染物。一次污染物称为原发性污染物,即直接排入大气中的污染物。二次污染物又称为继发性污染物,即一次污染物由于发生了化学反应而形成了结构或性状完全不同的新的污染物。如排放出的二氧化硫氧化成硫酸气溶胶、废气中的氮氧化物和碳在阳光照射下发生光化学反应生成臭氧和醛类等属二次污染物。

表 7-10 化工过程气态污染物的主要污染源

污 染 物	主要污染源
烃类	轻质油品及烃类气体的储运设备,管线、阀门、机泵的泄漏,各种烃类氧化尾气、芳烃烷基化尾气、丙烯腈尾气等,氧化沥青、煤气发生、焦化等燃烧、蒸发和化学加工过程等
氮氧化物 (NO、NO_2、N_2O)	硝酸装置尾气,锅炉燃烧烟气,火炬、废渣焚烧尾气,己内酰胺生产尾气等
粉尘	催化剂制造,尿素粉尘,催化剂再生烟气,出焦操作,裂解炉、焚烧炉排放烟气等
硫化物 (SO_2、SO_3、H_2S、H_2SO_4)	煤或石油燃烧、加氢装置、脱硫装置、硫回收尾气
碳氧化物 (CO、CO_2)	催化裂化再生器烟气,焚烧炉、锅炉、加热炉等完全或不完全燃烧
氨	制冷过程、制氢工艺
臭味	甲胺磷、硫回收,甲硫醇等生产

(2)废气排放标准 以实现环境空气质量标准为目标而对污染物排放进行限制,我国制定的《大气污染物综合排放标准》(GB 16297—1996),对污染物排放限制已有明确规定。

2. 废水来源、分类和排放标准

(1)废水来源及其种类 化工生产废水中的污染物主要有酚类化合物、硝基苯类化合物、苯类化合物、有机溶剂等有机物及含氟、汞、铬、铜等有毒元素的无机物,这些物质有些本身是无毒物质，但对环境有污染，含此类物质的废水称为有害废水，有些本身为有毒物质，含此类物质的废水称为有毒废水。

根据废水中的主要成分，分为有机废水、无机废水和综合废水。若根据废水的酸碱性、又分为酸性废水、碱性废水和中性废水。

根据废水对环境所造成危害的不同，可以分为固体污染物、需氧污染物、营养性污染物、酸碱污染物、有毒污染物、油类污染物等。

(2) 衡量废水水质的指标及排放标准　水处理中经常用到的表示水质的指标分为两类：一是物理性水质指标，如色度、浊度、残渣和悬浮物、电导率等；二是化学性水质指标，如pH、硬度、溶解氧（DO）、化学需氧量（COD）、生化需氧量（BOD）、总需氧量（TOD）等。此外还有生物学水质指标，如细菌总数、总大肠菌群数、各种病源细菌等。

一种水质指标可能包括几种污染物，而一种污染物也可以属于几种水质指标。上述常用水质指标的含义分别描述如下。

① 溶解氧（dissolved oxygen，DO）　指溶解在水中的分子态氧。它来自大气和水中化学、生物化学反应生成的分子态氧。20℃、0.1MPa时，饱和溶解氧含量为9×10^{-6}。

② 浊度　表示水因含悬浮物而呈混浊状态，即对光线透过时所发生阻碍的程度。水的浊度不仅与颗粒的数量和性状有关，而且与光散射性有关。我国采用1L蒸馏水含有1mg二氧化硅为一个浊度单位，即1度。

③ pH值　表示水的酸碱程度。

④ 色度　废水所呈现颜色深浅的程度。色度有两种表示方法，一是采用铂钴标准比色法，规定在1L水中含有氯铂酸钾2.491mg及氯化钴2.00mg时，也就是在1L水中含有铂1mg及钴0.5mg时所产生的颜色深浅度为1度；二是采用稀释倍数法，将废水用水稀释成接近无色时的稀释倍数。

⑤ 硬度　水的硬度（the water hardness）是水中的钙盐和镁盐形成的，硬度分为暂时性硬度（碳酸盐）和永久性硬度（非碳酸盐），两者之和称为总硬度。水的硬度以"度"表示。10万份水中含有1份CaO，叫做1德国硬度，德国硬度比较通用。

⑥ 化学需氧量（chemical oxygen demand，COD）　表示水中可氧化的物质，用氧化剂高锰酸钾或重铬酸钾氧化时所需的氧量，以毫克/升（mg/L）表示，它是水质污染程度的重要指标，可近似反映水中有机物的总量。但两种氧化剂都不能氧化苯、甲苯等芳香烃类化合物。

⑦ 生化需氧量（biochemical oxygen demand，BOD）　在有氧条件下，由于微生物（主要是细菌）的作用，使可降解的有机物氧化达到稳定状态时所需要的氧量。目前国内外普遍采用在20℃下，五昼夜的生化耗氧量作为指标，即用BOD_5表示，单位为mg/L。

⑧ 总需氧量（total oxygen demand，TOD）　水体中总的碳、氢、氮等元素全部氧化生成CO_2、H_2O、NO和SO_2等所测定的总需氧量。

⑨ 总有机碳　水体中所含有机物的全部碳的数量。测定方法是将所有有机物全部氧化生成CO_2和H_2O，然后测定所生的CO_2量。

⑩ 电导度（electrical conductivity，EC）　又称电导率，表示水中电离性物质的总数，间接表示了水中溶解盐的含量。是截面$1cm^2$，高度为1cm的水柱所具有的电导。单位西门子/厘米（S/cm）。

⑪ 残渣和悬浮物　在一定温度下，将水样蒸干后所留物质称为残渣。它包括过滤性残渣（水中溶解物）和非过滤性残渣（沉降物和悬浮物）两大类。悬浮物就是非过滤性残渣。

为了保护水质，控制水质污染，1988年国家环保局颁布的《污水综合排放标准》（GB 8978—88）对石油化工等行业规定了排放标准，包括最高允许排放定额和相关的污染物最高允许排放浓度。

3. 废渣的来源、分类及排放标准

（1）废渣的来源及种类　化工废渣是指化工生产过程中产生的固体和泥浆废物，包括化工生产过程中排出的不合格产品、副产物、废催化剂以及废水处理产生的污泥等。化工废渣按其性质分为无机废渣和有机废渣。若按其对人体及环境的危害可分为，一般工业废渣（如硫铁矿烧渣和合成氨造气炉渣等）和危险废渣（如铬盐生产过程中产生的铬渣、水银法烧碱生产过程中产生的含汞盐泥，以及含氮、磷等的有机废物）。

（2）化工废渣的排放标准　HG 20504—92《化工废渣填埋场设计规定》对化工废渣埋场的设计提出了较为明确的要求。在危险废物的环境管理方面，制定了GB 4284—84《农用污泥中污染物控制标准》、GB 6763—86《建筑材料用工业废渣放射性物质限制标准》（替代标准为 GB 6763—2000）、GB 8173—87《农用粉煤灰中污染物控制标准》、GB 12502—90《含氰废物污染控制标准》、GB 13015—91《含多氯联苯废物污染控制标准》等。

二、"三废"的处理和利用（dispose and utilize of the three wastes）

1. 废气的净化和利用

（1）废气的常用处理方法

① 冷凝法　利用降低温度和增加压力的方法冷凝回收高浓度废气中的有机物蒸气和汞、砷等无机物。

② 吸收法　主要用于净化含有 SO_2、NO_2、HF、HCl、Cl_2、NH_3 的废气，以及汞蒸气、酸雾、沥青烟和多种组分有机物蒸气。常用的吸收剂有水、碱性溶液、酸性溶液、氧化剂溶液和有机溶剂。一般按吸收过程是否伴有化学反应而将吸收分为化学吸收和物理吸收两大类。废气净化多用化学吸收。

③ 吸附法　主要用于净化废气中低浓度污染物质，也可用于回收废气中的有机化合物及其他污染物。在废气处理中应用的吸附剂有：活性炭、硅胶、分子筛、活性氧化铝等。

④ 直接燃烧法　用于净化含有机污染物的废气，如含有机溶剂、一氧化碳和沥青烟气等。其基本原理是：有机化合物高温氧化，使其转化为二氧化碳和水等，从而使废气净化。

⑤ 催化燃烧法　该法在催化剂存在下，将废气中的有机污染物完全氧化为二氧化碳和水。

（2）典型化工废气的处理和利用　化工生产过程中典型的废气处理主要有：烟气脱硫和烟气脱硝两大部分。

烟气脱硫工艺可分为：①化学吸收与吸附；②催化氧化法。其中催化氧化法是在催化剂作用下，经液相催化氧化将 SO_2 转化为 SO_3，进而转化为硫酸，加以收集。

催化氧化脱硫法工艺流程如图7-3所示。

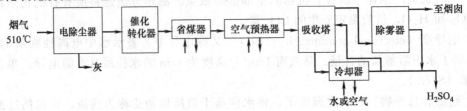

图 7-3　催化氧化脱硫法流程方框图

510℃的烟气经电除尘器，除掉灰尘后进入催化转化器。催化氧化反应为：

$$SO_2 + \frac{1}{2}O_2 \xrightarrow{V_2O_5} SO_3$$

转化率为80%～90%。反应后的烟气流经省煤器、空气预热器，降温至230℃左右，进入吸收塔，用稀硫酸洗涤，吸收SO_3，待气体冷却到104℃即得到浓度为80%的硫酸。而烟气脱硝，则主要是从排烟中去除NO_x的过程，也称"排烟脱氮"。

目前，排烟脱氮的方法有非选择催化还原法、选择性催化还原法、吸收法等。非选择催化还原法是以氢、甲烷、一氧化碳或它们的混合气体为还原剂，在催化剂作用下，将烟气中的NO_x还原成N_2，而还原剂则氧化为二氧化碳和水；选择性催化还原法是以贵金属铂或铜、铬、铁、钒、钼、钴、镍等氧化物（以铝矾土为载体）为催化剂，以氨、硫化氢、氯-氨及一氧化碳为还原剂，并在合适的工艺条件下进行脱氮反应；吸收法是利用液态吸收剂吸收NO_x达到脱氮目的。

2. 废水的净化和利用

（1）废水的处理方法　工业上对废水处理的方法有物理法、化学法和生物法三类。

① 物理处理法　是通过物理作用分离、回收废水中不溶解的悬浮状态污染物的方法。常用的有筛滤截留法、沉淀和浮上法等。筛滤截留法是以格栅或筛网作为废水处理的首道工序，以去除废水中粗大的悬浮物质，然后经重力沉降和吸附凝聚而达到净化废水的目的；沉淀法是利用废水中的悬浮物和水的相对密度不同的原理，借助重力沉降作用使悬浮物从水中分离出来，主要用于去除粒径在$20\sim100\mu m$以上的可视固体颗粒，其主要功能是去除悬浮杂质；浮上法借助水的浮力，使水中不溶态污染物浮出水面，然后用机械的方法进行处理。

② 化学处理法　利用化学反应和传质作用来分离、去除废水中呈溶解、胶体状态的污染物或使其转化为无害物质的方法。其主要对象是废水中的溶解态或胶态的污染物质。常用的有中和法、氧化还原法、吸附法、离子交换法等。中和法是利用碱性或酸性药剂将废水从酸性或碱性调整至中性附近的一类处理方法；氧化还原法几乎可以处理各种工业废水，如含氰、酚、醛、硫化物的废水，以及脱色、除臭、除铁，特别适用于处理废水中难以生物降解的有机物；吸附法是选用多孔性固体吸附剂的表面吸附废水中的一种或多种污染物的方法，该法主要用于低浓度工业废水的处理，常用的吸附剂有活性炭、活化酶、磺化煤、焦炭、煤渣、腐殖酸、木屑和吸附树脂等；离子交换法是利用离子交换剂分离废水中有害物质的化学方法，它是一种特殊的吸附过程，通常是可逆性化学吸附，该法主要用于工业废水软化与除盐、回收工业废水中的重金属、净化放射性物质。

常用离子交换剂有无机和有机离子交换剂两类。无机离子交换剂有天然沸石和合成沸石（硅铝酸盐）等。有机离子交换剂主要有强酸强碱型和弱酸弱碱型离子交换树脂、螯合树脂和有机物吸附树脂等。

③ 生物处理法　是通过微生物的代谢作用，使废水中呈溶解、胶体以及微细悬浮状态的有机污染物转化为稳定无害物质的方法。

生物处理的主要对象是微生物，特别是其中的细菌。根据生化反应中氧气的需求与否，将细菌分为好氧菌和厌氧菌。因此有好氧生物处理和厌氧生物处理两种类型。

a. 好氧生物处理　在有足够溶解氧的供给下，一部分被微生物吸收的有机物氧化分解成简单无机物，同时放出能量，作为微生物自身生命活动的能源；另一部分有机物则作为其生长繁殖所需要的构造物质，合成新的原生质。如图7-4所示。

b. 厌氧生物处理　在无氧条件下，通过兼性菌和厌氧菌的代谢作用。对有机物进行生

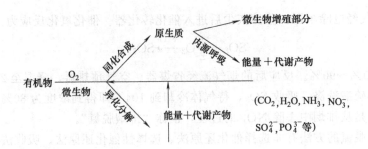

图 7-4 有机物的好氧分解过程

化降解，最终产物是热值很高的甲烷气体。

该法必须具备的基本条件是：隔绝氧气；pH 维持在 6.8～7.8 之间；适应产甲烷菌的温度（中温菌 30～35℃；高温菌 50～55℃）。

（2）典型化工废水的处理 化工生产过程中典型的废水有：含硫废水，含酚、氰有毒废水，炼油厂废水。

① 含硫废水的处理 含硫废水的处理方法主要有空气氧化法和水蒸气氧化法。

a. 空气氧化法 利用空气中的氧在一定条件下使含硫废水中的硫化物氧化为硫代硫酸盐。

b. 水蒸气汽提法 利用通入水蒸气的方法来加热和降低硫化氢、氨和二氧化碳的分压使它们以液相进入气相，从而达到净化水质的目的。由于处理后的废水 BOD、COD 仍偏高，需要进行生化等后续处理。

② 含酚、氰有毒废水的处理

a. 含酚废水 含酚废水不经处理排入环境会危害水生生物，影响人体健康及危害农作物。处理含酚废水的途径主要有：改进工艺，降低废水含酚浓度；对高浓度含酚废水进行酚的回收，工业上从废水中回收酚的方法有萃取法、蒸汽脱酚法、吸附法、离子交换法、化学沉淀法；对较低浓度的含酚废水，常用活性污泥法、生物滤池法、化学氧化法等。

b. 含氰（腈）废水 含氰废水处理方法有：酸化曝气-碱液吸收法、氯氧化法、加压水解法、生物法和焚烧法。其中加压水解法、生物法和焚烧法应用最为广泛。

c. 炼油厂废水 炼油厂废水处理的典型流程如图 7-5 所示。炼油厂废水含油、硫、碱以及酚等有机污染物，流程中包括了中和池、脱硫塔、隔油池、气浮池以及生物处理设施。

3. 废渣的净化和利用

化工生产过程中排出的废渣，除少数组分回收利用外，大部分采用堆放处理。

（1）常用处理废渣的方法

① 化学和生物处理 用化学和生物的方法处理化工废渣，主要有中和、氧化、水解、化学固定等方法。

a. 中和（neutralization） 是利用碱性或酸性中和剂处理酸性或碱性废弃物至中性后再行处置。

b. 氧化法（oxidation process） 目前以湿式氧化法应用最多，尤其对于某些分子量较高的复杂化合物一般难以用生物法处理，采用湿式空气氧化法时，这类化合物则被氧化为低分子量的中间产物如乙酸、甲醇、甲醛等，这些中间产物很容易用生物法进行处理。

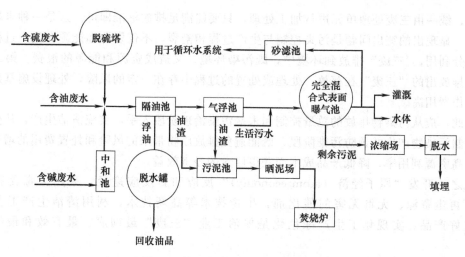

图 7-5　炼油厂废水处理的典型流程

c. 还原法（reduction method）　利用金属化合价的还原使危害性的固体废弃物达到无害化。如在二氧化碳或亚硫酸介质中，可使六价铬还原成毒性极小三价铬。

d. 水解法（hydration）　常用于含有农药的固体废弃物和某些杀菌剂的有效解毒，以及含氰废物的处理。

e. 化学固定法（chemical fixation）　用化学和物理的方法，将有害废物"固定"在固定剂中，防止废渣的溶解扩散。该法虽只是废物的预处理，但能提高最终处置的安全和稳定性。

② 脱水（dehydration）　是为了尽可能脱除废渣中的水及其他液体，以减少废物的容量，为下一步利用与处理创造良好的条件。脱水的方法有：自然脱水（重力脱水、干化场、加热场、干燥床等），机械脱水（真空过滤、压滤、离心过滤、机械干燥等），化学脱水（湿法造粒）。

a. 重力脱水　按相对密度差异将水和固体物质分开，重力浓缩的时间随污泥的性质而定，该法能耗小，但有二次污染。

b. 机械脱水　根据废渣的性质，利用脱水机械，如气流干燥器、袋式干燥机和转筒干燥机等进行脱水干燥。

c. 化学脱水　用高分子絮凝剂、聚丙烯酰胺与活性污泥生成絮凝物，用滚动筛网造粒，达到脱水的目的。

③ 焚烧处理法　采用高温氧化使有机废渣中的有机物分解为二氧化碳和水蒸气。该法处理效果好，解毒彻底，占地少，对环境影响小。

（2）化工废渣处理的技术原则

① 从改进工艺路线入手，采用不产生或少产生废渣的新技术、新工艺、新设备，最大限度地提高资源的利用率，把废渣消灭在生产过程中。

② 对于过程中必须排出的废渣，按性质就地处理，采用回收或综合利用措施。

③ 对于无法或暂时无法综合利用的废渣，应妥善处理，采取无害化或焚烧等处理措施。

三、"三废"处理的前景（future prospect of the three wastes treatment）

通常在进行化工过程工艺设计时，往往只考虑如何使经济效益最大，对过程中产生的

"三废"，统一由三废处理单元进行加工处理，只要能满足排放标准即可。这是一种末端治理的措施，显现出的突出问题是污染控制与生产过程相割裂，不仅资源和能源在生产过程中未得到充分利用，"三废"排放到环境中，既污染环境，又造成资源和能源的浪费。第二个问题是，排放出的"三废"在存放、处理或处置的过程中存在一定的风险，处理设施基建投资大，操作费用高。

因此，应从污染物排放的总量控制和末端污染治理阶段入手，实施清洁生产，从生产的源头控制污染物产生并预防污染阶段，既能避免排放废物带来的风险和处置费用的增长，还会因提高资源利用率，降低产品成本而获得巨大的经济效益。

总之，开发"原子经济（atom economy）"反应和新反应途径，采用无毒无害的原料和可再生资源、无毒无害的催化剂，生物技术等高新技术，利用清洁生产工艺生产环境友好产品，实现化工生产绿色化是根治工业"三废"最彻底、最有效和最经济的手段。

本章小结

1. 燃烧三要素：可燃物、助燃物、着火源。燃烧类型：闪燃、着火、自然。爆炸的分类：物理爆炸、化学爆炸。

2. 灭火的基本原则：报警早，损失小；边报警，边扑救；先控制，后灭火；先救人，后救物；防中毒，防窒息；听指挥，莫惊慌。

3. 压力容器：a. 最高工作压力 $\geqslant 0.1$ MPa；b. 内直径 $\geqslant 0.15$ m，且容积 $\geqslant 0.025 m^3$；c. 介质为气体、液化气体或最高工作温度高于标准沸点的液体。低压容器 0.1 MPa$\leqslant p < 1.6$ MPa；中压容器 1.6 MPa$\leqslant p < 10$ MPa；高压容器 10 MPa$< p < 100$ MPa；超高压容器 100 MPa$\leqslant p < 1000$ MPa。

4. 毒物进入人体的途径有三种：呼吸道、皮肤和消化道。

5. 化学性中毒患者处理步骤：脱离接触→洗消→检伤→应用特效解毒治疗→对症和支持治疗。

6. 化学灼伤的损害程度与化学物质的种类、浓度、剂量、作用方式、接触时间，化学物所处的物理状态（固态、气态、液态）、与人体接触面积的大小、是否有合并中毒以及伤后现场急救措施等有关。

7. 噪声容易使人疲劳，造成精力不集中和工作效率低下；使人不易觉察一些危险信号，从而容易造成工伤事故。

8. 化工企业射线主要分布：放射性同位素仪表；工业 X 射线、γ 射线探伤机；X 射线衍射仪、荧光仪等。

9. 化工生产"三废"主要指废气、废水和废渣。开发"原子经济"反应和新反应途径，采用无毒无害的原料和可再生资源、无毒无害的催化剂，生物技术等高新技术，利用清洁生产工艺生产环境友好产品，实现化工生产绿色化是根治工业"三废"最彻底、最有效和最经济的手段。

 综合练习

请你对下面某企业安全检查细则谈谈自己的看法。

某厂安全检查细则

1. 发放配置的劳动保护要穿戴整齐,发现少穿戴一样罚款 50 元,发现穿戴不整齐、安全帽不系好带子罚款 20 元。

2. 特种作业必须配戴特种作业保护器具(如安全带、防热防毒面具等),一项次不合要求罚款 200 元。

3. 在工作岗位上下梯子时,手不能放在衣裤兜内,否则罚款 20 元。

4. 检修车辆、皮带、电器等设备时一定坚持拉闸停电挂牌制度。坚持谁停电谁送电,并设专人监视,否则罚款 200 元。

5. 高空坠物一定有人看守瞭望,否则罚款 100 元。

6. 工作期间不许穿高跟鞋、留大披肩发、梳长发辫和系围巾,否则每种表现罚款 50 元。

7. 进行切割和气焊时,安装乙炔瓶和氧气瓶的地方必须距离切割地点 10 米以外,氧气瓶与乙炔瓶间距要在 5 米以上,否则罚款 100 元。

8. 非动火区域动火时,应先采取措施,措施到位后按程序办理动火证,然后再动火,否则一次罚款 1000 元;如施工队在你单位施工应注意监视其是否开动火证,如发现在你单位施工而未开动火证,除罚施工队外,加罚施工单位所在现场单位 500 元。

9. 紧急灭火装置、消防器材要齐备完好,否则每件项罚款 200 元。

……

91. 有转动的机械、联轴器要有防护罩,高空吊装台、预吊门应加防护栏,吊装孔、观察孔等应放盖板或设护栏,发现一处不符合标准罚款 100 元,以上护栏、防护罩、盖板防护一定保持完好、整齐、不腐蚀,起到效果,如发现不合要求一处罚款 50 元。

92. 动力电源不允许明线头裸露,发现一处罚款 50 元。

93. 临时电源过道路要穿线管,否则罚款 50 元。

94. 转动的设备有安全装置不用,梯子、栏杆开焊未及时处理,发现一处罚款 50 元。

95. 标语牌、警示牌表面要干净,一处不合格罚款 20 元。

96. 减速机、空压机、水泵等设备漏油、漏水、加油过量或缺油,每件次罚 50~100 元。

97. 严禁在焦化厂、电厂吸烟,发现一人吸烟罚款 1000 元,在焦化厂、电厂发现一个烟头罚所属单位 50 元。

98. 各单位吊装物品时,一定设警示标识,并设专人监视,严禁吊装正下站人,发现一项不合要求罚款 200 元。

99. 轻苯区注意规定温度,发现气温较高时必须采取降温措施,发现天气已超 30℃ 又不采取降温措施,一次罚款 500 元。

100. 出现安全事故后必须在 24 小时内上报安全部门,如出现事故未在 24 小时内上报安全部门,一次罚主管领导 500 元。

以上规定望各单位严格执行。

复习思考题

1. 报警时要讲清楚哪些相关情况?

2. 炽热的铁在氯气中反应是燃烧反应吗?

3. 生产装置初起火灾如何扑救?

4. 各种不同类型的灭火器的工作原理是什么?如何使用?

5. 使用灭火器扑灭人身火灾,应该注意哪些问题?

6. 化工压力容器安全装置操作有哪些注意要点?

7. 选择安全阀、爆破片、防爆帽中的任意一种,在图书馆或互联网上找到其相关资料,看看它们的工作原理、结构是怎样的,并尝试手绘一张其结构示意图。

8. 如何防范化学性中毒?

9. 近几年来在我国的化工类型企业中发生过哪些重大的中毒事故?

10. 氨和苯的基本物理和化学性质,提出预防的注意事项。

11. 化学灼伤的特点及如何防护?

12. 化工类企业的噪声特点及如何防护?

13. 化工类企业如何注意射线防护?

14. 化工过程中的"三废"主要指什么?如何处理和利用?

参 考 文 献

[1] 《中国大百科全书》编辑部. 中国大百科全书 [M]. 北京：中国大百科全书出版社，1987.

[2] 《化学工程手册》编辑委员会. 化学工程手册：第三卷 [M]. 北京：化学工业出版社，1989.

[3] 董大勤. 化工设备机械基础 [M]. 第 2 版. 北京：化学工业出版社，1994.

[4] 程桂花主编. 合成氨 [M]. 北京：化学工业出版社，1998.

[5] 苏健民编著. 化工和石油化工概论 [M]. 北京：中国石化出版社，2000.

[6] 王佛松，王夔等主编. 中国科学院化学学部，国家自然科学基金委化学科学部组织编写. 展望 21 世纪的化学 [M]. 北京：化学工业出版社，2000.

[7] 冯元琦. 甲醇生产操作问答 [M]. 北京：化学工业出版社，2000.

[8] 张立德编著. 纳米材料 [M]. 北京：化学工业出版社，2000.

[9] 廖巧丽，米镇涛主编. 化学工艺学 [M]. 北京：化学工业出版社，2001.

[10] 钱应璞. 制药用水系统设计与实践 [M]. 北京：化学工业出版社，2001.

[11] 邓建成. 新产品开发与技术经济分析 [M]. 北京：化学工业出版社，2001.

[12] 闵恩泽，吴巍等编著. 绿色化学与化工 [M]. 北京：化学工业出版社，2001.

[13] 曾之平，王扶明主编. 化工工艺学 [M]. 北京：化学工业出版社，2001.

[14] 朱宪. 绿色化学工艺 [M]. 北京：化学工业出版社，2001.

[15] 杨立英等. 乙苯合成生产工艺与技术研究进展 [J]. 化学世界，2001，(10)：545.

[16] 李贵贤，卞进发主编. 化工工艺概论 [M]. 北京：化学工业出版社，2002.

[17] 中国石化集团上海工程有限公司编. 化工工艺设计手册 [M]. 第 3 版. 北京：化学工业出版社，2003.

[18] 应卫勇，曹发海，房鼎业等. 碳一化工主要产品生产技术 [M]. 北京：化学工业出版社，2004.

[19] 石云革. 800kt/a 乙烯改扩建中甲苯脱烷基制苯的探讨 [J]. 炼油与化工，2004，15 (4).

[20] 曾繁芯编. 化学工艺学概论 [M]. 第 2 版. 北京：化学工业出版社，2005.

[21] 韩凤山等. 世界芳烃生产技术的发展 [J]. 当代石油石化，2006，14 (5).

[22] 谢克昌，李忠等. 甲醇及其衍生物 [M]. 北京：化学工业出版社，2006.

[23] 刘振河主编. 化工生产技术 [M]. 北京：化学工业出版社，2007.

[24] 刘道华等. 石油石化企业中毒事故分析与防范措施 [J]. 中国石油大学胜利学院学报，2007，(2).

[25] 梁凤凯，厉明蓉主编. 化工生产技术 [M]. 天津：天津大学出版社，2008.

[26] 中国石油化工集团公司人事部，中国石油天然气集团公司人事服务中心编. 精对苯二甲酸装置操作工 [M]. 北京：中国石化出版社，2008.

[27] 崔小明. 乙烯工业现状及发展趋势 [J]. 化学工业，2008，26 (3).

[28] 白颐. "新形势化学工业潜力分析会"特别报道——炼油乙烯行业及其技术发展分析 [J]. 化学工业，2009，27 (6).

[29] 干德堂，何伟平. 化工安全与环境保护 [M]. 北京：化学工业出版社，2009.